岛群生态网络体系、方法与实践

池　源　刘大海　著

科 学 出 版 社
北　京

内 容 简 介

本书是一部研究岛群生态网络相关理论、方法与实践的学术型专著。首先，在梳理海岛生态系统典型特征以及生态网络理论和技术方法的基础上，提出双重空间尺度下的岛群生态网络体系；然后，对海岛植被、土壤、景观等关键生态要素进行空间分析与模拟，全面评估海岛生态系统健康及其空间分异性，并辨识其关键影响因子；进而，在岛群生境适宜性评估的基础上，构建岛群尺度上包含海岛平台和飞行路线的生态网络，以及岛内尺度上由生态源地和生态廊道构成的生态网络，实现生态网络在双重空间尺度的全连通性；最后，根据海岛生态系统健康评估和岛群生态网络构建结果，提出岛群生态系统的保护策略。

本书可供地理学、生态学、海洋学及相关专业的科技人员和管理人员阅读参考。

图书在版编目（CIP）数据

岛群生态网络体系、方法与实践 / 池源，刘大海著 . —北京：科学出版社，2021.4

ISBN 978-7-03-068621-3

Ⅰ. ①岛…　Ⅱ. ①池…　②刘…　Ⅲ. ①岛－生态系－研究　Ⅳ. ① P745

中国版本图书馆 CIP 数据核字 (2021) 第 068379 号

责任编辑：韩　鹏　杨明春 / 责任校对：张小霞

责任印制：吴兆东 / 封面设计：图阅盛世

科学出版社 出版

北京东黄城根北街16号

邮政编码:100717

http://www.sciencep.com

北京中科印刷有限公司 印刷

科学出版社发行　各地新华书店经销

*

2021年4月第　一　版　开本：787×1092　1/16

2021年11月第二次印刷　印张：12 3/4

字数：300 000

定价：169.00元

（如有印装质量问题，我社负责调换）

前　　言

海岛是一种独特的地理综合体，特殊的地理位置、有限的面积和明显的空间隔离造就了海岛重要的生态和社会价值、复杂的自然和人为干扰以及明显的脆弱性。海岛是生物多样性的天然贮存库和鸟类迁徙路线的关键节点，是壮大海洋经济、拓展发展空间的重要依托，也是维护国家海洋权益、保障国防安全的战略前沿。日益频繁的开发利用活动已经对部分海岛产生了深刻的影响，造成海岛形态变化剧烈、生态系统生产力下降、植物群落破坏、景观格局破碎化、环境质量恶化等问题。当前，我国一些海岛仍存在着开发秩序混乱、生态破坏严重、保护力度不足等问题，这均对海岛生物多样性构成威胁，并损害海岛作为鸟类迁徙节点的功能。如何协调好海岛开发利用与生态保护、实现海岛可持续发展是一个重要问题。构建合理的生态网络是在人类干扰的背景下提升生态连通性、维持生物多样性的有效手段，将单个海岛置于岛群的生态背景下，构建双重空间尺度下的岛群生态网络耦合体系具有更加重要的意义，能够充分发掘岛群中不同海岛的功能，显著提升岛群生态连通性，为优化我国重要鸟类迁徙通道提供技术支撑，也为人类干扰下海岛生物多样性维护提供参考。

近几十年来，海岛生态系统已经得到了国内外学者的广泛关注，学者们一方面对海岛生物、地形地貌、土壤、水文、景观等生态要素进行了专门研究，另一方面从不同视角开展了海岛生态系统的综合评估，包括海岛生态脆弱性、海岛生态系统服务价值、海岛生态足迹、海岛生态完整性、海岛生态系统健康等。然而，当前的研究往往以单要素或某几种要素来反映海岛生态特征，特别是海岛植被、土壤、景观等关键要素很少在上述综合评估中被全面考虑；此外，目前的研究大多基于点位或整岛尺度开展，或者以行政区为单元来反映空间异质性，而海岛或行政区内部的空间异质性很少被关注，使得研究结果难以为海岛空间分区和规划提供切实支持。我国海岛生态学研究目前尚处于起步阶段，与国外更加关注的大洋岛屿相比，我国海岛绝大部分位于近岸区域，人类活动总体较为剧烈，不同类型、不同强度的人类活动集中在具有明显边界的海岛上，使得人为干扰成为诸多海岛生态系统演变的关键驱动因子，也为开展海岛生态系统及其胁迫因子的研究提供了具有特色的天然实验室。

本书基于当前海岛生态系统研究的不足，以复杂的自然和人为干扰为关键因子，并针对我国海岛保护与利用之间的协调问题开展研究。在梳理和剖析海岛生态系统典型特征以及生态网络理论和方法的基础上，提出了岛群生态网络的多尺度耦合体系；为全面揭示海岛生态系统的综合特征和空间状况，对植被、土壤和景观三个关键生态要素进行了空间分析与模拟，开展了海岛生态系统健康的空间异质性评估，并量化了城镇建设、交通发展、农田开垦、人工林种植等典型人类活动对海岛生态系统健康的影响；在上述工作的基础上，建立了岛群生境适宜性模型并揭示岛群生境适宜性的空间特征，进而构建了双重空间尺度下具有全连通性的岛群生态网络，并提出了岛群生态系统的优化策略。研究区选择我国重要且典型的基岩海岛群——庙岛群岛，挑选了 32 个海岛（包括全部 10 个有居民海岛和 22 个面积较大的无居民海岛）作为研究对象，并对各岛单独进行了图文并茂的介绍；数据来源于现场调查、遥感影像、相关统计资料等。

本书共分为七章，各章主要内容如下。

第一章：描述海岛和岛群的定义、海岛生态系统的典型特征和我国海岛生态保护现状，并对本书的研究区进行介绍。

第二章：对生态网络的主要理论、方法、具体实践和一般流程进行介绍。

第三章：介绍岛群生态网络构建的意义，提出岛群生态网络构建的总体框架，并搭建岛群生态网络的多尺度耦合体系。

第四章：剖析海岛地表覆盖特征，对海岛植被、土壤、景观三个关键要素进行空间分析与模拟；构建海岛生态系统健康模型，并采用该模型评估海岛生态系统健康的空间分异性特征；对海岛生态系统健康的各类自然和人为影响因子进行辨识，并量化不同人类活动类型对海岛生态系统健康的影响程度。

第五章：基于海岛生态系统健康及其影响因子结果，判断影响岛群生境适宜性的关键因子，提出“形态—结构—功能—干扰”的岛群生境适宜性评估指标体系和评估方法，并在海岛尺度和评价单元尺度上评估岛群生境适宜性的空间特征。

第六章：根据岛群生境适宜性的评估结果确定景观阻力，进而采用欧氏距离法和最小阻力距离法分别构建岛群和岛内尺度的生态网络；前者由海岛平台和飞行路线构成，后者由生态源地和生态廊道构成；最终实现生态网络在双重空间尺度的全连通性。

第七章：根据海岛生态系统健康评估结果，分析不同情景下海岛生态系统健康的变化特征，提出海岛生态系统健康的提升措施；根据岛群生态网络构建结果，通过分析生态网络内海岛平台、生态源地和生态廊道的景观结构，提出岛群生态网络的优化策略。

本书一定程度上弥补了目前关于海岛生态系统空间异质性综合评估研究的不足，突破了以往研究中海岛间空间隔离的壁垒，构建了双重空间尺度下的岛群生态网络。主要贡献包括：

（1）在理论方面，首次阐述了海岛生态系统的原生特征和次生特征，初步搭建了“关键要素—综合评估—空间分异—多重尺度”的海岛生态地理学研究体系；

（2）在基础数据方面，形成了一套典型海岛生态系统本底数据集，涵盖 10 个有居民海岛和 22 个无居民海岛，包括基于遥感的 32 个海岛的地表覆盖和生态指数数据，基于现场调查、取样和实验室测试的 179 个点位的植被和土壤数据；

（3）在技术方法方面，构建了海岛生态系统健康空间异质性模型、岛群生境适宜性评估模型和双重空间尺度下岛群生态网络构建技术方法，操作简便且可重复性强，可广泛应用于不同区域的海岛生态系统综合评估和岛群生态网络构建中；

（4）在重要认识和发现方面，揭示了庙岛群岛植被、土壤、景观和生态系统健康的空间变化规律并辨识出其关键影响因子，阐明了岛群生境适宜性的空间特征并构建了岛群和岛内双重空间尺度下具有全连通性的岛群生态网络，提出了基于海岛生态系统健康情景分析和岛群生态网络景观结构分析的岛群生态系统优化策略。

本书研究工作由自然资源部第一海洋研究所负责实施开展，主要在国家自然科学基金项目“双重空间尺度下岛群生态网络的构建与优化”（41701214）和中央级公益性科研院所基本科研业务费专项资金资助项目“岛群植物多样性空间分布的多重梯度效应”（2018Q07）的支持下完成，部分数据资料来源于科技基础性工作专项、海洋公益性行业科研专项等项目的多年积累。明显的隔离性和复杂的地形条件使得海岛现场调查具有极高难度，本研究的海岛现场调查得到了长岛海洋环境监测中心、华东师范大学、山东农业大学、滨州学院等单位同仁的大力支持；本书在资料收集、数据分析、图件制作、文本撰写等过程中也得到了自然资源部第一海洋研究所各位老师和同事的指点与帮助，在此一并表示感谢！

海岛研究任重而道远，我国海岛生态地理学研究工作尚有很长的路要走。本书是对笔者多年来的海岛研究工作进行的总结和梳理，但受限于条件和水平，定有许多不足和纰漏，敬请各位读者不吝批评指正！

作 者

2021 年 1 月 7 日于青岛

目　　录

第一章

海岛生态系统

海岛是一种特殊的生态系统类型，在生物多样性维护、社会经济发展和国家战略等方面具有重要意义。本章主要描述海岛和岛群的定义、海岛生态系统的典型特征和我国海岛生态保护现状，并对本书的研究区进行介绍。

第一节　海岛与岛群

一、海岛

（一）海岛定义

根据《中华人民共和国海岛保护法》，海岛是指四面环海水并在高潮时高于水面的自然形成的陆地区域。《联合国海洋法公约》和《海洋学术语 海洋地质学》（GB/T 18190—2017）中的定义与该定义一致。根据该定义，海岛具有以下4个基本属性：一是“四面”，即海岛周围均有海水包围，与大陆和其他海岛隔开，区别于半岛和其他海岸带区域；二是“环海水”，即包围海岛的水体为海水，区别于河流、湖泊等水体中的岛屿；三是“高潮时高于水面”，即其所在区域位于海岸线以上，区别于低潮高地；四是“自然形成的陆地区域”，即海岛由自然过程形成，区别于人工岛。

除此之外，世界上公认的对于“海岛”和“大陆”之间的界限为：澳大利亚大陆为面积最小的大陆，格陵兰岛为面积最大的海岛。据不完全统计，世界上有20多万个海岛，总面积约996万km^2，占地球陆地总面积的6.6%，其中有42个国家领土全部由海岛组成（王小波，2010）。世界上海岛分布不均，从四大洋层面来看，太平洋的海岛数量最多；从国家层面来看，挪威是拥有海岛数量最多的国家（高洋，2013）。全国海域海岛地名普查结果显示，我国共有海岛11 000余个，海岛总面积约占我国陆地面积的0.8%（中华人民共和国自然资源部，2018）。

（二）海岛分类

虽然海岛均具有上述 4 个基本属性，但不同海岛在自然和人文条件上表现出显著的差异，可划分为不同的类型。

基于人类居住状况，海岛可分为有居民海岛和无居民海岛。前者是指属于居民户籍管理的住址登记地的海岛，后者则不属于居民户籍管理的住址登记地。相对于有居民海岛，无居民海岛一般面积小，远离大陆，大部分由裸露的岩礁构成（《中华人民共和国海岛保护法释义》主编组，2010）。

基于形成原因，海岛可分为大陆岛、海洋岛和堆积岛。根据《海洋学术语 海洋地质学》（GB/T 18190—2017），大陆岛是指地质构造上与邻近大陆相似或相联系的海岛，原为陆上山地，冰后期由于海平面上升或板块运动被部分淹没，进而与大陆相隔离而形成；海洋岛为由海洋底部火山熔岩堆积而成，或者由发育在沉没的火山顶上的珊瑚礁形成的海岛；堆积岛为位于河口或滨外海域，由河流、海域泥沙堆积形成的海岛。

基于物质构成，海岛又可分为基岩岛、泥沙岛和珊瑚岛，分别指主要由基岩、泥沙和珊瑚构成的海岛。基岩岛是我国数量最多、分布最广的海岛类型，占据我国海岛总数的 90% 以上，崎岖不平的地形和复杂多样的地貌特征是基岩岛的重要特征；泥沙岛主要位于河口或沿岸区域，往往地势平坦，岸线变迁剧烈；珊瑚岛主要分布在热带海洋中，对全球变化的响应更加灵敏（Chi et al.，2018a，2019a）。

二、岛群

（一）岛群定义

根据《海洋学术语 海洋地质学》（GB/T 18190—2017），岛群是指海洋中彼此相距较近、密切相关的海岛，本质上构成一个地理实体，聚集在一起成群分布的海岛。岛群和群岛的概念基本一致，属于不同的习惯叫法。前者更侧重于泛指一种地理综合体；后者则是更加具象的描述，表示具体的地理区域，如夏威夷群岛、舟山群岛等。岛群的定义虽然较为宽泛，但仍包含着两个基本属性：一是位置相近，即在地理意义上成群分布；二是密切相关，即岛群中各岛之间发生着密切的物质交换、能量流动和信息交流。这两个属性在很大程度上具有统一性，即“位置相近”是“密切相关”的前提条件。此外，地质背景一致性并不作为岛群的基本属性，如浙江省洞头群岛原本是指瓯江口外的一片基岩岛群，其地理位置相近，地质背景一致；随着跨海大桥工程建设将原洞头群岛通过瓯江口的灵昆岛（泥沙岛）与大陆连接在一起，以及 2015 年洞头县撤县设区并将灵昆岛划入行政区划，灵昆岛与原洞头群岛的联系愈加密切，并形成了新的包含基岩岛（原洞头群岛）和泥沙岛（灵昆岛）的洞头群岛（Chi et al.，2020a）。

世界上的绝大部分海岛都以岛群的形式存在，形成了不同规模、不同形态的各类岛群。马来群岛是世界上最大的岛群，拥有海岛 3 万余个，分属不同国家；加拿大北极群岛、日本列岛、不列颠群岛、菲律宾群岛、西印度群岛等均为面积较大的岛群。舟山群岛是我国最大的岛群，位于东海区，其拥有海岛数量占据我国海岛总数的约 20%；此外，黄渤海区的长山群岛和庙岛群岛，东海区的洞头群岛、南麂列岛、澎湖列岛等，南海区的万山群岛以及东沙、西沙、中沙、南沙四大群岛等，均为我国重要的岛群。

（二）岛群分类

岛群类型一方面可基于岛群中海岛的形成原因或物质类型进行划分，但更为常见的是根据岛群中各岛的地理格局进行划定，具体如下。

团聚状岛群：岛群中各岛均匀或不均匀地呈团状集中分布于一片海域，岛群没有呈现明显的走向，是岛群分布的最常见形态。长山群岛、舟山群岛、洞头群岛、万山群岛等均属于该类型。

链状岛群：岛群中各岛整体排列成线形或弧形，岛群呈现明显的走向，习惯上又称为“列岛”。庙岛群岛（又称“长岛列岛”）、南麂列岛、澎湖列岛等属于该类型。

“一大多小”型岛群：岛群由一个大型海岛和其周边的附属海岛构成，如平潭岛及周边海岛、东山岛及周边海岛、南澳岛及周边海岛。该类岛群基本上由其中的大岛决定其特征，虽然符合岛群的两个基本属性，但没有体现岛群中各岛“相映成辉”的特点，故一般不将其按照岛群来进行研究。

此外，根据空间尺度的不同，一个大岛群可能由多个小岛群组成，且小岛群的地理格局类型可能与大岛群不同。如，庙岛群岛为南北走向的链状岛群，其中南部区域的“南五岛”为团聚状岛群；舟山群岛为团聚状岛群，其中的嵊泗列岛为东西走向的链状岛群。

第二节　海岛生态系统典型特征

一、海岛生态系统的含义

海岛生态系统是一种独特的生态系统类型，一方面，其位于海洋和陆地交错地带，生态属性复杂，由岛陆、岛滩和环岛近海构成（王小龙，2006；石洪华等，2009；Chi et al.，2017a），其中岛陆是海岛生态系统的核心和依托，岛滩和环岛近海是岛陆的自然延伸，共同构成综合的海岛生态系统；另一方面，海岛作为自然地理实体，本身是一种自然生态系统，但随着人类活动的全球普遍性（Halpern et al.，2008），海岛生态系统的某些组分或区域不可避免地受到人为影响，获得人工生态系统的属性，从而使其同时拥有自然和人工生态系统的特征，即海岛生态系统实质上是一种自然 - 人文复合生态系统。综上所述，海岛生态系统是以岛陆为核心，以岛滩和环岛近海为延伸的自然和人文因子相互联系、相互作用形成的综合 - 复合生态系统。其中，自然因子包括岛陆、岛滩、环岛近海的气象气候、地质地貌、水文水资源、土壤 / 沉积物和生物因子，人文因子主要为人口、政治、文化、交通、科技等社会经济因素及与之相对应的开发利用活动（池源等，2015a；Chi et al.，2017a，2020a）。本书的研究专注于海岛生态系统的核心区域，即岛陆生态系统，故下文中海岛生态系统主要指岛陆生态系统。

海岛生态系统的典型特征可分为原生特征和次生特征。原生特征是指海岛与生俱来的基本属性，次生特征是在原生特征的基础上与周围环境长期耦合表现出的各种特征。

二、原生特征

（一）特殊的地理位置

不论是河口海岛、近岸海岛抑或是大洋海岛，均受到剧烈的海陆交互作用。特殊的地理位置使得海岛生态系统具有海陆二相性特征。岛陆本质上属于陆地生态系统，其生物群落和生境与大陆基本相似（Lagerström et al.，2013；Nogué et al.，2013；Chi et al.，2019b）。同时，岛陆受到来自海洋的多重影响，如海岸侵蚀和淤积作用不断地改变着海岛岸线形态和海岛轮廓（Chi et al.，2019a，2020a）；海水入侵及其带来的土壤盐渍化对海岛土壤质量和生态系统健康带来干扰（Chi et al.，2020b）；大风、风暴潮、灾害性海浪等也对海岛植物群落和社会经济活动产生负面影响（Teng et al.，2014；Kura et al.，2015）。我国海岛生态系统实际上是海岸带生态系统的一种典型类型，位于海洋－陆地－大气－生物等圈层强烈交互作用的过渡带，边缘效应明显，环境变化梯度大，自组织能力和自我恢复能力较弱（丁德文等，2009）。

特殊的地理位置还表现出海岛的群聚性特征，即海岛往往以岛群的形式存在（Chi et al.，2017b）。岛群中各岛在面积、位置、地形、地表覆盖等自然条件以及人类开发利用程度上可能存在明显的不同，但各岛之间相互联系、相互作用形成统一整体（池源等，2017a）。

（二）有限的面积大小

有限的面积大小造成海岛生态系统的资源短缺性。区域范围的狭小使得海岛地域结构简单，土地和淡水资源缺乏（Särkinen et al.，2012；池源等，2015a）。面积是海岛最重要的自然属性（Whittaker and Fernández-Palacios，2007；Weigelt et al.，2016；Chi et al.，2019b）。经典的岛屿生物地理学理论表明，物种数量与海岛面积呈正相关，海岛有限的规模限制了物种多样性（MacArchur and Wilson，1963，1967）；同时有研究发现，海岛面积是物种灭绝最主要的影响因子，也是海岛景观格局、承载力和人类活动规模的决定性因子（Karels et al.，2008；Chi et al.，2018a，2020a）。

实际上，不同海岛的面积可能存在巨大差异。大岛如格陵兰岛、马达加斯加岛、台湾岛等，其“岛感”即海岛属性并不明显。海岛面积越小，其“岛感”愈加强烈。海岛生态系统的研究对象主要是面积较小的海岛，但其大小没有明确标准，往往根据经验来判断。

（三）明显的空间隔离

四面海水的阻隔使得海岛具有清晰的边界和明显的隔离性。海岛与大陆以及其他海岛之间相互隔离，物种迁移受到限制，形成了独立的地理单元，进而降低了新物种迁入的概率（Steinbauer and Beierkuhnlein，2010；Donato et al.，2012）；同时，海岛独特的生境条件，明显的隔离性也为物种分化提供了可能，形成了诸多海岛特有种（Borges et al.，2018）。此外，空间隔离也造成了海岛对外交通不便，对海岛的开发利用和生态保护构成制约（Chi et al.，2020a）。

与大陆的距离往往作为隔离性的指示因子，即距离越远，隔离度越大，且海岛面积和与大陆距离均为经典岛屿生物地理学理论中的两个基本因子（MacArchur and Wilson，1963，1967）。随着人类活动对海岛生态系统的干预日益增强，海岛的原生隔离性被改变或打破。一些沿岸海岛直接与大陆连接合并，海岛属性灭失，如山东红岛、浙江玉环岛等；许多面积较大且离岸较近的海岛通过桥梁与大陆连接，包括国内绝大部分的市级和区县级海岛，如上海崇明岛、浙江舟山群岛和洞头群岛中的部分海岛、福建东山岛、广东南澳岛等；另外的一些有居民海岛则通过通勤船舶与大陆进行连接，如辽宁长山群岛、山东庙岛群岛、浙江嵊泗列岛（舟山群岛的一部分）等；另外的一些面积较大的无居民海岛，由于具有重要的生态保护价值或周边海域开展养殖活动，有不定期的船舶前往这些海岛开展保护与利用活动（Chi et al.，2018a，2019a，2019b，2020a）。在上述海岛中，与大陆距离对于隔离性的指示作用被弱化，隔离性更多地受到桥梁交通承载力、船舶容量和频次等的影响。

三、次生特征

（一）重要的生态和社会价值

1. 生态功能

海岛的上述原生特征造就了其重要的生态价值，成为生物多样性的天然贮存库。在全球尺度上，海岛虽然占据世界陆地面积较小，但却拥有着不成比例的丰富的生物多样性，且生物多样性表现在基因、物种、生态系统等不同等级上（Kier et al.，2009；Jønsson and Holt，2015；Warren et al.，2015；Rominger et al.，2016）。诸多海岛被保护国际（Conservation International）纳入生物多样性热点名录（Mittermeier et al.，2005）。从长时间尺度来看，海岛的孤立性为许多物种提供了天然的避难所，也为物种分化提供了独特的生境，进而形成了海岛特有种，如印度尼西亚科莫多岛等海岛上的科莫多巨蜥（*Varanus komodoensis*）、舟山群岛上的普陀鹅耳枥（*Carpinus putoensis*）等（Chi et al.，2020c）。根据《2017 年海岛统计调查公报》，截至 2017 年年底，我国海岛及其周边海域发现国家一级、二级重点保护野生动物分别为 24 种和 86 种，国家一级、二级重点保护野生植物分别为 5 种和 32 种。

海岛的生物多样性维护功能还体现在其作为鸟类迁徙通道关键节点的重要性。全球八大鸟类迁徙路线之一的东亚—澳大利亚路线贯穿我国东部区域，是我国涉及候鸟种类和数量最多的路线。我国大部分海岛位于该条迁徙路线的覆盖区域，是鸟类迁徙的重要停歇地，也是黑脸琵鹭（*Platalea minor*）、黄嘴白鹭（*Egretta eulophotes*）、中华凤头燕鸥（*Thalasseus bernsteini*）等珍稀濒危鸟类的天然繁殖地（尹祚华等，1999；梁斌等，2007；陈水华等，2014；Chi et al.，2017b）。为了保护海岛生态系统，我国近几十年来建立了一系列的自然保护区。其中，以鸟类为主要保护对象的国家级自然保护区主要包括山东长岛国家级自然保护区、上海崇明东滩鸟类国家级自然保护区、浙江象山韭山列岛海洋生态国家级自然保护区、浙江南麂列岛国家级自然保护区、福建厦门珍稀海洋物种国家级自然保护区、广东南澎列岛国家级自然保护区、海南万宁大洲岛海洋生态国家级自然保护区等。

2. 社会价值

海岛的社会价值主要体现在以下几个方面。①海岛是人类居住生活的重要载体，承载了世界上许多城市和村镇的开发和建设。根据《2017年海岛统计调查公报》，我国12个主要海岛县（市、区）2017年年末常住总人口约为344万人。12个主要海岛县（市、区）包括辽宁省长海县、山东省长岛县（长岛海洋生态文明综合试验区）、上海市崇明区、浙江省舟山市四区县（定海区、普陀区、岱山县和嵊泗县）以及玉环市和温州市洞头区、福建省平潭县（平潭综合试验区）和东山县、广东省南澳县。②海岛是开发和保护海洋的重要平台。得益于得天独厚的自然条件，诸多海岛成为世界上重要的港口。依托于杭州湾口外小洋山岛建设的洋山深水港是中国最大的集装箱港，也是世界最大的海岛型人工深水港，集装箱吞吐量为世界第一。以海岛为平台开展的海洋渔业和海洋水产品加工业也体现了海岛重要的社会经济价值，辽宁獐子岛的海参、山东大钦岛的海带、浙江枸杞岛的贻贝等已成为海岛名片。此外，海岛上的海洋船舶工业也是不可忽视的重要产业。③许多海岛具有丰富的旅游资源，成为著名的旅游目的地。不仅有绝佳的自然风光，而且海岛民俗文化以及前文所述的“岛感”造就了独特的海岛风光，形成了世界上诸多的著名海岛景点，如马尔代夫、巴厘岛、大溪地、塞班岛、普吉岛、蜈支洲岛等，每年吸引不计其数的游客到访游玩。截至2017年年底，我国海岛上已确认自然景观1028处、人文景观775处；已建成5A级涉岛旅游区6个，4A级涉岛旅游区43个，3A级涉岛旅游区25个。④海岛在国家权益和国防等方面具有不可替代的战略意义，许多海岛成为我国领海基点所在地。

（二）复杂的自然和人为干扰

1. 自然干扰

海岛位于海陆交互地带，受到各种自然因子的干扰，这种干扰往往以自然灾害的形式出现。气候变化和海平面上升是海岛生态系统面临的重要自然背景和趋势，不但可能直接导致海岛消失和面积动态变化，还通过引发或加剧其他自然灾害作用于海岛生态系统，如气候变化带来极端天气现象的增多，海平面上升可能带来海水入侵程度的加重和风暴潮频率的增加（李艳丽，2004）。另外，海岛开发利用活动的日益频繁也使得自然灾害的发生频率和强度不断增大（高伟等，2014；Chi et al.，2020a，2020b）。自然灾害不仅是海岛生态系统演变的重要驱动因子，也是系统受损的表征；海岛生态系统一方面可能为自然灾害提供孕灾环境，另一方面也是自然灾害的承灾体。

1）气象灾害

大风和干旱是我国海岛普遍的自然扰动因子。由于我国的季风性气候、频繁的气旋天气系统、海陆热力性质差异和海上风力阻隔小等因素，海岛大风天气频繁。山东长岛地区年均大风日数为59~110d，江苏连云港前三岛岛群年均大风日数约134d，福建东山岛年均大风日数达122d（《中国海岛志》编纂委员会，2013b，2013c，2014b）。虽然我国海岛所在区域降水量并不贫乏，但降水季节变化明显，且海岛汇水区域有限，蓄水能力较差，可利用的淡水资源较缺乏，干旱或季节性干旱成为我国海岛典型的自然特征。山东长岛1953—1983年发生干旱灾害的年份近60%；广西廉州湾内的七星岛、渔江岛等冬旱发生频率达100%，春旱的频率也达66%（《中国海岛志》编纂委员会，2013b，2014c）。大风和干旱不仅给海岛社会经济活动带来制约，也对海岛自然实体造成影响，主要表现为对海岛地形地貌的塑造和对海岛植物的胁迫。海岛特别是基岩岛，在大风的作用下，往往形成以剥蚀丘陵为主的地貌类型，再加上长期缺水，海岛土层较薄，土壤较贫瘠；海岛原生植被也受到大风和干旱的影响而发育不良，植被的缺失又造成海岛防风和蓄水能力减弱，进而加剧了大风和干旱对海岛的影响。

在部分海岛上，寒潮、暴雨、浓雾等气象灾害也对海岛生态系统构成威胁。1993年辽宁广鹿岛遭寒潮袭击，通信设施受到严重破坏，共损失广播线杆38根，广播线9300m（《中国海岛志》编纂委员会，2013a）；1980—2008年，江苏连云港东西连岛所在区域共发生灾害性暴雨16次，对海岛岛体和设施均造成了严重的损害（《中国海岛志》编纂委员会，2013c）。

2）海洋灾害

风暴潮和灾害性海浪是我国海岛最主要的海洋灾害，其直接作用于海岛岸线和陆地，淹没沿岸农田，破坏植被和港口、海堤、房屋等设施，危及人类生命安全，还会引发海岸侵蚀和海水入侵等其他灾害。1983年浙江台州海域由台风引起的风暴潮和灾害性海浪，直接冲毁大陈岛海堤90m，造成严重经济损失（羊天柱和应仁方，1997）；2007年3月，辽宁长海县各岛遭遇特大风暴潮，全县农渔业生产、交通运输和基础设施遭到严重影响（《中国海岛志》编纂委员会，2013a）。在地质活动不稳定地区，海岛周边海域海底地震、火山爆发以及大规模滑坡引起的海啸会对海岛生态系统造成巨大冲击。此外，上述的海洋灾害和气象灾害也会影响海岛的对外交通和交流，使得海岛停航现象普遍，一些海岛可能完全丧失对外交通能力，甚至与外界失去联系，加剧了海岛的隔离性。

赤潮和绿潮同时是海岛生态脆弱性的驱动因子和表征因子，发生于海岛生态系统中的周边海域，是自然因素和人类活动相互作用的结果，不仅破坏海洋生态平衡，还对海洋渔业和水产资源构成严重威胁（符生辉，2015；王宗灵等，2020）。2007年2月广东南澳岛附近海域发生赤潮，面积达308km^2，直接导致损失贝类20t、龙须藻5t（《中国海岛志》编纂委员会，2013d）。

3）地质灾害

由于海岛的物质构成和地形地貌特征、强烈的海陆交互作用、大区域的地质活动活跃性以及日益频繁的人类活动，我国海岛容易遭到地质灾害的干扰（杜军和李培英，2010；李拴虎等，2013）。海岛地质灾害可分为突发性地质灾害和渐变性地质灾害两大类。

突发性地质灾害主要包括崩塌、滑坡、泥石流等，这在占我国海岛数量绝大部分的基岩岛上较常发生，这类海岛往往地势起伏明显，岩石坚硬，提供了崩塌、滑坡等地质灾害的孕灾环境，如海南万宁大洲岛由于长期的地质构造和外力作用，岛体布满滚石，约 $4km^2$ 的海岛上存在 13 处崩塌危险区（高伟等，2014）。突发性地质灾害直接破坏海岛地形地貌、植被覆盖以及各类设施，短时间内造成强烈的危害。同时，我国部分海岛处于火山、地震频发区，火山爆发、地震本身也是一种突发性自然灾害。1918 年 2 月，广东南澳岛东北约 10km 海域发生 7.3 级地震，南澳岛绝大部分房屋倒塌，部分山体崩塌，植被遭到极大破坏（《中国海岛志》编纂委员会，2013d）。

渐变性地质灾害包括海岸侵蚀、海水入侵、地面沉降等，这在泥沙岛和部分基岩岛较为常见。泥沙岛物质构成以冲积物为主，地势低平，为海水入侵等渐变性地质灾害提供孕灾环境（Chi et al.，2020b，2020c），如上海崇明岛北部垦区和东部垦区潜水层氯度值达 1000mg/L 以上（《中国海岛志》编纂委员会，2013c）。部分基岩岛也存在渐变性地质灾害，主要为岸线侵蚀，如福建东山岛东部 21.5km 长的岸线从 1990 年到 2010 年平均后退了 54.5m（刘乐军等，2015）。渐变性自然灾害长期且缓慢地影响着海岛生态系统，造成海岛岸线后退、淡水水质恶化、土壤盐渍化等后果。部分灾害如海水入侵、地面沉降等一方面是海岛生态脆弱性的重要驱动因子，一方面也是地下水开采、海岸工程兴建等人类活动作用的结果（陈中原，2001；刘杜鹃，2004）。

4）其他自然扰动

除了上述自然灾害外，还有众多自然扰动因子对海岛生态系统构成影响。其中，影响较大的有外来生物入侵、森林火灾等。外来生物通过自然传入和人类传入（有意或无意）的方式进入海岛生态系统，由于海岛原生物种结构简单且空间资源有限，外来生物对原生物种的生长发育造成严重制约，破坏海岛生物多样性（孙元敏等，2017）。病虫害作为生物入侵的特殊形式，与森林火灾同为海岛森林的重要威胁。我国北方海岛森林多为 20 世纪 50 年代以来持续种植的人工林，具有重要的生态功能，但树种较为单一且生长条件恶劣，一旦发生病虫害或火灾，会对海岛生态系统稳定性造成重大影响（池源等，2016）。

2. 人为干扰

海岛生态系统是自然 - 人文复合生态系统，随着人类活动类型的增加、范围的增大以及强度的增强，海岛生态系统受到的人类干扰日渐增多，人类活动已成为许多海岛生态系统演变的主要驱动因子（池源等，2015a；李晓敏等，2015；Chi et al.，2018a，2019a，2020a）。

1）城乡建设

海岛城乡建设是指以岛陆为基底进行的城乡住宅、交通、市政、商业、工业、仓储以及其他各类设施的建设，在全部有居民海岛和部分无居民海岛具有普遍性。城乡建设直接改变海岛地表形态，侵占原生生物栖息地，造成生物量和生产力的损失，割裂自然景观。浙江嵊泗县东端的嵊山岛，距离大陆最近距离达 81.1km，第二次国土资源调查资料显示其建设用地达 109.52hm^2，占岛陆总面积 25% 以上（《中国海岛志》编纂委员会，2014a）；上海崇明岛 2018 年建设用地占全岛面积不到 20%，但在海岛各区域以居民点和道路的形式普遍分布，使得海岛自然景观割裂，景观破碎化强烈（Chi et al.，2019a）。同时，城乡建设间接带来不同类型和程度的污染物排放，可能会对大气环境、水环境、声环境、土壤环境等造成影响，如上海崇明岛陈海和北沿公路两侧土壤重金属含量明显较高，镉污染严重，道路交通是其土壤重金属的主要来源（王初等，2008）。

2）海洋和海岸工程

以岛滩和环岛近海为基底开展的海洋和海岸工程包括港口码头建设、海岸防护工程、填海造陆、跨海桥梁、海底隧道等。几乎所有的有居民海岛均有码头建设，其他几类海洋和海岸工程类型在开发利用程度较高的海岛上较为常见。海洋和海岸工程直接改变海岛岸线和海底地形，占用生物栖息地，显著影响环岛近海的水动力和泥沙冲淤环境，并可能带来生态服务价值的丧失（池源等，2017b；Chi et al.，2020a）。浙江洞头区海岛 2004—2010 年围填海面积约 10km^2，造成环岛近海海洋生态服务价值损失达 1.36 亿元 /a（隋玉正等，2013）。某些项目如仓储码头在运营期由于污染物排放或泄漏还会产生持续的影响。不过，部分海洋和海岸工程的兴建对巩固生态系统稳定性具有重要作用，如泥沙岛环岛海堤能够有效提升海岛防灾减灾能力，减少海岸侵蚀（Chi et al.，2020b）；人工鱼礁能够显著提升环岛近海的生物多样性等。

海岛与大陆之间跨海桥梁或海底隧道的兴建直接改变了海岛生态系统空间隔离性的典型特征，显著提升了海岛对外物质、能量和信息的流通能力，同时也影响环岛近海的水动力条件、海水水质和生物资源（Xie et al.，2018；Chi et al.，2020a）。

3）农田开垦

农田开垦是我国海岛重要的岛陆空间利用类型，在有居民海岛和部分无居民海岛上或多或少均有农田开垦或其痕迹。在一些泥沙岛上，农田占有重要地位。上海崇明岛作为中国最大的泥沙岛，地势平坦，2018 年耕地面积占海岛总面积的近 50%（Chi et al.，2019a）。特定的基岩岛上也有较大规模的农田开垦。山东长岛的北长山岛为基岩岛，地势较为起伏，仍有 20% 以上的岛陆被开垦为农田（Chi et al.，2018a）。农田开垦直接改变海岛地表形态和生物栖息地，影响海岛生物群落结构和生物多样性，也可能间接导致水土流失，引发农业污染，对岛陆土壤及环岛近海造成影响（池源等，2017c；Chi et al.，2018a，2019a，2020a）。上海崇明岛农田土壤重金属含量总体高于上海市背景值，且菜地的污染最为严重，这与农药使用密切相关（孙超等，2009）。

4）旅游

海岛旅游涉及岛陆、岛滩和环岛近海各部分，在推动海岛社会经济发展的同时也对海岛生态系统产生影响。游客在旅游过程中可能通过破坏生境、排放废弃物等行为对环境产生影响，该影响可通过加强管控措施进行减弱和消除（李军玲等，2012）。此外，海岛各类旅游设施的兴建直接改变海岛地表形态，侵占生物栖息地。旅游与城镇化之间是相互促进和相互协调的（王新越，2014），海岛旅游的快速发展能够推动城乡建设、海洋和海岸工程兴建等（Chi et al.，2021）。山东长岛为打造我国北方生态旅游度假岛，于南长山岛西海岸填海造地约 68hm^2 建设西海岸休闲文化广场，在北长山岛月牙湾西侧建立约 7.8hm^2 的地产项目“长岛国际度假村”。同时，旅游业带来的外来人口进入、旅游设施的建设以及海岛产业结构的变化也会对海岛社会文化造成冲击，海岛居民价值观受到影响，传统文化特色变味或丧失，人居环境趋于复杂。

5）养殖与捕捞

海岛养殖以岛滩和环岛近海为基底开展，是海岛最主要的开发利用活动之一。根据方式、种类、规模和强度的不同，养殖的环境影响也具有差异（崔毅等，2005；池源等，2017b）。围海养殖直接改变海岛岸线和海底地形，占用生物栖息地并排放污染物，影响海洋水动力环境和泥沙冲淤环境。一些距离大陆较近的海岛，如山东海阳丁字湾北侧的麻姑岛，海岛周边大规模的养殖池将其直接与大陆相连，对海岛生态属性产生了深刻的影响（Tovar et al.，2000；Páez-Osuna，2001）。开放式养殖的环境影响主要表现在改变群落结构和排放部分污染物，影响与围海养殖相比较小，如山东长岛的大钦岛，环岛近海开展了大规模的海带开放式养殖，但其环境影响总体可控。

海洋捕捞同样是海岛渔民的重要收入来源，其直接改变环岛近海群落结构，减少海洋生物量。过度的捕捞是破坏海洋生态平衡、损害海洋资源的重要因子。我国最大的渔场——舟山渔场，位于舟山群岛附近，长期过度捕捞使得渔获率大大降低，渔业资源不断衰退，鱼类群落结构发生显著变化（卢占晖等，2009）。

6）其他人类干扰

影响海岛生态系统的其他人类干扰主要包括航运、矿产与能源开发等。航运是海岛与外界沟通的重要方式，航运过程中产生的污染物如不加以适当处理会带来负面影响，同时航运也是外来生物入侵的主要途径之一。海岛矿产与能源开发包括岛陆、岛滩和环岛近海范围内的金属矿、非金属矿、可燃有机物等各类矿产以及太阳能、风能、海洋能等新能源的开发。其中，矿产开发不仅占用空间资源，直接破坏生境，还可能排放污染物对周边环境产生影响。矿产开发和运输过程中的突发事故（如溢油）会对海岛生态系统造成严重破坏。2006—2008 年，山东长岛海域接连发生 4 起溢油污染事件，严重影响了海洋环境质量和渔业资源（《中国海岛志》编纂委员会，2013b）。我国海岛风能资源丰富，近几十年来风电在我国海岛得到了广泛建设，山东长岛，上海崇明岛，浙江玉环岛、大陈岛、洞头岛和舟山各岛，福建平潭岛和东山岛，广东南澳岛和上、下川岛等海岛上均建有或曾建有较大规模风电场，在其他众多海岛上也建有各类风力发电设施（俞凯耀等，2014）。风电被誉为绿色能源，但有研究发现，风电运行过程中产生的噪声、光影闪动和空间阻隔实际上具有一定环境影响，特别是对鸟类的栖息、觅食、迁移、存活和繁殖可能带来干扰（王明哲和刘钊，2011），我国海岛大都位于鸟类迁徙通道的覆盖范围，因此海岛风电的生态影响不容忽视。为了保护海岛生态系统并维护鸟类迁徙通道，山东长岛于2017年年底已将80台陆域风机全部拆除。

海岛周边大陆地区社会经济活动也会对海岛生态系统造成压力。由于海水的流动性和连通性，大陆地区的围填海、污染物排放等行为可能影响到海岛生态系统的水动力条件和环境质量，大陆滨海旅游的蓬勃也能带动海岛旅游事业的发展，若旅游开发强度过大可能会对海岛生态系统造成不可逆的改变。

（三）显著的生态脆弱性

上述海岛典型特征共同造成了海岛显著的生态脆弱性。海岛生态脆弱性是指海岛生态系统由于独特的自身条件和复杂的系统干扰而长期形成的、时空分异的、可调控的易受损性和难恢复性（池源等，2015a）。

1. 海岛生态脆弱性的内涵

1）易受损性

易受损性表现在海岛生态系统更容易受到干扰，且面对干扰时其生态结构和功能更容易遭到损害。以山东长岛为例，其人工林近几十年来深受松材线虫（*Bursaphelenchus xylophilus*）病的干扰。松材线虫生长繁殖最适宜温度为25℃，在年平均气温高于14℃的地区普遍生长，年平均气温在10~12℃地区能够侵染寄主但不造成危害（宋玉双和臧秀强，1989）；长岛年平均气温约为12℃，理论上处于松材线虫能够生长但不致明显危害区域，但却成为山东乃至我国北方松材线虫病的首个疫区。这正是由于海岛位置特殊且规模有限，人工林树种单一，干旱和大风使得人工林生长环境恶劣，抵抗能力较差，且干旱后树木更容易受到病虫害的危害（Van Mantgem and Stephenson，2007；池源等，2016）。在这样的条件下，松材线虫具有侵入途径和传播空间，再加上抵抗力较差的寄主植物，能够对人工林及海岛生态系统造成损害。案例中，位置特殊和规模有限是自身条件，干旱和大风是外界干扰，共同造成海岛人工林对病虫害的易受损性；病虫害对海岛生态系统同样是一种干扰，使得海岛人工林死亡严重，生物量大量丧失，其防风固土、涵养水源等生态功能随之受到损害，进而增加了海岛生态系统对干旱和大风的易受损性，导致海岛土壤更加瘠薄，淡水更加缺乏，生物多样性进一步降低。海岛生态系统的易受损性由此产生并可能不断加深。

2）难恢复性

难恢复性表现在海岛生态系统在受到损害后，难以通过系统的自我调节能力与自组织能力恢复至受损前的状态或向良性的方向发展，这一方面是由于海岛地域结构简单且具有明显的独立性，自我调节能力有限；另一方面，海岛生态系统的干扰难以完全消除，即使一定时期内主要干扰停止或基本停止，但由于其他干扰的作用，系统不能得到良好的恢复。同时，海岛位置特殊且空间隔离，可达性差，自然灾害频发，生态恢复过程中人工措施的实施难度较大，成本较高，这也是海岛生态系统难恢复性的重要表现。同样以山东省长岛为例，20 世纪 90 年代松材线虫侵入之后迅速蔓延，管理部门对松材线虫病防治投入了大量的精力，在潜伏树诊断、媒介昆虫捕杀、病原树清理等方面进行了一系列的工作，一度使松材线虫病得到控制，海岛生态系统得到一定恢复（汪来发等，2004；赵博光等，2012）；然而，2010 年以来该病再次蔓延，系统恢复受到阻碍（池源等，2016）。案例中，病虫害是海岛人工林的主要干扰因子，干旱和大风是其他干扰因子，海岛较差的可达性和明显的地势起伏为人类调控构成难度；病虫害侵入后，仅仅依靠系统自我调节能力无法实现系统恢复和人工林健康，人类措施的实施使得主要干扰因子得到控制，生态系统也得到一定的恢复，但由于其他干扰因子的难控制性以及人类措施的高成本和高难度，生态恢复难以保持稳定，一旦主要干扰因子脱离控制，生态系统便再次遭到重大损害，生态恢复工作又回到原点。随着近年来长岛地区大规模、长时间、高投入地开展病虫害治理和人工林恢复工作，病虫害已得到基本控制，人工林健康状况逐渐恢复，海岛生态系统趋于稳定。

2. 海岛生态脆弱性的特征

1）长期性

海岛生态系统因自然扰动和人为干扰的影响而受到损害或发生变化，同时，其原生特征孕育和促进了不同自然灾害的形成和发生，吸引了人类活动但又对人类活动的类型、范围和强度构成限制。海岛生态脆弱性的形成和增强是其生态系统自身条件和系统干扰长期相互作用的结果；同样，海岛生态脆弱性的减弱也是一个长期的过程。

2）分异性

海岛生态脆弱性的分异性包括时间分异性和空间分异性。时间分异性表明海岛生态脆弱性不是静态的，是随着自身特征和系统干扰的相互作用而不断变化的，也是生态脆弱性长期性的实际表现状态（Chi et al.，2019a）。海岛生态系统属于典型的边界系统，内外和内部能量流较高，状态多变，具有多个稳定态（丁德文等，2009）。同时，由于物质、能量、信息流动强度、规模、方式与类型的非均衡性，海岛生态脆弱性具有明显的空间异质性（Chi et al.，2017a）。一方面，不同海岛物质构成、面积大小、自然环境、区域特征的差异，使得其自身条件和系统干扰存在明显不同，从而带来生态脆弱性的差异；另一方面，同一海岛内部不同位置的地表覆盖、地形、土壤特征以及人类干扰程度的差异也会造成海岛内部生态脆弱性的空间分异（Chi et al.，2018a，2020a）。

3）可调控性

海岛生态脆弱性是可以通过人为调控进行减弱或消除的。生态过程虽然不可逆，但允许在一定程度上采取外力调控系统的能量和物质流动，促使生态系统结构和功能趋向正效应，达到最佳的动态平衡，提升生态系统的稳定性（石洪华等，2012），这也是提出并研究海岛生态脆弱性的前提和目的。前述的长岛人工林病虫害治理和生态系统健康维护即是海岛生态脆弱性可调控性的表现。人类活动调控海岛生态脆弱性的途径和方法主要有两种，一种是采取调控措施减少开发建设的负面影响，如城镇污水和垃圾收集和处理设施的兴建能够约束废水和垃圾的无序排放，削减海岛生态系统的污染来源；另一种则是有意地进行生态保护和管理，增强生态系统的稳定性，如自然保护区建设、海岛城镇绿地系统构建、海岛人工林建设和维护、环岛海堤修建和人工鱼礁布设等（Chi et al.，2020a，2020b）。

海岛生态脆弱性调控应建立在对脆弱性清楚认识和准确把握的基础上，特别需要注意的是海岛生态脆弱性的长期性和分异性特征。长期性表明海岛生态脆弱性的调控并非一蹴而就，应当付出不懈的努力和持续的投入；分异性要求脆弱性的调控应当因岛制宜、因地制宜，只有根据不同区域的实际情况制定具有针对性的调控措施，才能在减少不必要投入的同时，有效控制海岛生态脆弱性。

第三节　海岛生态系统研究进展

一、海岛生态系统关键要素研究

海岛生态系统关键要素是指构成该生态系统、能反映该生态系统特征且对该生态系统具有重要作用的表现在一定时空尺度的各类生物和非生物要素，包括生物、地形地貌、土壤、水文、景观等。

生物多样性是海岛生态系统最基础、最核心的要素，著名的“进化论”和“岛屿生物地理学理论”均是起源于海岛生物多样性的研究。国外海岛生物多样性的研究开展较早，上述的“岛屿生物地理学理论”于20世纪60年代被提出，定量地阐述了海岛物种丰富度与面积和隔离程度的关系（MacArchur and Wilson，1963，1967），并成为保护生物学研究的重要理论（Jonathan and Robert，2010）。此后，国外的研究者对海岛生物多样性一直保持着较高的关注。首先，尝试探讨海岛面积和隔离程度之外的因素对海岛生物多样性的影响，Sax（2007）和Heaney（2007）从海岛成因入手，分别以大陆岛和海洋岛为研究对象验证岛屿生物地理学理论，并尝试提出了具有针对性的理论模型；Troia等（2012）以地中海西西里岛周边的岛群为研究区，分析了蕨类植物物种数量与海岛面积和高程的关系，结果显示该关系在火山岛上呈显著相关性，而在泥沙沉积岛上则不明显。同时，在模型分析方法上也有着新的探索和实践，Karels等（2008）构建结构方程模型分析海岛面积、隔离程度和外来物种数量等因素与海岛鸟类灭绝量的关系，结果显示海岛鸟类灭绝的发生不是随机的，海岛面积因素是影响鸟类灭绝数量的最主要因子。2016年11月英国广播公司（BBC）推出的纪录片《地球脉动第二季》（Planet Earth 2）

中第一集“岛屿（Islands）”形象地揭示了世界上不同海岛特殊的生境条件及独特的物种多样性。近年来，国外诸多学者基于大空间尺度和大量的海岛样本，探讨了全球气候变化和人类活动影响下海岛生物多样性的空间格局（Helmus et al.，2014；Weigelt et al.，2016；Whittaker et al.，2017；Craven et al.，2019）。国内关于海岛生物多样性研究的起步较晚，开始于1994年李义明和李典谟在舟山群岛开展的兽类物种多样性的调查研究（李义明和李典谟，1994）。截至目前，国内的研究一方面集中在对海岛物种进行调查、统计和对比分析上（熊高明，2007；马成亮，2007；谢聪等，2012）；另一方面，关于海岛生物多样性及其影响因子的研究也取得了一定的成果，陈小勇等（2011）将进化因素整合进岛屿生物地理学理论中，为海岛生物多样性数据重新分析提供了一个具有可行性的新方法；Chi 等（2016，2019b，2020d）针对全球变化背景下海岛植物多样性的空间格局问题，识别出海岛群特有的多重梯度系统，包括形态、邻近度、景观、地形、气象、土壤和植被等 7 个方面 20 余个梯度因子，并分析了我国不同类型海岛（无居民和有居民海岛、基岩和泥沙海岛）植物多样性在多重梯度系统下的空间分布格局并辨识了关键梯度因子。

除了生物多样性之外，海岛地形地貌、水文、土壤、景观等要素也被不同学者研究。在海岛地形地貌方面，Al-Jeneid 等（2008）定量评估了全球和区域尺度的海平面上升对波斯湾巴林群岛海岸带区域的影响；Maio 等（2012）分析了美国波士顿港兰斯福岛（Rainsford Island）的岸线变化对海平面上升和海岸洪水的响应特征；Sahana 等（2019）探讨了印度申达本生物圈保护区（Sundarban Biosphere Reserve）海岛岸线在面临海平面上升以及风暴潮和热带气旋强度增强时的脆弱性特征。在海岛水文方面，Kura 等（2015）对马来西亚棉花岛（Kapas Island）地下水环境对于人为污染和海水入侵的脆弱性进行了评估；Holding 等（2016）以 43 个小岛屿发展中国家（small island developing states，SIDS）为研究区，根据地下水补给量分析了全球气候变化影响下 SIDS 的地下水脆弱性特征。在海岛土壤方面，Atwell 等（2018）以加勒比海的特立尼达岛为研究区，开展了海岛土壤生态系统服务研究，结果显示不合理的土地利用等因子造成了土壤质量的恶化，且土壤因子可作为海岛生态系统健康的指示因子；Martín 等（2019）研究了 2006—2017 年地中海马略卡岛（Majorca Island）土壤碳储量的时空分布特征并探讨了其时空变化的主要影响因子；Wilson 等（2019）以澳大利亚亚南极地区麦夸里岛（Macquarie Island）为研究区，分析了土壤因子的空间特征并阐明了其关键环境因子；Chi 等（2020e）以我国北方典型岛群——庙岛群岛的无居民海岛为研究区，分析了土壤质量在海岛尺度和点位尺度上的空间分布格局，并分析了不同尺度上的主要影响因子。在海岛景观方面，Chi 等（2018a）研究了庙岛群岛 10 个有居民海岛的景观格局特征，并分析了景观格局对地表温度、植被净初级生产力、植物多样性和土壤性质的影响；Xie 等（2018）以舟山群岛中的朱家尖岛为研究区，探讨了通过大桥连接其他海岛和大陆后海岛景观格局的变迁特征；Gil 等（2018）以亚速尔群岛（Azores）皮库岛（Pico Island）为研究区，分析了在家畜养殖快速发展的背景下与牧场相关的地表覆盖的时空变化特征；Kefalas 等（2019）研究了地中海爱奥尼亚群岛（Ionian Islands）近 30 年以来不同环境、社会和经济因子影响下土地利用的时空变迁；Shifaw 等（2019）分析了福建平潭岛在综合实验区计划实施前后海岛土地利用变化及其对生态系统服务的影响。

二、海岛生态系统综合评估

海岛生态系统综合评估是综合考虑海岛各生态要素，将海岛生态系统作为一个整体的全面性评估。

全球变化背景下的海岛生态脆弱性评估是海岛生态系统综合评估的重要研究方向，近年来得到了国内外的广泛研究。国外重点探讨了在气候变化和海平面上升背景下（Duvat et al.，2017）以及地震（Sarris et al.，2010）、台风（Taramelli et al.，2015）、风暴潮（Ng et al.，2019）、海水入侵（Morgan and Werner，2014）等自然灾害作用下海岛生态系统表现出的脆弱性特征；同时，研究了海岛生态脆弱性在面临不同人类干扰时的响应特征，如海洋溢油（Fattal et al.，2010）、旅游活动（Kurniawan et al.，2016）、城镇化（Farhan and Lim，2012）、污染物排放（Farhan and Lim，2012）等；此外，SIDS 的自然－社会－经济系统在全球变化背景下的脆弱性引起越来越多的关注和研究（Turvey，2007；Jackson et al.，2017；Scandurra et al.，2018）。我国海岛大都位于海岸带区域，离大陆岸线较近，人类活动历史悠久，类型多样，范围广泛，且具有明显的空间异质性。因此，国内的海岛生态脆弱性研究往往将人类活动作为主要外界干扰因子，研究城镇化（Chi et al.，2017a；Sun et al.，2019）、海岸工程（Chi et al.，2017a）、连陆桥梁建设（Xie et al.，2019）、旅游开发（Ma et al.，2020）等不同人类活动影响下海岛生态脆弱性的变化特征。

除了海岛生态脆弱性外，其他的各类研究视角，如海岛生态系统服务价值（Dvarskas，2018；Kašanin-Grubin et al.，2019；Zhan et al.，2019；Lapointe et al.，2020）、海岛生态足迹（Dong et al.，2019；Wu et al.，2020）、海岛生态完整性（Jiang et al.，2018）和海岛生态系统健康（Wu et al.，2018；Filho et al.，2019；Hafezi et al.，2020）也是海岛生态系统综合评估的研究内容。

综上，海岛生态系统研究近十几年来已经得到了国内外学者的共同关注，学者们基于不同角度、不同时空尺度、不同区域开展了广泛的探索工作，并取得了积极的成效。然而，当前的研究还存在以下不足。①当前的方法很难同时兼顾全面性和适用性的要求，一些方法仅仅以单要素或某几种要素来反映海岛生态特征，特别是海岛植被、土壤、景观等关键要素很少在上述综合评估中被全面考虑。同时，另一些研究中过分关注海岛生态系统的某一方面，并对大量的成本较高的参数进行了测试，从而限制了方法的适用性。②海岛生态系统的空间异质性尚未被充分研究和揭示。目前的研究大都是基于点位或整岛尺度开展，或者以国家、市、县、乡镇等行政区来反映空间异质性，而海岛或行政区内部的空间异质性很少被关注。因此，研究结果的空间分辨率较低，无法为海岛国土空间规划提供必要支持。③海岛生态系统受到自然和人为因子的复合影响。然而，不同自然和人为因子实际产生的影响尚未被有效区分和准确量化。在剥离了自然因子的协同影响后，人类活动对海岛生态系统的变化究竟产生了多大的影响还不清楚，且不同类型人类活动的影响程度量化也亟待开展研究。

第四节　我国海岛生态保护现状

一、我国海岛概况

（一）海岛数量和分布

全国海域海岛地名普查结果显示，我国共有海岛 11 000 余个，海岛总面积约占我国陆地面积的 0.8%。浙江省、福建省和广东省海岛数量位居前三位。我国海岛分布不均，呈现南方多、北方少，近岸多、远岸少的特点。按区域划分，东海海岛数量约占我国海岛总数的 59%，南海海岛约占 30%，渤海和黄海海岛约占 11%；按离岸距离划分，距大陆小于 10km 的海岛数量约占海岛总数的 57%，距大陆 10 ～ 100km 的海岛数量约占 39%，距离大陆大于 100km 的海岛数量约占 4%（中华人民共和国自然资源部，2018；图 1.1）。

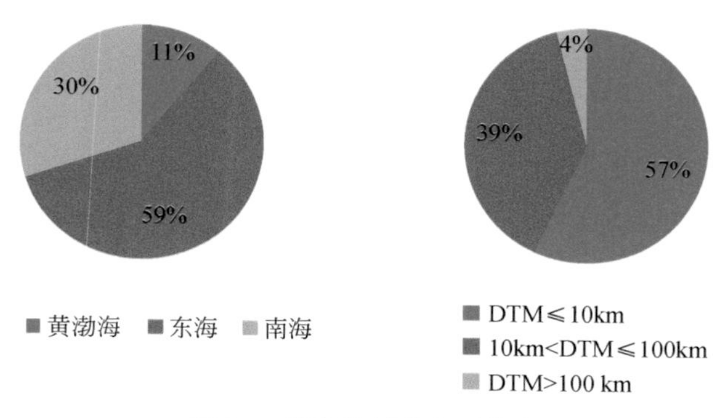

图 1.1　海岛数量分布百分比

DTM. distance to the mainland，与大陆距离

（二）海岛分区情况

根据《全国生态岛礁工程“十三五”规划》，我国海岛可分为渤海区、北黄海区、南黄海区、东海大陆架区、台湾海峡西岸区、南海北部大陆架区、海南岛区和三沙区等分区。

1. 渤海区

渤海是我国内海，该区毗连辽宁沿海经济带、京津冀一体化发展前沿区域和黄河三角洲高效生态经济区，是鸟类迁徙的重要通道，生存着蝮蛇和斑海豹等珍稀濒危和特有物种，发育有独特的沙坝－潟湖体系，建有多处国家级自然保护区、森林公园和地质公园，人文历史遗迹丰富多样。该区海岛包括辽宁蛇岛、鸳鸯岛、觉华岛等，河北石河南岛、菩提岛、龙岛等，天津三河岛，以及山东庙岛群岛（位于黄渤海交汇处）等。

2. 北黄海区

北黄海区是东北亚的重要海上通道，毗连辽宁沿海经济带和山东半岛蓝色经济区。该区海珍品丰富，是刺参、皱纹盘鲍和紫海胆之乡；建有多处国家级自然保护区、海洋特别保护区和森林公园；是我国北方重要的海防要塞区、近代海军发祥地和中日甲午海战的发生地。该区海岛包括辽宁长山群岛、石城列岛等和山东刘公岛、海驴岛等。

3. 南黄海区

南黄海区毗连山东半岛蓝色经济区和江苏沿海经济区，是欧亚大陆桥的桥头堡，设有多个海洋生态文明示范区。区内辐射状沙洲群独具特色，滩涂湿地发育，是天鹅和丹顶鹤等珍禽的重要栖息地。该区海岛包括山东千里岩、田横岛、灵山岛等和江苏秦山岛、太阳沙、外磕脚等。

4. 东海大陆架区

东海大陆架区毗连长江三角洲经济区和浙江海洋经济发展示范区，涵盖舟山群岛新区。该区海岛数量约占全国总数的 50%，海洋生产力最高，拥有世界著名渔场，珍稀濒危和特有物种众多。该区海岛包括上海崇明岛、九段沙等和浙江舟山群岛、洞头群岛、南麂列岛等。

5. 台湾海峡西岸区

该区毗连海峡西岸经济区，涵盖平潭综合实验区，是两岸合作交流的纽带，是 21 世纪海上丝绸之路的核心区，是妈祖文化的发祥地，自然、人文历史遗迹丰富。该区海岛包括平潭岛（海坛岛）、湄洲岛、惠屿、东山岛、琅岐岛等。

6. 南海北部大陆架区

南海北部大陆架区毗连港澳、珠江三角洲经济区、广东海洋经济综合试验区和广西北部湾经济区，涵盖横琴新区。区内分布有海龟、猕猴、中华白海豚等珍稀濒危和特有物种，发育红树林、珊瑚礁和海草（藻）床等典型海洋生态系统，自然和人文历史遗迹丰富。该区海岛包括广东南澳岛、万山群岛和广西涠洲岛、斜阳岛、仙人井大岭等。

7. 海南岛区

海南岛区毗连海南国际旅游岛，是南海资源开发和服务保障基地。该区海岛生态系统优良，是我国唯一的金丝燕栖息地，发育红树林和珊瑚礁等典型海洋生态系统，设有多个国家级自然保护区。该区海岛除了海南岛外，还包括大洲岛、分界洲、蜈支洲岛等。

8. 三沙区

三沙区位于我国最南海疆，是我国海洋权益维护的最前沿，是国际海上贸易的重要通道。该区海域辽阔，生态环境优良，是全球生物多样性最高的海域之一，是我国珊瑚礁生态系统分布最广和最典型的区域，生存着砗磲等众多珍稀濒危物种，自然和人文历史遗迹丰富。

此外，我国海岛还包括港澳台区（暂略）。

二、我国海岛保护与发展现状

（一）海岛保护与修复

1.涉岛保护区建设

截至2017年年底，我国已建成涉及海岛的各类保护区194个。按照保护区等级划分，国家级保护区70个，省级保护区58个，市级保护区30个，县级保护区36个。按照保护区类型划分，自然保护区88个，特别保护区（含海洋公园）75个，水产种质资源保护区13个，湿地公园7个，地质公园2个，其他类型保护区9个。

2. 领海基点所在海岛保护

领海基点保护力度不断加强。各地积极推进领海基点保护范围选划工作，截至2017年年底，全国共划定68个领海基点保护范围，比2016年年底增加37个，保护范围总面积约130.7km^2，比2016年年底增加90.9km^2。2017年，综合利用航空遥感、视频监控和现场巡查等方式加强领海基点所在海岛巡查和保护。其中，现场巡查领海基点所在海岛29个，累计巡查248个次。

3. 海岛生态修复

截至2017年年底，中央财政累计投入资金约52亿元，地方投入配套资金约36亿元，企业出资约3亿元，用于支持海岛生态整治修复项目198个；共修复海岛岛体面积约336hm^2，种植植被约70hm^2，种植红树林约3.3hm^2，整治修复海岛岸线约39km，修复海岛沙滩约74hm^2，海岛周边海域清淤近3000万m^3，清除海岛岸滩垃圾约8.5万m^3。

（二）海岛基础设施建设

1.海岛淡水供应

海岛淡水供应主要来源于大陆引水、船舶或汽车运水和岛上水井、水库、雨水收集、海水淡化。截至2017年年底，全国已查明有淡水供应的海岛665个，其中有居民海岛452个，约占全国有居民海岛总数的92.4%；无居民海岛213个，约占全国无居民海岛总数的1.9%。其中，已建成投入使用的水库和大陆引水工程分别为494个和89个。海岛淡水资源匮乏，淡水基础设施建设和保护力度仍需加强。

2. 海岛电力供应

截至2017年年底，全国共有801个海岛实现电力供应。实现电力供应的有居民海岛441个，约占全国有居民海岛总数的90.2%，其中24小时供电的有416个；实现电力供应的无居民海岛360个，约占全国无居民海岛总数的3.2%，其中24小时供电的有300个。供电方式以岛外引电为主，自主发电为辅，部分海岛采取两种方式相结合的综合供电方式。岛外引电海岛数量624个，自主发电海岛数量154个，综合供电海岛数量23个。

3. 海岛交通

截至2017年年底，全国海岛已建成码头1363个。其中，客货码头770个，渔港码头501个，公务码头92个。岛上等级公路总长度6475km。海岛上已建机场12个，连岛海底隧道8条，连岛桥梁153座。海岛居民出行条件逐步改善。

4. 海岛污染防治

截至2017年年底，全国海岛上已建成污水处理厂168个，垃圾处理厂73个。全年污水处理量38 053万t，垃圾处理量143万t。68个有居民海岛设有235个入海排污口。

5. 海岛防灾减灾

2017年，我国海岛遭受“纳沙”“海棠”“天鸽”等风暴潮16次、灾害性海浪34次，海岛周边海域多次发生赤潮、绿潮等灾害，累计受影响的海岛6183个次。截至2017年年底，海岛上建成投入使用的避风港254个，等级海塘870km，防波堤733km，防灾减灾能力较往年有所提升。

（三）海岛经济发展

1.总体发展情况

2017年，12个主要海岛县（市、区）实现海洋产业总产值约3557亿元，财政总收入约484亿元，财政总支出约643亿元，固定资产投资总额约2399亿元。

2. 海洋产业发展

12个主要海岛县（市、区）海洋产业以海洋旅游业、海洋水产品加工业、海洋渔业和海洋船舶工业为主，约占海洋产业总产值的71.6%。海洋旅游业总产值约897亿元，年度接待旅游人数约9836万。海洋水产品加工业、海洋渔业和海洋船舶工业总产值分别为639亿元、605亿元和406亿元。

（四）海岛保护和发展存在的问题

我国的海岛保护与管理工作虽然取得了重要进展，但也存在一些问题。部分海岛珍稀濒危和特有物种及其生境受损严重，珊瑚礁、红树林和海草（藻）床等典型海洋生态系统退化趋势尚未得到有效遏制，红树林和珊瑚礁分布面积较20世纪50年代减少约70%；部分海岛自然和人文历史遗迹遭到破坏；部分领海基点所在海岛侵蚀严重；海岛开发层次低，有些海岛使用方式粗放，资源利用效率不高；部分海岛生产生活条件落后，污水、固废等处置设施缺乏。

本节资料来源：《2017年海岛统计调查公报》（中华人民共和国自然资源部，2018年）；《全国生态岛礁工程"十三五"规划》（国海岛字〔2016〕440号）。

第五节　本书研究区与数据来源

一、研究区基本情况

（一）研究区概况

本书的研究区庙岛群岛是我国重要的基岩海岛群，也是我国北方岛群的典型代表（Chi et al.，2018a）。庙岛群岛位于黄渤海交会处，山东半岛北侧，由10个有居民海岛和数量众多的无居民海岛构成，全部海岛均为基岩岛，总体沿南北向群聚呈岛链状（图1.2）。该区域属于东亚季风气候区，年均气温12.0℃，1月平均气温-1.6℃，7月平均气温24.5℃；年均降水量约537mm，降水多集中在6—9月；日照较为充足，年均日照时数2612h。海岛地势起伏明显，山势大致呈南北走向，最高点海拔约为203m，以剥蚀丘陵为主要地貌类型；土壤主要有棕壤、褐土、潮土三大类，以棕壤分布面积最大，土层厚度约为30cm，多砂砾，土质较差（池源等，2017a）。

庙岛群岛在行政区划上隶属于山东省长岛海洋生态文明综合试验区和烟台市蓬莱区。长岛曾为山东省烟台市下辖县（长岛县），是山东省唯一的海岛县。2018年6月，山东省人民政府正式批复设立长岛海洋生态文明综合试验区，范围为长岛全部海岛和所属海域，岛陆面积56.8km^2，海域面积3541km^2，海岸线长187.8km；2020年6月5日，国务院以国函〔2020〕81号文件批复同意撤销蓬莱市、长岛县，设立烟台市蓬莱区，以原蓬莱市、长岛县的行政区域为蓬莱区的行政区域。截至2019年年末，长岛海洋生态文明综合试验区（以下简称"全区"）总人口为41 286人，其中城镇人口22 155人，全体居民人均可支配收入27 502元；2019年全区实现地区生产总值743 741万元，三产比重为59.3∶4.3∶36.4，人均国内生产总值169 417元；全年实现旅游综合收入47.7亿元，接待游客367.7万人次（长岛综合试验区经济发展局，2020）。

庙岛群岛在空间上与大陆隔离，通过船舶与大陆相连，各岛之间也主要通过船舶往返。其中有居民海岛与大陆之间、不同有居民海岛之间有通勤船舶，在一般情况下每天都有

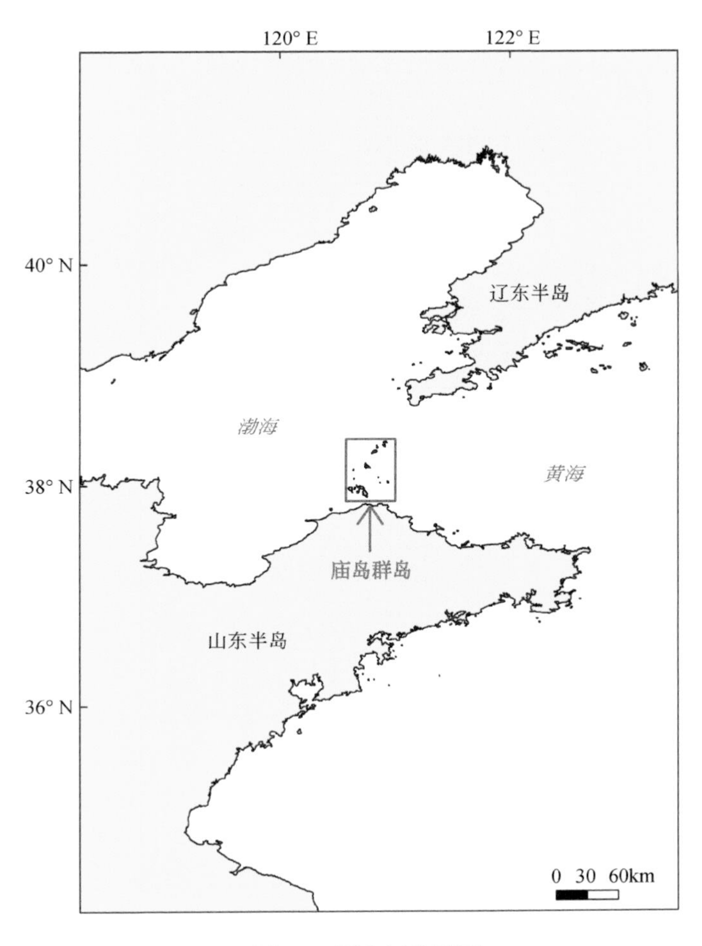

图 1.2　研究区位置图

船舶往返；抵达无居民海岛的船舶为非通勤船舶。

（二）研究区的重要性和典型性

庙岛群岛具有重要的生态、社会经济和战略价值。在生态方面，庙岛群岛为珍稀濒危和特有生物资源提供了独特的生境，是鸟类迁徙路线的关键节点。作为东亚—澳大利亚鸟类迁徙路线的重要停靠站，庙岛群岛拥有珍贵的鸟类资源。自 1984 年到 2010 年年底，途经和本地的鸟类共有 328 种，占全国鸟类的 25%，其中国家一级保护鸟类 9 种，二级保护鸟类 40 种（隋士凤和蔡德万，2000；韦荣华和顾晓军，2011）。在社会经济方面，庙岛群岛是 4 万多岛民的共同家园，也是全国著名的海岛旅游目的地。丰富的自然资源和独特的环境条件为渔业和旅游业的发展带来了得天独厚的优势。长岛紫海胆、大钦岛海带、南隍城岛海珍品享誉中外，月牙湾、九丈崖、峰山林海、长山尾、万鸟岛等景观每年吸引了数百万游客到访。此外，庙岛群岛各岛纵向分布于被称作“渤海咽喉”和“京津门户”的渤海海峡，战略意义不言而喻。

庙岛群岛是我国北方海岛的典型代表，主要体现在以下方面。首先，基岩岛是我国北方海岛的主要类型，占据了我国北方海岛总数的95%以上。庙岛群岛全部由基岩岛构成，能够代表我国北方海岛的基本特征。其次，庙岛群岛拥有100余个海岛，广泛分布于渤海海峡。不同海岛在面积、位置、岸线形态、地形等方面表现出明显的不同，拥有着差异化的自然条件，涵盖了我国北方海岛可能拥有的大部分自然禀赋特征。最后，庙岛群岛包含10个有居民海岛和众多无居民海岛，不同海岛之间的人类活动规模和强度表现出显著的空间异质性。有居民海岛是人类生产生活的主要载体，承载了绝大部分的人类活动，包括城镇建设、交通发展、农田开垦和人工林种植，不同有居民海岛之间也具有明显差异。无居民海岛人类活动强度处于较低状态，目前可见的一方面是部分无居民海岛建设了养殖看护房以方便工作人员看护海岛周边海域的水产养殖，另一方面是部分无居民海岛进行了适度的旅游开发建设，同时有部分无居民海岛完全处于未开发状态。

（三）海岛组成

挑选了庙岛群岛中全部有居民海岛和面积在0.1hm^{2}以上的无居民海岛作为研究对象，共32个海岛，海岛序号按照面积由大到小排列（图1.3和表1.1）。

在10个有居民海岛中，位于南部的5个有居民海岛（Is.1、Is.2、Is.3、Is.9和Is.10）被称作“南五岛”。南五岛各岛分布较为集中，距离大陆较近。南长山岛（Is.1）是全区政治、经济、文化中心，城镇化程度较高，人类活动剧烈；北长山岛（Is.2）由桥梁和堤坝与南长山岛相接，农田面积相对较多，也承接了南长山岛的部分人类活动。这两个海岛与大陆的通勤船舶频次较高，本地居民人口较多，也是旅游旺季游客的主要居住地，人类活动强度明显高于其他海岛。南五岛中的其余3个海岛，包括大黑山岛（Is.3）、庙岛（Is.9）和小黑山岛（Is.10），通过船舶与南长山岛相连，频次较低，海岛人类活动强度较低。位于北部的5个有居民海岛（Is.4、Is.5、Is.6、Is.7和Is.11）被称作“北五岛”，这5个海岛通过船舶与南五岛和大陆相连，频次较低。砣矶岛（Is.4）和大钦岛（Is.5）是北五岛中面积相对较大的海岛。砣矶岛曾是庙岛群岛人口最多的海岛，但近年来人口流失明显。大钦岛位于渤海海峡中段，因盛产高品质海带被誉为“中国海带之乡”，现代渔业发展迅速，产业结构合理。南隍城岛（Is.7）以海珍品增养殖为主导产业，南隍城村是全区的经济强村，且岛上渔家乐经济繁荣。北隍城岛（Is.6）和小钦岛（Is.11）经济发展相对较慢。

大部分无居民海岛位于有居民海岛周边海域。螳螂岛（Is.15）、南砣子岛（Is.16）、挡浪岛（Is.17）、羊砣子岛（Is.18）、牛砣子岛（Is.19）、烧饼岛（Is.23）、鱼鳞岛（Is.24）、犁犋把岛（Is.25）、蝎岛（Is.26）和马枪石岛（Is.27）位于南五岛附近，其中只有南砣子岛、羊砣子岛和牛砣子岛在低潮时可由相邻有居民海岛步行抵达，其余海岛均需通过船舶与有居民海岛相连。螳螂岛、南砣子岛、牛砣子岛和烧饼岛上建有养殖看护房，挡浪岛、羊砣子岛和犁犋把岛进行了旅游开发，鱼鳞岛上有测风塔，而蝎岛和马枪石

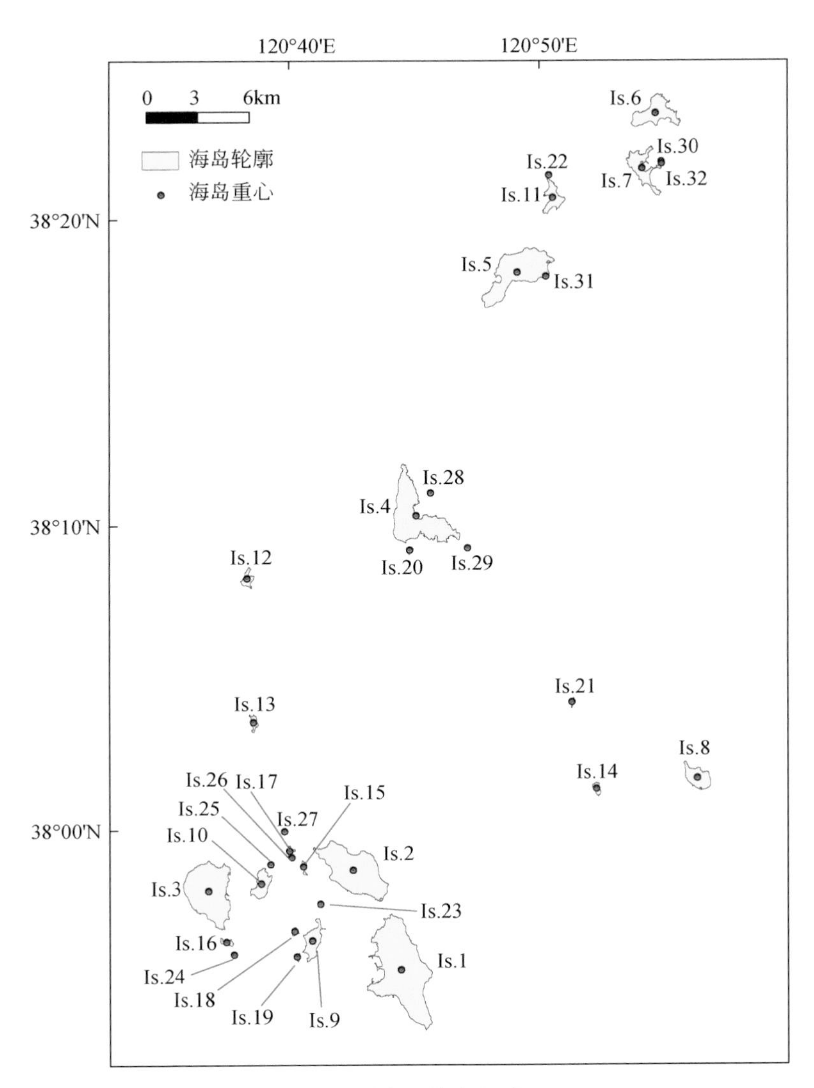

图 1.3　研究区海岛组成

岛无明显的开发利用。砣子岛（Is.20）、鳖盖山岛（Is.22）、山嘴石岛（Is.28）、东咀石岛（Is.29）、坡礁岛（Is.30）、东海红岛（Is.31）和官财石岛（Is.32）位于北五岛附近，其中砣子岛通过堤坝与砣矶岛相连，且已开发成为客运码头，人类活动较频繁，其余海岛未有明显开发利用。其他的无居民海岛，包括大竹山岛（Is.8）、高山岛（Is.12）、猴矶岛（Is.13）、小竹山岛（Is.14）和车由岛（Is.21），距离有居民海岛较远，散落在庙岛群岛的中部区域；除了部分特殊用途外，各岛均建有养殖看护房以方便工作人员管护周边海域的水产养殖。

表 1.1　研究区海岛基本信息

海岛编号	海岛名称	面积 /hm^2	海岛编号	海岛名称	面积 /hm^2
Is.1	南长山岛 *	1321.48	Is.17	挡浪岛	10.46
Is.2	北长山岛 *	789.80	Is.18	羊砣子岛	10.20
Is.3	大黑山岛 *	741.72	Is.19	牛砣子岛	6.33
Is.4	砣矶岛 *	722.20	Is.20	砣子岛	6.13
Is.5	大钦岛 *	647.97	Is.21	车由岛	4.94
Is.6	北隍城岛 *	269.27	Is.22	鳖盖山岛	2.43
Is.7	南隍城岛 *	189.06	Is.23	烧饼岛	1.54
Is.8	大竹山岛	149.08	Is.24	鱼鳞岛	1.30
Is.9	庙岛 *	142.33	Is.25	犁犋把岛	0.86
Is.10	小黑山岛 *	121.19	Is.26	蝎岛	0.47
Is.11	小钦岛 *	117.09	Is.27	马枪石岛	0.31
Is.12	高山岛	44.76	Is.28	山嘴石岛	0.28
Is.13	猴矶岛	27.59	Is.29	东咀石岛	0.20
Is.14	小竹山岛	24.43	Is.30	坡礁岛	0.18
Is.15	螳螂岛	15.78	Is.31	东海红岛	0.18
Is.16	南砣子岛	14.89	Is.32	官财石岛	0.17

注：* 代表有居民海岛。

为了更清楚地显示调查点位和生态系统的空间特征，根据空间位置对研究区进行分幅，如图 1.4 所示。

二、数据来源

（一）统计资料

收集研究区域背景资料，主要包括：地质地貌、气候、水文、环境质量等生态环境概况；生物资源、旅游资源等自然资源概况；经济、人口等社会经济状况。

收集和整理研究区人类活动相关资料，包括人口数量以及城镇建设、交通发展、农田开垦、人工林种植等开发利用活动的历史、过程和现状。

通过经济公报、统计年鉴和相关部门调访获得。

（二）遥感影像

购买研究区所在区域高分辨率遥感影像，通过 ArcGIS 提取获得庙岛群岛各岛轮廓矢

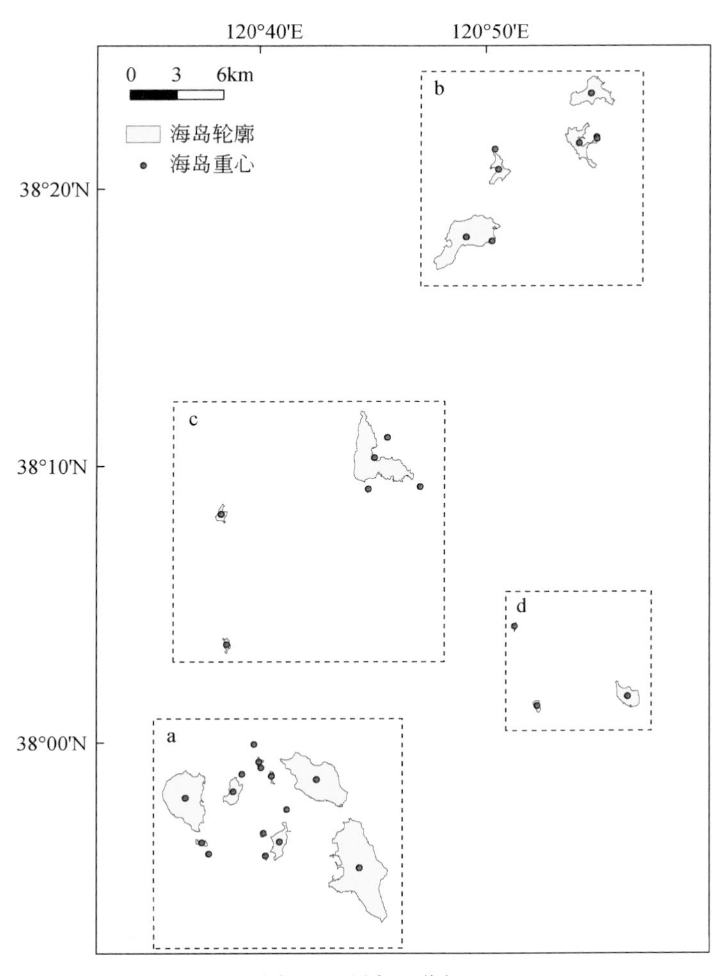

图 1.4 研究区分幅

分幅 a：15 个海岛，包括南长山岛（Is.1）、北长山岛（Is.2）、大黑山岛（Is.3）、庙岛（Is.9）、小黑山岛（Is.10）、螳螂岛（Is.15）、南砣子岛（Is.16）、挡浪岛（Is.17）、羊砣子岛（Is.18）、牛砣子岛（Is.19）、烧饼岛（Is.23）、鱼鳞岛（Is.24）、犁犋把岛（Is.25）、蝎岛（Is.26）和马枪石岛（Is.27）；分幅 b：8 个海岛，包括大钦岛（Is.5）、北隍城岛（Is.6）、南隍城岛（Is.7）、小钦岛（Is.11）、鳖盖山岛（Is.22）、坡礁岛（Is.30）、东海红岛（Is.31）和官财石岛（Is.32）；分幅 c：6 个海岛，包括砣矶岛（Is.4）、高山岛（Is.12）、猴矶岛（Is.13）、砣子岛（Is.20）、山嘴石岛（Is.28）和东咀石岛（Is.29）；分幅 d：3 个海岛，包括大竹山岛（Is.8）、小竹山岛（Is.14）和车由岛（Is.21）；下同，不再另行加注

量图，得到各海岛位置、面积、周长等基本信息。基于遥感影像，结合现场验证，获得海岛地表覆盖类型矢量图，掌握海岛人工林、城乡建筑、道路、农田开垦等地表覆盖的空间特征。

收集 Landsat 8 卫星无云遥感影像，通过辐射定标、大气校正、波段运算等操作后，得到基于光谱辐射率的各类生态指数。

收集 2011 年公布的 Aster GDEM 第二版 DEM 数据，通过 ArcGIS 由 DEM 数据中提取海拔、坡度和坡向。

（三）现场调查

由于海岛的隔离性，其可达性差且受天气条件的影响剧烈，再加上基岩岛崎岖不平的地形条件，导致海岛生态调查具有高难度和高成本。根据实际条件，研究区的现场调查分多次开展，按照调查难度由小到大的顺序依次开展南五岛、北五岛和无居民海岛的调查，共调查了具有稳定土壤层和植被覆盖的 25 个海岛，包括全部 10 个有居民海岛和 15 个无居民海岛，鳖盖山岛（Is.22）、马枪石岛（Is.27）、山嘴石岛（Is.28）、东咀石岛（Is.29）、坡礁岛（Is.30）、东海红岛（Is.31）和官财石岛（Is.32）无稳定土壤层和植被覆盖，故没有开展调查。共获取了 179 个点位的现场调查数据（图 1.5）。样方面积大小一般为 20m × 20m，根据实际情况部分点位有所调整。运用 GPS 手持机和电子罗盘测量点位的经纬度、海拔、坡度和坡向。记录样方内出现的全部乔木种，测量所有胸径 ≥ 3cm 的植株胸径、树高、冠幅等信息，记录其存活状态；记录样方内出现的全部灌木种，

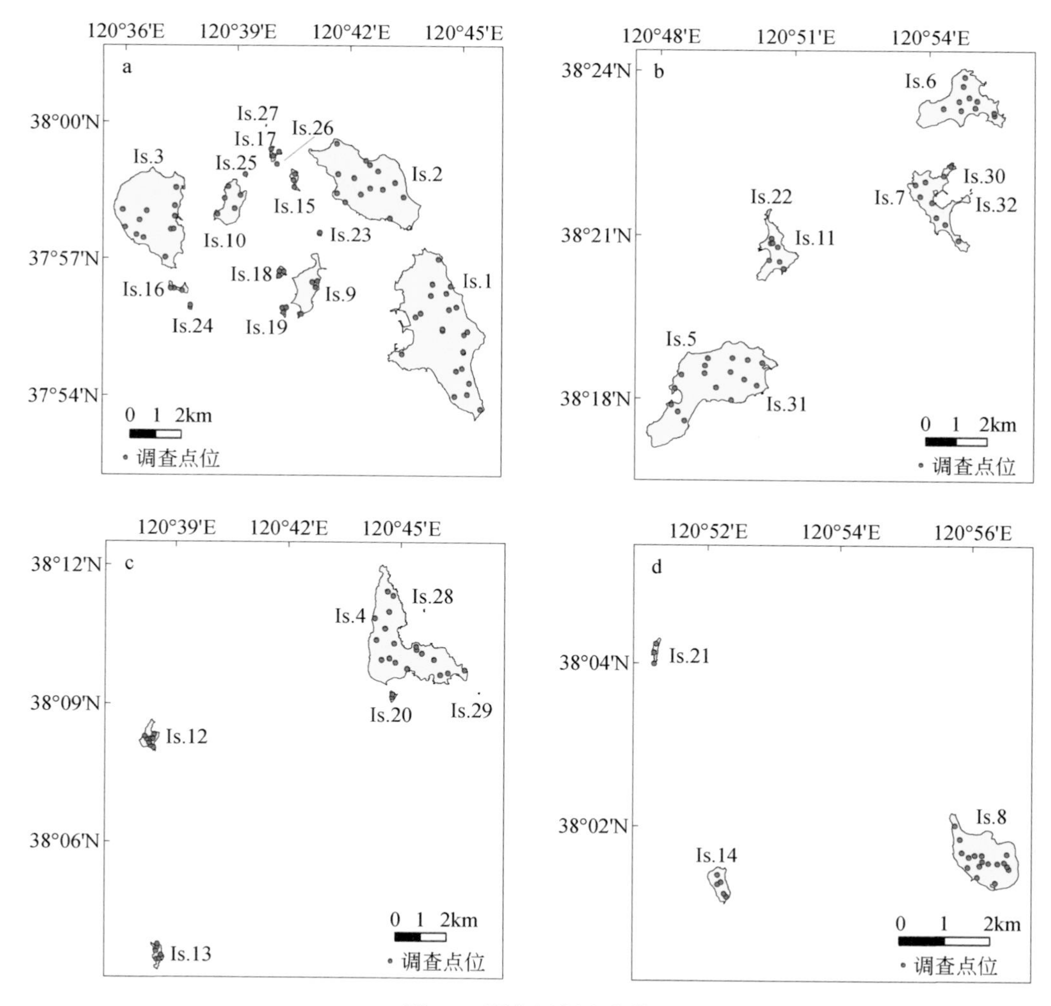

图 1.5　研究区调查点位

选择面积为 10m × 10m 的两个对角小样方进行调查，对其中的全部灌木分种计数，并测量基径、高度等信息；记录样方内出现的全部草本种类，在每个样方的 4 角和中心共设置 5 个 1m × 1m 草本植物小样方，记录小样方内草本植物种类、多度、盖度、高度等信息。记录出现的全部层间植物（寄生、附生植物和攀缘植物）种类及其多度和盖度。在各点位进行土壤调查和采样，在实验室内测试土壤物理化学性质，包括 pH、含水率、含盐量、总有机碳、总氮、有效磷、速效钾等。

第二章

生态网络构建的理论与方法

生态网络（ecological network）是由生态保护地及其之间的连线构成的系统，通过物种在生态网络中的迁移可增大物种的生存范围，能够有效减小景观破碎化对生物多样性的威胁。本章主要对生态网络的基本理论、方法、具体实践和一般流程进行介绍。

第一节　生态网络的基本理论

一、岛屿生物地理学理论

岛屿生物地理学理论（theory of island biogeography）由MacArchur和Wilson（MacArchur and Wilson，1963，1967）于20世纪60年代提出，首次定量地阐述了物种丰富度与面积及隔离程度的关系，其关系通常用公式$S = CA^Z$来表示，其中：S为物种数量，A为岛屿面积，C为区域参数，Z为岛屿隔离程度参数。同时，提出岛屿生物地理平衡理论，该理论假定存在一个永远都不会灭绝的大陆种群，种群具有物种均一性、可加性和稳定性，岛屿上物种的丰富度取决于新物种的迁入和岛屿原来物种的灭绝，而迁入率和灭绝率又取决于岛屿面积和岛屿距大陆的距离，当迁入率与灭绝率相等时，岛屿物种数将达到动态平衡，即物种数目保持相对稳定，但物种的组成却不断变化和更新，这种状态下物种更新的速率在数值上等于当时的迁入率或灭绝率，该速率被称为物种周转率（species turnover rate），这就是岛屿生物地理学理论的核心内容。该理论提出后引起了学术界的强烈关注，由于其简明性和普适性被迅速传播，并逐渐成为物种保护和自然保护区建立的重要理论依据，同时也引起了众多学者对该理论进行更为深入的探究（王虹扬和盛连喜，2004；Jonathan and Robert，2010）。

随着进一步的研究，经典岛屿生物地理学理论的局限和不足逐渐显露出来。首先，只关注“面积－距离－物种数量”的关系，忽略同一物种个体大小、数量和分布等生物学特征以及不同物种间的竞争、捕食、互利共生、进化等种群动态因素，具有一定的片面性（Whittaker，2000）；其次，将岛屿内部作为均质的整体对待，并且过分关注物种迁入和灭绝过程的平衡状态，对现代生态学强调的环境异质性、非平衡性和景观多尺度性重视不够（邬建国，2007）；此外，其假定存在一个永远都不会灭绝的大陆种群，而实际上由于环境随机性和各种灾难的存在，这一假定是难以成立的，研究表明，即使在美国最大的国家公园，物种也可能遭受灭绝（Hanski and Simberloff，1997）。

同时，经典岛屿生物地理学理论也不断得到丰富和发展。由于经典岛屿生物地理学理论并未将进化因素有效地融入模型，长期以来，专家和学者都注重进化因素在岛屿物种多样性维持中的重要作用（Losos and Schluter，2000；Emerson and Kolm，2005）。陈小勇等（2011）将进化因素整合进岛屿生物地理学理论中，构建了一个包含进化因素在内的通用岛屿生物地理模型，对评估进化成种作用和对岛屿物种多样性数据进行重新分析提供了一个具有可行性的新方法。此外，经典岛屿生物地理学理论只考虑了岛屿面积和岛屿与大陆距离两方面因素，并未考虑其他因素的影响。近年来，诸多学者将地形、气象、土壤、景观以及人类活动等影响因素纳入海岛生物多样性的研究中，辨识了不同因素在不同空间尺度上对海岛生物空间格局的影响，丰富了人类活动影响下的岛屿生物地理学理论（Helmus et al.，2014；Whittaker et al.，2017；Chi et al.，2016，2019b，2020d；Craven et al.，2019）。

综上，MacArchur 和 Wilson 的经典岛屿生物地理学理论为物种保护提供了十分宝贵的财富，也将生物地理学由描述性为主推入定量化的研究阶段，激发了大量不同生态系统和生物区系中物种丰富度格局的研究（Lomolino，2000；高增祥等，2007；Jonathan and Robert，2010）。同时，针对经典理论存在的种种不足和局限，人们也在不断进行深入的探究，但仍未形成较完善并被普遍接受的技术体系，反而是经典岛屿生物地理学理论更容易被接受和传播。这一方面表明了经典理论的简明性和普适性，另一方面也说明现有工作的不足，以后的工作中应当进一步注重多重影响因子与海岛生物地理分布之间的定量研究。2017 年，Patiño 等（2017）在岛屿生物地理学理论提出 50 周年之际，在 *Journal of Biogeography* 上发表论文，提出了新时期关于岛屿生物地理学的 50 个基本问题，涉及海岛生物多样性格局、物种迁移和灭绝、群落生态、外来入侵、保护策略等方面。

岛屿生物地理学理论为生态网络构建奠定了重要理论基础，即种群灭绝的风险随岛屿（可引申为“生境岛屿”）面积的增大而减小，定殖的概率随岛屿（生境岛屿）隔离度的增加而减小。面积较大的岛屿（生境岛屿）能够容纳更多的生物多样性和生物量，隔离度较低的岛屿（生境岛屿）拥有更多与其他岛屿进行物种迁移的可能性，从而具有成为生态网络中生态源地的可能性。

二、集合种群理论

集合种群（metapopulation）被 Levins（1969a，1969b）定义为“种群的种群”，是指在相对独立的地理区域内由空间上相互隔离但又有功能联系的两个或两个以上的局部种群组成的种群镶嵌系统。集合种群研究的核心是将空间看作由栖息地斑块构成的网络，探讨这些斑块网络中各局域种群间的灭绝与再定殖的动态变化（高增祥等，2007）。Levins 模型表明，集合种群若要持续存在，再定殖率必须高到足以补偿灭绝率。根据岛屿生物地理学理论，如果岛屿（生境岛屿）太小或者彼此的距离太远，集合种群将会灭绝。与 MacArthur 和 Wilson 的岛屿生物地理学不同但关系紧密，在 Levins 模型中，岛屿间没有大小之分，所有岛屿的隔离程度也是相同的，因而“距离效应”和“面积效应”在 Levins 模型中是“隐性”的。

集合种群理论弥补了岛屿生物地理学理论对于动态性、非平衡态以及隔离度高的小岛屿（生境岛屿）关注不足的问题，且随着现实景观破碎化的加剧，集合种群理论在保护生物学中的作用和地位日益增强。首先，虽然岛屿生物地理学理论也是动态的，但其更强调平衡状态时物种的丰富度，甚至在平衡状态时将岛屿的迁入率与灭绝率视为恒定，因而本质上是属于平衡理论的范畴；而集合种群理论是研究局部种群灭绝和重新定殖过程的生态学理论，显然已不再是平衡理论（赵淑清等，2001）。其次，随着自然生境的加速丧失和破碎化，空间在构成生态格局和塑造生态过程所起的作用越来越重要（Morris，1995）。岛屿生物地理学理论基本上忽略了物种个体的变化而强调物种丰富度的平衡模式，所以这个理论的空间概念是模糊的；而集合种群理论则通过空间明确模型（spatially explicit model）将生态过程和地理信息系统（geographic information system，GIS）分析工具相结合，系统运用有关空间信息和生态学知识，并将计算结果予以空间直观表达，从而加强了过程模型的预测能力以及运用 GIS 空间分析的功能。再次，保护生物学中最基本的原则之一就是考虑遗传学上的信息，尤其是小种群内部遗传漂变和近亲繁殖的研究（Simberloff，1988）。这样的话，种群层次要比群落层次的研究对于遗传学更为重要。岛屿生物地理学研究的核心是岛屿中的物种数量，是属于群落水平的研究；而集合种群强调的是同一种群内部不同局部种群之间物种个体的交流，更为关注种群水平的研究。最后，集合种群模型拯救了那些被岛屿生物地理学理论忽略的小生境岛屿，这样的一些特殊生境可能会拥有大量的物种以及一系列的地方特有种，而且局域暂时存在的物种（如逃逸物种和演替早期物种）的保存对于区域物种长期续存是至关重要的（Nott et al.，1995）。

集合种群理论更加关注某一地理区域内各生境岛屿之间的相互联系、相互作用的动态过程，且并没有忽略区域内面积小、隔离度高的生境岛屿的地位和作用，在人类活动强度急剧增长导致景观破碎化日趋剧烈的背景下具有明显的现实意义，完善了生态网络构建的理论依据。该理论强调了生态网络中不同生态源地之间通过生态廊道连接的必要性，也肯定了面积较小、隔离度较高斑块的重要性。

第二节　生态网络构建的方法与技术

一、景观生态学方法

景观生态学的发展为生态网络构建提供了方法论基础。景观生态学研究的核心内容是景观格局和生态过程的耦合关系及其尺度依赖性，即格局、过程与尺度，也是与其他学科相比的优势和精髓（邬建国，2007；苏常红和傅伯杰，2012）。景观格局是指景观的空间结构特征，包括景观组成单元的多样性和景观的空间配置，是景观异质性在空间上的综合表现。生态过程是指景观内的生物过程与非生物过程，生物过程包括种群动态、种子或生物体的传播、捕食作用、群落演替、干扰传播等；而非生物过程包括水循环、物质循环、能量流动、干扰等。尺度是开展景观格局和生态过程分析的标尺，包括空间尺度和时间尺度。空间尺度是指分析格局和过程的空间幅度和粒度，时间尺度则指的是时间区间或频次。景观格局和生态过程及其耦合关系均随着研究空间尺度和时间尺度的变化而产生差异（Levin，1992；Buffa et al.，2018；Chi et al.，2019a）。景观格局是景观生态学研究的基本内容，空间异质性（spatial heterogeneity）是景观格局的基本特征。空间异质性是指某一种或多种景观要素在空间分布上的不均匀性和复杂程度，它是空间斑块性和空间梯度的综合反映。空间斑块性不仅包括由气象、水文、地貌、地质、土壤等组成的生境异质性，还包括由植被格局、繁殖格局、生物间相互作用和扩散过程等构成的生物斑块性；空间梯度则指沿某一方向景观特征变化的空间变化规律性（苏常红和傅伯杰，2012）。景观生态学常用的研究方法如下。

（一）景观指数分析

景观指数是高度浓缩景观格局信息，反映其结构组成和空间配置特征的简单定量指标。景观指数种类繁多，包括破碎化指数、边缘特征指数、形状指数、多样性指数等。常用的 FRAGSTATS 景观分析软件包含上百种景观指数，能够定量化分析景观结构与空间格局。景观指数分析方法可操作性强，指标丰富，能够较为全面地反映景观格局的状况和时空变化，近几十年来在国内外景观格局研究中得到了广泛应用，揭示了不同区域、不同时空尺度的景观格局特征（蔡雪娇等，2012；春风和银山，2012；索安宁等，2015；池源等，2017c；Chi et al.，2018a，2019a）。不过，目前大多数景观指标的生态学意义尚待进一步发掘，难以反映景观格局和生态过程间的相关性（苏常红和傅伯杰，2012）。综上，景观格局指数是景观格局分析的主要手段，而建立具有较强生态学意义的景观格局指数或者发掘现有景观格局指数的生态含义，成为景观格局指数研究的重点发展方向（陈利顶等，2008，2014）。

（二）景观预测模型

景观预测模型是在对景观格局定量分析的基础上，探讨景观格局演变机制，预测景观演变趋势（张爱静等，2012）。近年来，景观预测模型的研究取得了重要进展，其中以空间马尔柯夫模型（Markov model）、元胞自动机模型（cellular automata model，CA）和基于智能体的模型（agent-based model，ABM）为代表（张爱静等，2012）。景观预测模型是研究景观时空变化的重要工具，但目前不同的模型自身均存在一定的局限性。以 CA 模型为例，该模型能把局部小尺度上获得的数据与邻域转化规则相结合，然后通过计算机模拟对大尺度上系统的动态特征进行研究，而且 CA 模型中的细胞和 GIS

中的栅格结构相同，使该模型与GIS、遥感数据处理等系统进行集成较为容易（张显峰和崔宏伟，2001）。不过CA模型过分强调邻近单元的状态及其相互作用，忽略了区域和宏观因素的影响，同时转换规则的确定具有一定的主观性，时空分辨率的选择也对模拟结果有一定的影响（李书娟等，2004）。总的来看，目前的景观预测模型普遍在模型检验、生态过程对格局影响、模型尺度推绎等方面存在着一定不足，且较缺乏可操作性、普适性强的模型，这是景观预测模型研究的重点发展方向（何东进等，2012）。

（三）景观自相关分析

由于受到地域分布上具有连续性的空间相互作用和空间扩散过程的影响，景观中的结构变量往往呈现一定的空间自相关关系。许多学者试图通过空间自相关特征来揭示景观格局演变的时空规律（曾辉等，2000；马燕飞等，2010；郭恒亮等，2018）。自相关分析法目前在传统地学中已经得到较为广泛的应用，景观自相关分析是自相关分析在地学中应用的延伸，当前的研究基本上沿用了传统地学中的研究方法，尚未能体现景观生态学研究的特点和优势，今后应当结合景观格局与生态过程及其尺度依赖性这个景观生态学的核心问题进行研究。

（四）景观格局优化

景观格局优化是在对景观格局、功能和生态过程相互作用综合理解的基础上，通过调整、优化各种景观类型在空间上和数量上的分布格局，使其产生最大生态效益（韩文权等，2005；岳德鹏等，2007）。本书研究的生态网络构建即是景观格局优化的重要手段，通过科学配置生态源地和生态廊道等景观组分，构建具有良好连通性和稳定性的生态网络，能够有效提升区域生态功能，维持区域生态安全。因此，景观格局优化在城市生态规划、自然保护区选划以及区域景观规划等不同空间尺度下均得到了广泛应用（孔繁花和尹海伟，2008；魏伟等，2009；尹海伟等，2011；傅强等，2012；池源等，2015b；于亚平等，2016；汤峰等，2020）。孔繁花和尹海伟（2008）以济南市为例，在考虑不同绿地斑块间的距离与景观阻力的基础上，采用最小路径方法，定量表征与模拟了研究区的潜在生态廊道，并基于重力模型和网络连接度指数，对绿地斑块间相互作用强度与生态网络结构进行了定量分析与评价。研究结果表明，增加绿地斑块、优化绿地空间布局、改善绿地斑块间的连接、完善城市绿地网络是城市绿地系统规划的关键任务。景观格局优化是将景观生态学方法应用于实际的最典型途径，是将研究成果转化为具体实践的过程。目前的研究方法中参数的选择和判断（如生态源地的判定、景观阻力的测定等）对于结果影响很大，有时甚至起到决定性的作用，主观性较强，且对数据要求较高，如何进一步增强景观优化方法的客观性和可操作性是目前研究的重点（尹海伟等，2011；池源等，2015b）。

二、遥感技术

遥感技术的快速发展为生态学、地理学、环境科学等研究提供了一种全面、快速、准确、经济的新方法（Croft et al.，2012；池源等，2016）。遥感影像全覆盖和高频率的特点使得其具有较好的空间完整性和时间分辨率，多光谱和高光谱遥感影像包含丰富的生态意义，可有效解决和弥补现场调查手段难度大、成本高、不确定性强等问题。遥感技术为开展生态网络构建工作提供了便捷且丰富的数据来源，主要包括以下两方面内容。

（一）地表覆盖数据

基于遥感影像获得的地表覆盖类型是重要的地理基础数据，对生态网络构建中生态源地的识别、景观阻力的判定、生态廊道的布局具有决定性作用。如，一些研究直接将具有一定规模等级的林地或湿地作为生态源地，根据地表覆盖类型进行景观阻力赋值（孔繁花和尹海伟，2008；池源等，2015b）。一般而言，开展地表覆盖数据解译可通过目视解译和机器分类两种方法。目视解译是指基于经过波段融合获得遥感影像，结合解译者工作经验，直接通过目视判读的方式对不同地表覆盖类型的范围进行勾勒。该方法的优点为准确度高，特别是在地表特征复杂的区域，对于辨识"同物异谱"或"同谱异物"的地表覆盖类型具有优势；其缺点为工作量巨大，耗时耗力，且对解译者的专业经验具有要求，不同解译者解译的结果可能具有明显差异。机器分类一般通过划定感兴趣区域（region of interest，ROI）建立各地表覆盖类型与光谱的关系，进而由计算机根据光谱特征判断各像元所属的地表覆盖类型。该方法的优点为操作简便，工作量小，在地表特征相对简单且不同地表覆盖类型的光谱特征有明显差异的区域能够获得较高的模拟精度；缺点为在地表特征复杂的区域精度较低，尤其是对"同物异谱"或"同谱异物"的地表覆盖类型解译准确率较低。两种方法各有优劣势，笔者在实际工作中，对于空间范围较小的研究区，如庙岛群岛、洞头群岛等，常常采用目视解译方法（Chi et al.，2018a，2020a）；对于空间范围较大的区域，如崇明岛，则采用目视解译和机器分类相结合的方法，即先对具有规则形态、集中分布、破碎化程度低或存在"同物异谱"或"同谱异物"可能性的类型进行目视解释，再对其他具有广泛分布、高度破碎化且与其他类型光谱特征具有明显差异的类型进行机器分类，最后再通过目视解译对各类型进行修正（Chi et al.，2020b）。不管是何种解译方法，都应当保证具有满足要求的解译精度。解译精度常常基于现场验证或专业图件，通过构建混淆矩阵（confusion matrix），计算解译结果的总体精度（overall accuracy）和 Kappa 系数（Kappa coefficient）（Congalton，1991）。

（二）基于光谱的生态指数

多光谱或高光谱的遥感影像中不同波段具有不同的光谱特征，不同波段的组合计算可得到具有不同生态意义的生态指数（Chi et al.，2019c）。常用的生态指数包括但不限于：植被指数，如差值植被指数（difference vegetation index，DVI）、归一化植被指数（normalized difference vegetation index，NDVI）和土壤调节植被指数（soil adjusted vegetation index，SAVI）；盐度指数，如盐度指数 1（salinity index 1，SI1）、盐度指数 2（salinity index 2，SI2）和盐度指数 3（salinity index 3，SI3）；干湿指数，如裸土指数（bare soil index，

BSI）和地表湿度（land surface wetness，LSW）；热度指数，如亮度温度（brightness temperature，BT）和地表温度（land surface temperature，LST）。各类生态指数包含有不同的生态意义，不但能够区分不同地表覆盖类型之间生态特征的差别，还能够反映同一地表覆盖类型内部的空间异质性，从而有效弥补仅靠地表覆盖类型无法显示同种类型内部不同位置生态特征空间差异的问题（Chi et al.，2018b）。在生态网络构建过程中，各类生态指数也为生态源地、景观阻力等的辨识和测定提供了重要依据。

三、地理信息技术

GIS 强大的空间分析功能一方面能够与遥感技术进行充分结合，为开展上述遥感影像处理和分析提供平台，另一方面为构建生态网络提供必要的技术支持，在本研究中主要支持了在潜在飞行路线和生态廊道构建过程中欧氏距离法和最小阻力距离法的开展。

（一）欧氏距离法

欧氏距离（Euclidean distance）是指两点之间的空间直线距离，即平台间的最短距离，可作为鸟类物种在生态网络中的飞行路线，飞行时受到地表特征影响较小（吴未等，2016）。欧氏距离可基于 ArcGIS 平台，通过空间分析工具包（spatial analyst tools）中的 *Euclidean Distance* 工具生成。

（二）最小阻力距离法

最小阻力距离（least cost distance）是指基于景观阻力两点之间具有最小累积阻力的距离。最小阻力距离法的关键是景观阻力的确定，景观阻力是指目标物种在不同景观斑块之间进行迁移的难易程度（尹海伟等，2011）。植被覆盖率、植被类型、生长时间以及人为干扰强度影响着斑块的景观阻力，且同一景观斑块对于不同物种也可能具有相异的景观阻力（Hepcan et al.，2009；Pinto and Keitt，2009；陈春娣等，2015；池源等，2015b；Chi et al.，2019d）。在景观阻力面确定的基础上，最小阻力距离可基于 ArcGIS 平台，通过空间分析工具包中的 *Cost Distance* 工具生成。

第三节　生态网络构建的具体实践和一般流程

一、生态网络构建的具体实践

（一）国外实践

在一些国家和地区，生态网络概念等同或类似于绿道网络（greenway network）、绿色基础设施（green infrastructure）等，是应对景观破碎化负面影响的重要手段（Cook，2002）。国外很早就开始了生态网络的研究和实践。生态网络这一概念的正式出现较晚，但在早期的景观格局优化中已经出现了其思想的萌芽。生态网络的发展历程可以大致概括为轴线或林荫大道阶段（18 世纪至 19 世纪 50 年代）、城市公园规划阶段（19 世纪 50 年代至 20 世纪 60 年代）、开放空间规划阶段（20 世纪 60 年代至 80 年代）和多目标、多功能、多尺度阶段（20 世纪 80 年代至今），生态网络的概念在开放空间规划阶段被正式提出，并在多目标、多功能、多尺度阶段得到广泛的研究和应用（张启斌，2019）。目前，生态网络已经成为区域生物多样性规划的主要手段，欧洲 Nature2000 自然保护基础网络、泛欧生态网络（PEEN）、荷兰国家生态网络（EHS）、美国州级绿道规划等相继提出和实现，为国家和区域生物多样性保护和生态规划提供了切实依据（Jongman，1995；Hoctor et al.，2000；Schouten et al.，2007；Jongman et al.，2011）。近年来，国外学者更关注生态网络面临外界干扰时的脆弱性问题（De Montis et al.，2019）。

（二）国内实践

我国的生态网络研究虽然起步较晚，但在汲取西方理论技术和工作经验的基础上，结合国内发展实际特征，在城市群、城镇建设集中区、城镇边缘区、流域、农牧交错带、沙漠、泥沙海岛等典型区域以及省、市、区、县不同空间尺度开展了大量的生态网络构建研究工作并取得了丰富的成果（孔繁花和尹海伟，2008；尹海伟等，2011；傅强等，2012；池源等，2015b；于亚平等，2016；张启斌，2019；Cui et al.，2020；Shi et al.，2020；梁艳艳和赵银娣，2020）。此外，在政府管理层面，广东、北京、上海、南京等地区陆续编制并发布绿地生态网络构建的相关规划和方案（郭淳彬和徐闻闻，2012；喻本德等，2013；王琦，2015），对区域生态系统保护、人居环境改善具有重要的指导意义。

二、生态网络构建的一般流程

经梳理分析，生态网络构建的一般流程如下（图 2.1）。

首先，基于土地利用 / 覆盖状况及变化，结合目标物种的习性和分布，依据生境斑块的类型、面积、形状、质量等特征，判断物种的生境适宜性，辨识生态源地（Linehan et al.，1995；Marulli and Mallarach，2005；孔繁花和尹海伟，2008；傅强等，2012；张启斌，2019；Cui et al.，2020）。

然后，构建潜在的生态廊道，常用的方法主要有基于不同连接模式的欧氏距离法和基于景观阻力的最小阻力距离法。前者根据物种最大扩散距离，以生态网络构建成本和物种迁徙效果为约束条件，探寻生态源地之间的直线生态廊道（Linehan et al.，1995；Liu et al.，2015；Hüse et al.，2016）；后者则以土地利用 / 覆盖状况、地形特征、目标物种习性和分布等特征为基准构建景观阻力面，借助 GIS 手段建立具有最小累积阻力距离的生态廊道（Larue and Nielsen，2008；Pinto and Keitt，2009；陈春娣等，2015；张启斌，2019；Shi et al.，2020；梁艳艳和赵银娣，2020）。在生态廊道模拟的基础上，识别生态网络的关键节点，即生态节点；往往将廊道的重要拐点和廊道之间的交叉点等对生态过程具有关键作用的位置作为生态节点（Linehan et al.，1995；池源等，2015b）。

进而，开展网络分析以判断生态网络的效率、指导生态网络的优化。生态网络各组

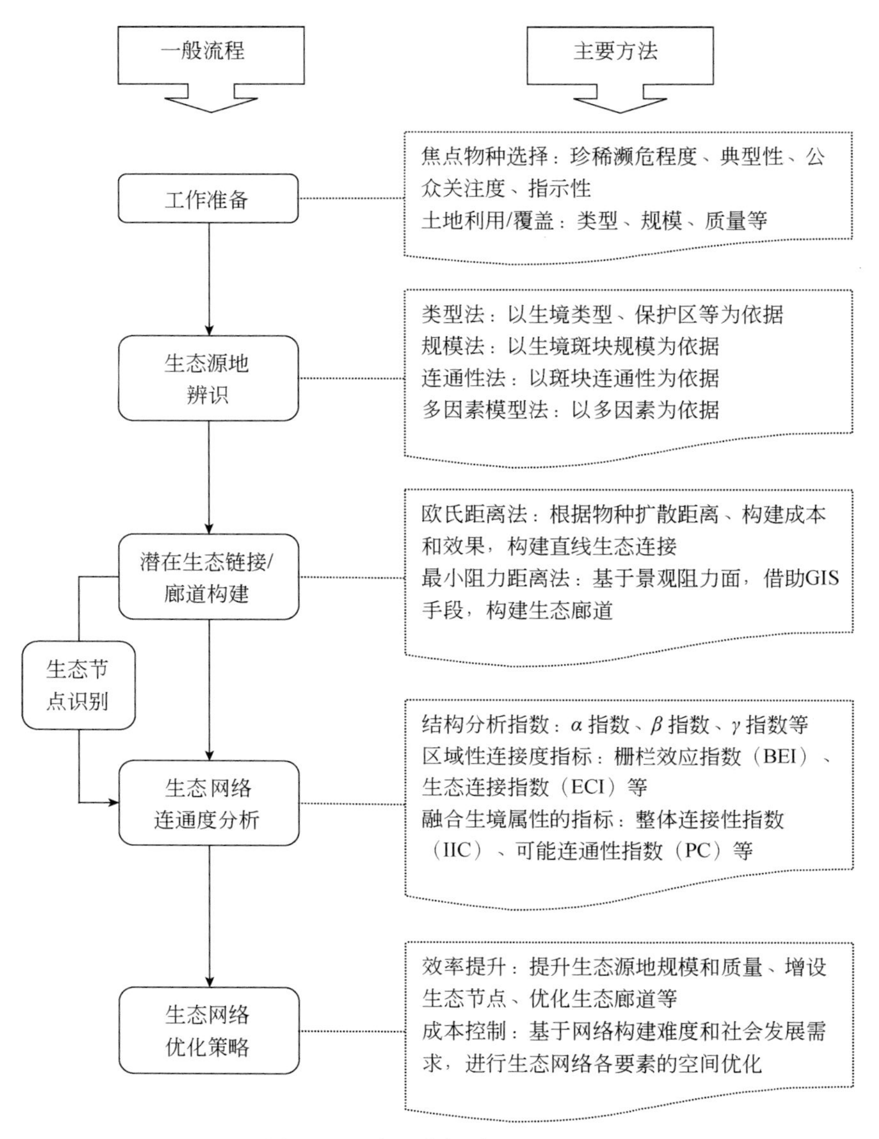

图 2.1　生态网络构建的一般流程

分的生境质量以及生态网络的连通度是影响网络效率的两个主要方面（Baguette et al.，2013），生境质量评估一般在网络构建的前期阶段已经开展，网络分析阶段主要是开展生态连通度分析（Marulli and Mallarach，2005；张启斌，2019）。景观生态学和图形理论为网络连通度分析提供了丰富的测量指标，主要有 α 指数、β 指数、γ 指数等结构分析指数（Haggett and Chorley，1972；王海珍和张利权，2005；肖笃宁等，2010），基于数学语言和拓扑分析的栅栏效应指数（BEI）、生态连接指数（ECI）等区域性连接度指标（Marulli and Mallarach，2005；Dupras et al.，2016），以及网络整体连接性指数（IIC）等融合生境属性的指标（Saura and Torné，2009；陈春娣等，2015），这些指标成为不同研究阶段、不同区域判断网络连通度的重要依据。

最后，以生态网络效率提升和成本控制为核心，提出生态网络的优化策略。效率提升可通过提升生态源地规模和质量、增设生态节点、优化生态廊道等手段实现（Cook，2002；许峰等，2015；张启斌，2019；梁艳艳和赵银娣，2020），成本控制则基于网络构建难度和社会发展需求，通过生态网络各要素的空间优化，实现网络效率和成本控制的平衡（Liu et al.，2015；张远景和俞滨洋，2016；吴未等，2016）。

第三章

岛群生态网络的多尺度耦合体系

岛群生态网络构建是提升岛群生态连通性、缓解人类活动对海岛生态系统负面影响、维护海岛生态系统健康的重要手段。本章重点介绍岛群生态网络构建的意义，提出岛群生态网络构建的总体框架，并搭建岛群生态网络的多尺度耦合体系。

第一节　岛群生态网络构建的意义和总体框架

一、岛群生态网络构建的意义

由于独特的地理位置和明显的空间隔离，我国海岛拥有着重要的生态价值，不但是生物多样性的天然贮存库，还是鸟类迁徙路线上的关键节点（陈水华等，2005；李军玲等，2012；邹业爱等，2014；Chi et al.，2017b）。然而，特殊的自身条件和复杂的外界干扰使得海岛生态系统具有明显的脆弱性，主要表现在其面对干扰时更容易受到损害，且受到损害后难以通过系统自我调节能力恢复至受损前的状态或向良性的方向发展（池源等，2015a）。研究发现，日益频繁的开发利用活动已经对部分海岛产生了深刻的影响，造成海岛形态变化剧烈、生态系统生产力下降、植物群落破坏、景观格局破碎化、环境质量恶化等问题（池源等，2015c；索安宁等，2015；李晓敏等，2015；Chi et al.，2018a，2019a，2020a；Xie et al.，2018）。当前，我国一些海岛仍存在着开发秩序混乱、生态破坏严重、保护力度不足等问题，这均对海岛生物多样性构成威胁，进而严重损害海岛作为鸟类迁徙节点的功能。如何协调好海岛开发利用与生态保护、实现海岛可持续发展是一个重要难题。

构建合理的生态网络是在人类开发压力下提升生态连通性、维持生物多样性的有效手段（Opdam and Wascher，2004；Kong et al.，2010）。如前所述，当前众多学者已经开展了不同尺度、不同区域的生态网络构建工作并取得良好的效果。对于海岛而言，由于其明显的生态脆弱性，合理的生态网络对维护生物多样性、提升生态系统稳定性具有更加明显的价值，笔者针对单个海岛也尝试开展了生态网络构建工作（池源等，2015b）。然而，清晰的边界和明显的隔离使得海岛内部的生态网络具有局限性。将单个海岛置于岛群的生态背景下，构建双重空间尺度下的岛群生态网络耦合体系具有更加重要的意义，即分别构建岛群尺度上的生态网络整体框架和岛内尺度的海岛内部生态网络。岛群中各岛在面积、位置、地形、地表覆盖等自然条件以及人类开发利用程度上存在明显的不同，这使得在岛群生态网络中不同海岛的地位和功能具有差别。双重空间尺度下岛群生态网络的构建与优化能够充分发掘岛群中不同海岛的功能，显著提升岛群生态连通性，为优化我国重要鸟类迁徙通道提供技术支撑，也为人类干扰下海岛生物多样性维护提供参考。

庙岛群岛是我国北方岛群的典型代表，由于其至关重要的生物多样性保护价值，我国于1988年在此建立了国家级鸟类自然保护区。近年来，庙岛群岛城镇建设不断发展，显著改变了海岛轮廓和景观格局特征，侵占鸟类天然生境；旅游业发展迅速，年旅游人次由2005年的115万增至2019年的367.7万，给海岛生态系统带来压力的同时进一步推动城镇化的发展，这不可避免地对海岛生物多样性和鸟类生境适宜性造成干扰。但是，当前该区域的生境适宜性状况及其变化还未得到专门的研究，这与庙岛群岛作为鸟类迁徙关键节点的重要性不相匹配。因此，开展双重尺度下庙岛群岛生态网络构建与优化研究，具有显著的必要性和现实的紧迫性。

二、岛群生态网络构建的总体框架

岛群生态网络构建的总体框架如下（图3.1）。

首先，围绕植被、土壤和景观三个海岛关键生态要素，基于基础资料、遥感影像和现场调查数据，开展海岛生态系统健康空间异质性研究。

其次，根据海岛生态系统健康空间异质性结果，辨识影响生境适宜性的关键因子，评估双重空间尺度下岛群生境适宜性的空间特征。

再次，从岛群尺度和岛内尺度构建岛群生态网络：在岛群尺度上，采用欧氏距离法构建包含海岛平台和飞行路线的岛群生态网络；在岛内尺度上，采用最小阻力距离法构建包含生态源地和生态廊道的海岛内部生态网络。

最后，根据海岛生态系统健康评估和岛群生态网络构建结果，提出不同情景下海岛生态系统健康的提升措施以及基于景观结构的岛群生态网络优化策略。

第二节 不同尺度下的岛群生态网络

一、岛群尺度

岛群尺度的生态网络构建涵盖岛群内的所有海岛，所有海岛均看作海岛平台，并通过飞行路线互相连接。在岛群生态网络整体设计中，忽略各岛之间的面积差异，通过ArcGIS中的*Feature to point*工具获得各岛轮廓的重心；通过欧氏距离法模拟各岛间的潜

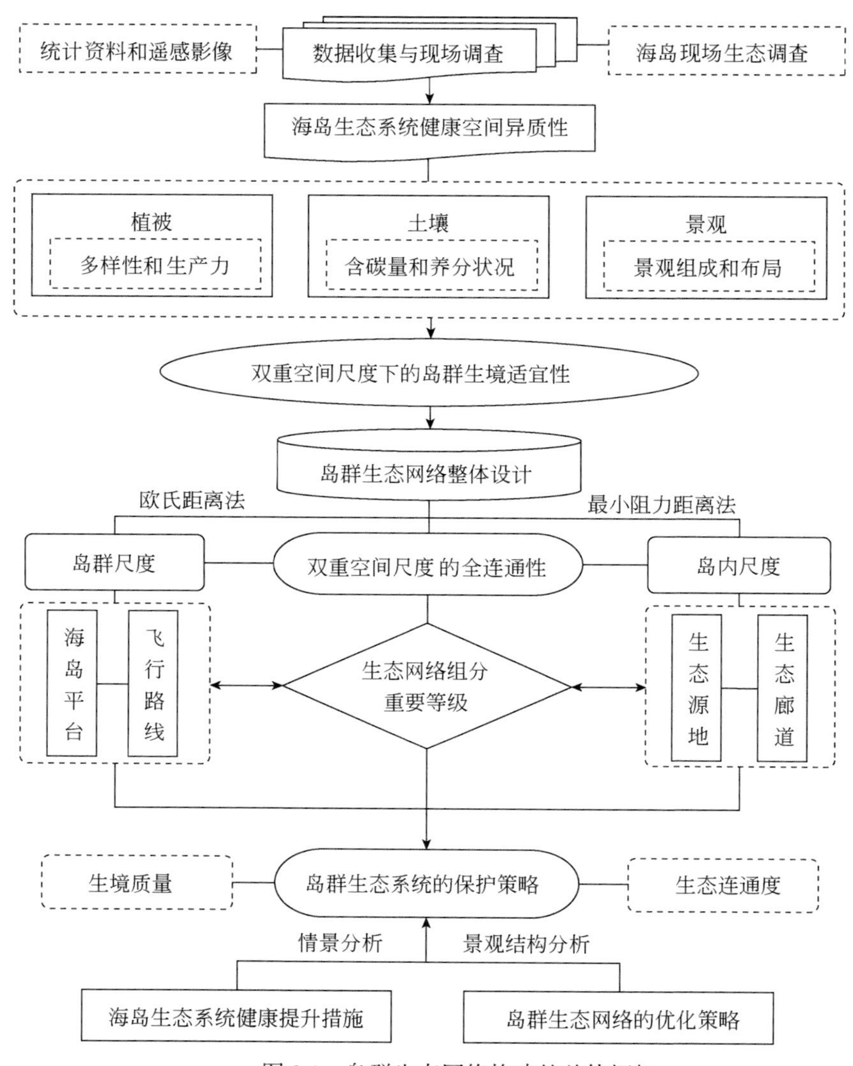

图 3.1　岛群生态网络构建的总体框架

在飞行路线，根据各岛生境适宜性结果和各飞行路线的重要性筛选重要飞行路线和核心飞行路线，进而得到由海岛平台和飞行路线组成的岛群生态网络。

二、岛内尺度

岛内尺度的生态网络是指重要海岛内部包含生态源地和生态廊道的网络体系。根据生境适宜性和斑块面积确定生态源地，由于海岛面积整体较小，将面积≥ $10hm^2$ 的良好适宜斑块和面积≥ $1hm^2$ 最适宜斑块作为生态源地；在拥有两个及以上生态源地的海岛开展岛内生态网络构建工作，主要为面积较大的有居民海岛。同样根据生境适宜性确定海岛景观阻力面，采用最小阻力距离方法模拟生成潜在生态廊道，并筛选出重要生态廊道和核心生态廊道，进而得到重要海岛内部生态网络。

第四章

海岛生态系统健康空间分异性评估

海岛生态系统健康是在一定的时空尺度内、多重自然和人为因子影响下海岛生态系统各要素呈现出的综合状况。本章在剖析海岛地表覆盖特征的基础上，对海岛植被、土壤、景观三个关键要素进行空间分析与模拟；进而，构建海岛生态系统健康模型，并采用该模型评估海岛尺度和评价单元尺度上的海岛生态系统健康空间分异性特征；最后，对海岛生态系统健康的各类自然和人为影响因子进行辨识，并量化不同人类活动类型对海岛生态系统健康的影响程度。

第一节　海岛地表覆盖特征

一、总体特征

庙岛群岛地表覆盖可分为林地、草地、裸地、农地、建筑用地和交通用地六类，总体特征可见图 4.1 和表 4.1。就所有海岛而言，植被构成研究区的景观基质，林地和草地是规模最大的两类地表覆盖类型，其面积占比分别为 44.25% 和 21.68%；建筑用地面积占比为 18.19%，是除植被外面积最大的地表覆盖类型；其余三种类型面积相对较小，裸地、农地和交通用地面积分别占比 7.27%、6.04% 和 2.58%。就有居民海岛而言，各类型结构特征与所有海岛基本一致。无居民海岛情况有所不同，主要表现为草地和裸地面积占比明显增高，分别增至 39.84% 和 12.97%，建筑用地和交通用地面积占比分别降至 2.24% 和 1.27%，农地占比则降至 0。

由于恶劣的生境条件，庙岛群岛原生林木发育不良，现有林地大多为人工林，以黑松、刺槐、侧柏等为主要树种，其中黑松为优势种；人工林主要以大片、连续的形态分布，原生林则以小片、破碎化的形态分布或者夹杂在人工林群落中生长。经过几十年来

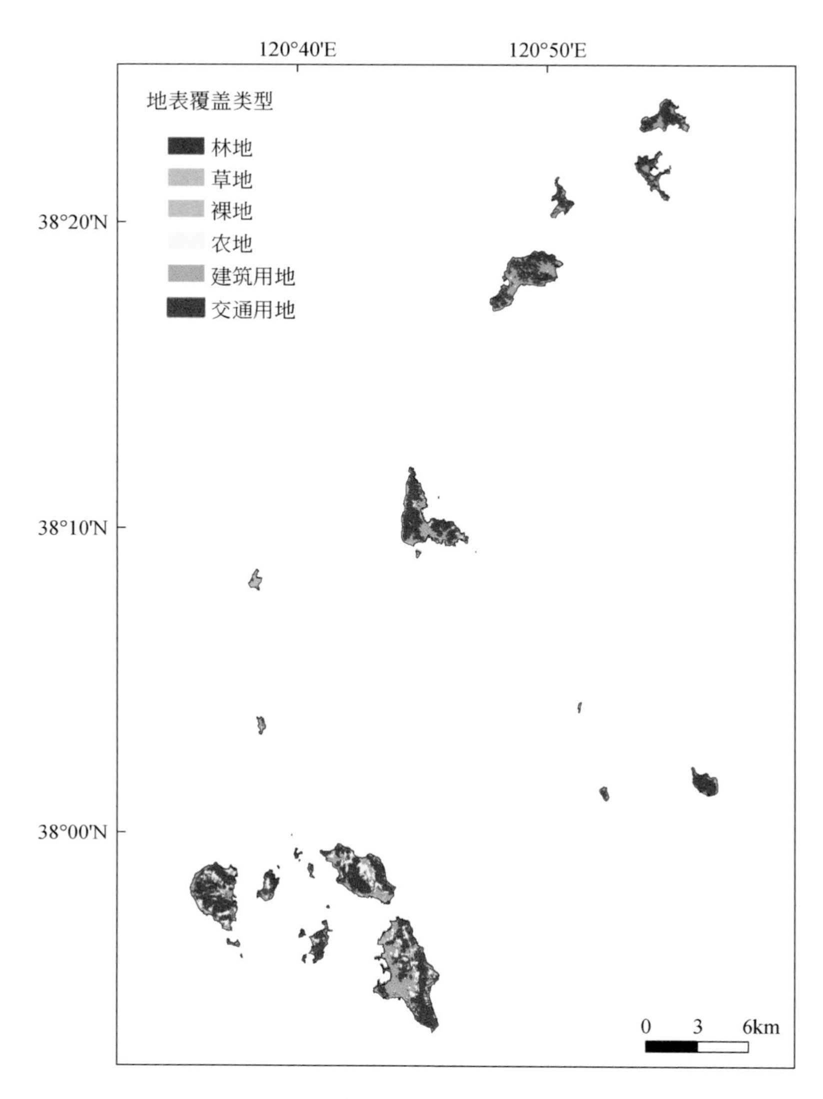

图 4.1　岛群地表覆盖总体特征

的人工林建设和维护，目前海岛森林覆盖率达 40% 以上，且全部有居民海岛和部分无居民海岛上规模最大的地表覆盖类型均为林地，其具有防风固土、涵养水源、生物多样性维护、固碳释氧等重要生态功能，对维系海岛生态系统健康具有重要作用（池源等，2016）。草地是指以草本植物为优势种，无明显林木覆盖的天然群落区域，是研究区分布最为广泛的地表覆盖类型，在有居民海岛和面积较大的无居民海岛上总体呈破碎化状态分布于林地附近，在其他无居民海岛上则呈连续分布状态。裸地主要为位于岛岸附近的裸露岩石、砾石滩和沙滩等，还包括位于海岛内部的裸岩以及未有植被覆盖

表 4.1　研究区海岛地表覆盖类型

海岛编号	海岛名称	林地		草地		裸地		农地		建筑用地		交通用地		总计 /hm^2
		面积 /hm^2	比例 /%	面积 /hm^2	比例 /%	面积 /hm^2	比例 /%	面积 /hm^2	比例 /%	面积 /hm^2	比例 /%	面积 /hm^2	比例 /%	
Is.1	南长山岛	498.77	37.74	166.85	12.63	83.10	6.29	101.50	7.68	410.61	31.07	60.65	4.59	1321.48
Is.2	北长山岛	343.96	43.55	154.44	19.55	59.57	7.54	103.47	13.10	106.88	13.53	21.49	2.72	789.80
Is.3	大黑山岛	384.46	51.83	185.24	24.97	21.08	2.84	90.15	12.15	51.48	6.94	9.31	1.26	741.72
Is.4	砣矶岛	371.00	51.37	158.95	22.01	42.10	5.83	10.72	1.48	121.67	16.85	17.76	2.46	722.20
Is.5	大钦岛	243.90	37.64	179.10	27.64	41.65	6.43	2.94	0.45	171.84	26.52	8.54	1.32	647.97
Is.6	北隍城岛	138.11	51.29	36.14	13.42	48.80	18.12	0	0	43.01	15.97	3.20	1.19	269.27
Is.7	南隍城岛	80.23	42.44	44.20	23.38	29.51	15.61	0	0	28.78	15.22	6.35	3.36	189.06
Is.8	大竹山岛	104.45	70.06	30.60	20.53	7.66	5.14	0	0	3.99	2.68	2.38	1.60	149.08
Is.9	庙岛	73.92	51.93	40.53	28.48	5.08	3.57	7.22	5.07	12.98	9.12	2.61	1.83	142.33
Is.10	小黑山岛	54.33	44.83	37.73	31.13	3.59	2.97	9.41	7.76	12.85	10.60	3.28	2.71	121.19
Is.11	小钦岛	53.24	45.47	35.63	30.43	14.98	12.79	0	0	11.87	10.13	1.38	1.18	117.09
Is.12	高山岛	1.09	2.44	34.84	77.83	8.29	18.52	0	0	0.41	0.91	0.13	0.30	44.76
Is.13	猴矶岛	2.29	8.29	20.17	73.11	3.88	14.06	0	0	1.04	3.75	0.22	0.78	27.59
Is.14	小竹山岛	9.40	38.48	12.37	50.62	2.23	9.14	0	0	0.28	1.13	0.15	0.63	24.43
Is.15	螳螂岛	4.61	29.23	5.77	36.55	5.20	32.92	0	0	0.21	1.31	0	0	15.78
Is.16	南砣子岛	2.98	19.99	9.85	66.16	1.81	12.19	0	0	0.25	1.66	0	0	14.89
Is.17	挡浪岛	5.09	48.66	2.02	19.29	3.32	31.70	0	0	0.02	0.23	0.01	0.12	10.46
Is.18	羊砣子岛	6.30	61.70	3.33	32.59	0	0	0	0	0.58	5.68	0.00	0.03	10.20
Is.19	牛砣子岛	3.71	58.62	2.11	33.40	0.34	5.38	0	0	0.16	2.60	0	0	6.33
Is.20	砣子岛	0.22	3.63	2.52	41.05	2.27	36.97	0	0	0	0	1.13	18.35	6.13
Is.21	车由岛	0	0	3.00	60.66	1.60	32.44	0	0	0.28	5.66	0.06	1.24	4.94
Is.22	鳖盖山岛	0	0	0.21	8.43	2.23	91.57	0	0	0	0	0	0	2.43
Is.23	烧饼岛	0.73	47.21	0.50	32.66	0.28	17.85	0	0	0.02	1.48	0.01	0.81	1.54
Is.24	鱼鳞岛	0	0	0.67	51.49	0.62	47.89	0	0	0.01	0.92	0	0	1.30
Is.25	犁犋把岛	0	0	0.43	50.67	0.42	48.83	0	0	0	0	0.01	0.50	0.86
Is.26	蝎岛	0	0	0.10	22.06	0.37	77.94	0	0	0	0	0	0	0.47
Is.27	马枪石岛	0	0	0	0	0.31	100	0	0	0	0	0	0	0.31
Is.28	山嘴石岛	0	0	0	0	0.28	100	0	0	0	0	0	0	0.28
Is.29	东咀石岛	0	0	0	0	0.20	100	0	0	0	0	0	0	0.20
Is.30	坡礁岛	0	0	0	0	0.18	100	0	0	0	0	0	0	0.18
Is.31	东海红岛	0	0	0	0	0.18	100	0	0	0	0	0	0	0.18
Is.32	官财石岛	0	0	0	0	0.17	100	0	0	0	0	0	0	0.17
有居民海岛		2241.93	44.29	1038.80	20.52	349.46	6.90	325.39	6.43	971.97	19.20	134.56	2.66	5062.11
无居民海岛		140.87	43.68	128.49	39.84	41.83	12.97	0.00	0.00	7.23	2.24	4.10	1.27	322.52
所有海岛		2382.80	44.25	1167.29	21.68	391.29	7.27	325.39	6.04	979.20	18.19	138.66	2.58	5384.63

和人为占用的裸土地；有居民海岛的裸地面积占比明显小于无居民海岛。农地主要为种植农作物和蔬菜的旱地，分布在面积较大的有居民海岛上。农地在本研究区面积占比总体较小，但作为海岛开发利用的主要类型之一，也具有一定的代表性。建筑用地是指以居住和公共服务为目的的、各种形式的建筑和基础设施，在全部有居民海岛和面积较大的无居民海岛上均有分布。在有居民海岛上，建筑用地是主要的开发利用类型，也代表着海岛的开发利用强度；在无居民海岛上，建筑用地面积占比显著低于有居民海岛，主要作为养殖看护房或用于旅游服务。交通用地包括位于海岛岸线附近的码头和位于海岛内部的道路，分别服务于海岛的对外和对内交通；该类型分布于全部有居民海岛和部分无居民海岛。此外，20 世纪末以来，长岛地区由于丰富的风能资源，陆续在南长山岛、北长山岛、庙岛、小黑山岛和砣矶岛开展了风电建设，在海岛山体上修建了风机。近年来，为了更好地保护海岛生态系统、恢复山体自然状态并实现全域生态保育，海岛上的风机已于 2017 年年底全部拆除。

二、各岛特征

（一）南长山岛

南长山岛是庙岛群岛面积最大的海岛，拥有各类齐备的地表覆盖类型和较为复杂的地表特征；为有居民海岛，面积 1321.48hm^2，岸线长度 26.81km。林地（37.74%）和建筑用地（31.07%）是面积最大的地表覆盖类型，二者覆盖了研究区的大部分区域；林地主要位于具有一定海拔和坡度的山体上，在研究区的东侧呈连续分布状态；由于较高的城镇化程度，建筑用地在研究区也成集中连片分布状态。在其他地表覆盖类型中，草地（12.63%）以高度破碎化的形态分布于林地和建筑用地附近，农地（7.68%）主要位于建筑用地和林地之间的山脚下，裸地（6.29%）在岸线附近和海岛内部均有所分布，交通用地（4.59%）主要包括位于海岛西岸的码头和遍布全岛的道路。对比其他海岛，南长山岛拥有着最大面积的林地、裸地、建筑用地和交通用地，其中建筑用地和交通用地面积占据整个研究区的 40% 以上；同时，建筑用地面积占比是所有海岛中最高的，而草地面积占比是有居民海岛中最低的（图 4.2 和图 4.3，表 4.1）。

作为研究区的政治、经济和文化中心，南长山岛承载了最多数量的海岛居民和各种类型的人类开发利用活动，且与大陆（蓬莱港）具有频繁的轮渡往返，是庙岛群岛中对外交通最为便利的海岛。近年来，为了拓展海岛空间，海岛西岸和南岸均进行了规模不小的围填海活动，增加了海岛地表特征的复杂性（池源等，2015a）。此外，海岛拥有长山尾、峰山林海、望福礁、仙境源等景点，每年吸引大量游客到访。南长山岛和北长山岛上遍布各类宾馆和渔家乐，是游客到访停留最多、为游客提供居住地最多的海岛。

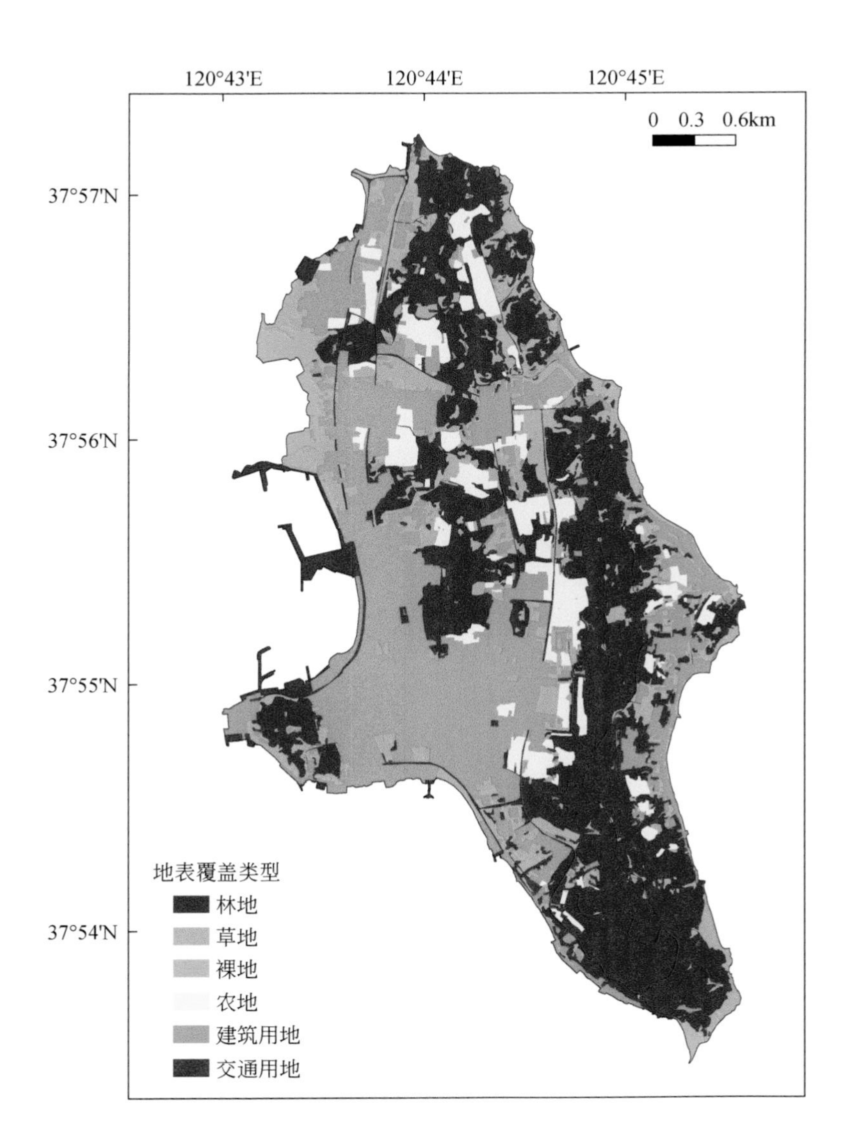

图 4.2　南长山岛地表覆盖类型

海岛概貌（风机现已拆除）
摄于2015年6月3日

城乡建设
摄于2017年10月11日

围填海
摄于2015年6月3日

农田
摄于2017年10月11日

黑松林
摄于2017年5月6日

长山尾
摄于2019年7月23日

图 4.3　南长山岛现场实景

（二）北长山岛

北长山岛是庙岛群岛第二大岛，通过桥梁与南长山岛相连；为有居民海岛，面积 789.80hm^2，岸线长度 15.46km。林地（43.55%）和草地（19.55%）是最主要的地表覆盖类型，前者连续分布于海岛东部、西部和西北部的山体位置，后者分布于林地周围的山脚位置和部分沿岸区域；建筑用地（13.53%）和农地（13.10%）分布于海岛地势平坦的区域，前者分布较为广泛，后者则主要分布于海岛中部区域；裸地（7.54%）和交通用地（2.72%）面积相对较小。对比其他海岛，北长山岛是研究区拥有最大面积农地的海岛（图 4.4 和图 4.5，表 4.1）。

由于与南长山岛有大桥互通，该岛交通也较为便利，且该岛拥有九丈崖、月牙湾等著名景点，成为游客停留和住宿的主要目的地之一。该岛不仅有数量众多的渔家乐，且在月牙湾西岸西侧建立了约 7.8hm^2 的项目“长岛国际度假区”。此外，该岛山体上设有地质灾害监控系统，用以对海岛山体地质灾害进行长期连续的观测。

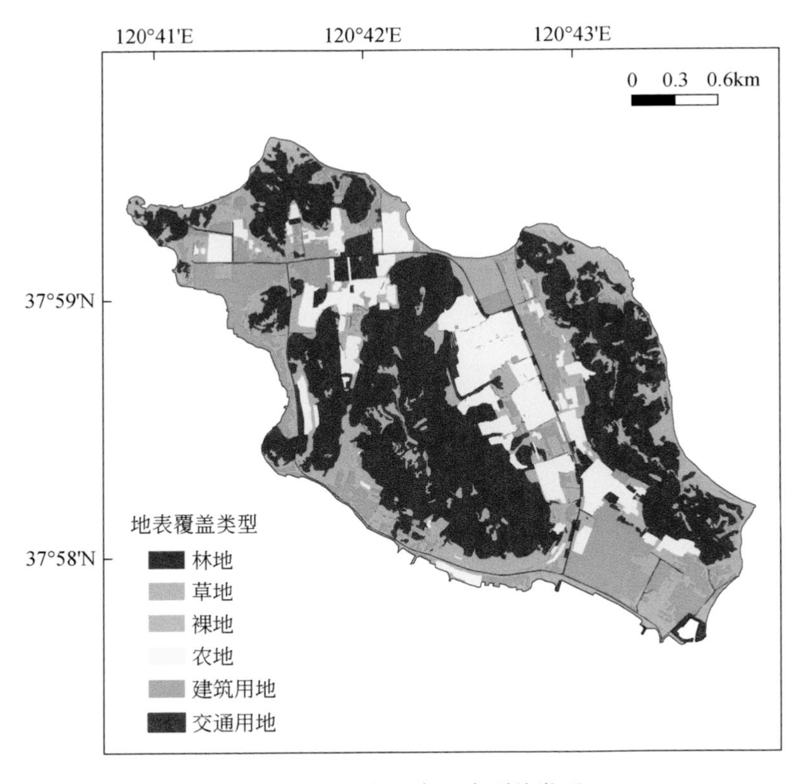

图 4.4 北长山岛地表覆盖类型

城乡建设
摄于2015年6月3日

连岛大桥（与南长山岛相连）
摄于2015年6月3日

九丈崖
摄于2014年8月5日

刺槐林
摄于2017年5月6日

农田
摄于2014年9月25日

地质灾害监控系统
摄于2016年5月28日

图 4.5 北长山岛现场实景

（三）大黑山岛

大黑山岛是庙岛群岛第三大岛，也是研究区最西侧的海岛；为有居民海岛，面积 741.72hm^2，岸线长度 14.30km。林地（51.83%）面积占比最大，连续分布于整岛；草地（24.97%）一方面连续分布于海岛西侧岸线位置，另一方面以碎片化形式遍布海岛内部；农地（12.15%）位于地势较为平缓的区域，分布较为分散；建筑用地（6.94%）和交通用地（1.26%）面积占比总体较小，主要位于海岛东侧和南侧的近岸区域。相比其他海岛，大黑山岛是各岛中拥有最大面积草地的海岛，且在有居民海岛中建筑用地面积占比最低（图 4.6 和图 4.7，表 4.1）。

大黑山岛是研究区较大海岛中植被覆盖率较高、开发利用程度较低的海岛。该岛与庙岛和小黑山岛在当地被称为“西三乡”，通过轮渡与南长山岛相连，但船次较少（一般情况下通勤船次每天只有一班），对外交通能力远低于南长山岛和北长山岛。相应地，海岛经济发展水平相对较低，城乡建设较为落后，人口流失现象明显。该岛是北庄史前遗址和龙爪山公园所在地，后者是目前长岛“海上游航班”线路的途经景点之一。

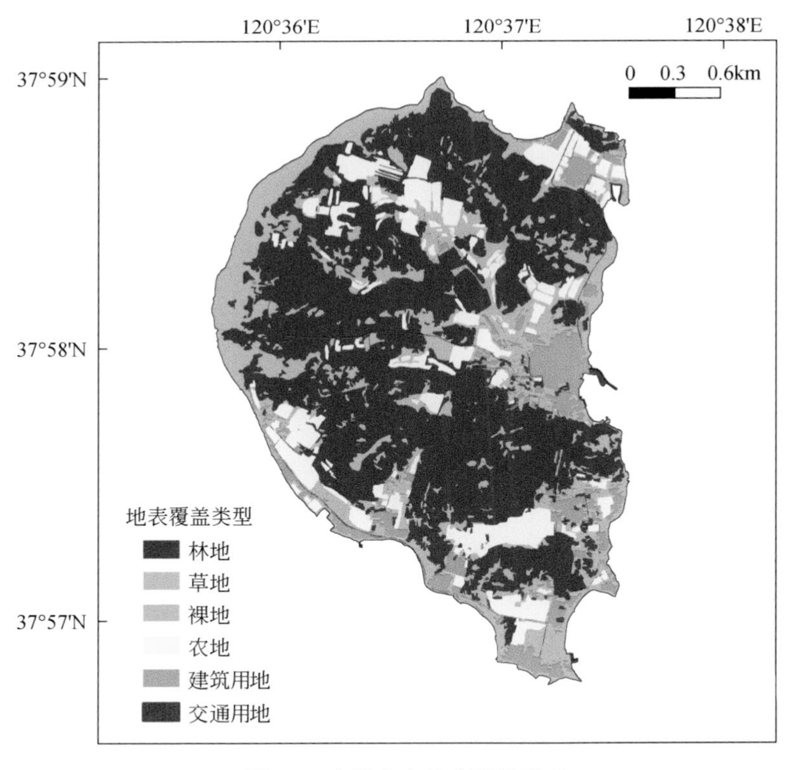

图 4.6 大黑山岛地表覆盖类型

远眺大黑山岛
摄于2018年3月22日

北庄史前遗址博物馆
摄于2015年3月26日

龙爪山公园
摄于2015年3月26日

地质灾害危险区
摄于2015年3月26日

乡村风貌
摄于2015年3月27日

农田
摄于2015年3月26日

图 4.7 大黑山岛现场实景

（四）砣矶岛

砣矶岛是北五岛中面积最大的海岛，也是北五岛中最南侧的海岛；为有居民海岛，面积 722.20hm^2，岸线长度 22.03km。林地（51.37%）连续分布于海岛西部，并有小片位于东部部分区域；草地（22.01%）位于林地周边，连续分布于海岛岸线附近，且以破碎化形式分布于海岛内部；建筑用地（16.85%）集中分布于海岛中部区域，且在海岛西南部、东部和北部区域有所分布；裸地（5.83%）、交通用地（2.46%）和农地（1.48%）面积占比较小。与其他海岛相比，砣矶岛拥有着较高的建筑用地面积比例，仅次于南长山岛和大钦岛（图 4.8 和图 4.9，表 4.1）。

砣矶岛曾是长岛地区人口最多的海岛，因此岛上建筑用地面积较多，但近年来人口外流现象比较明显。岛上建有海会寺，寺内拥有两棵“千年银杏树”。砣矶岛所在的北五岛通过轮渡与南长山岛和大陆相连，频次相对较低（通勤船次每天一至三班不等）。

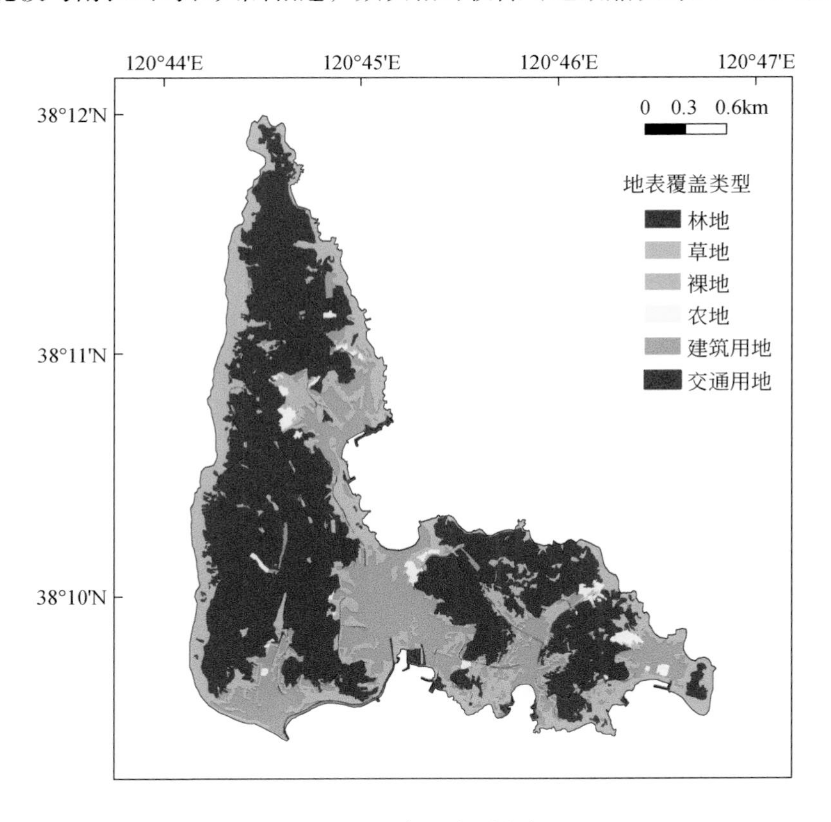

图 4.8　砣矶岛地表覆盖类型

砣矶岛概貌
摄于2015年9月11日

乡村风貌
摄于2015年9月9日

渔港
摄于2018年3月23日

水库
摄于2015年9月10日

黑松林
摄于2015年9月9日

海会寺内“千年银杏树”
摄于2015年9月10日

图 4.9　砣矶岛现场实景

（五）大钦岛

大钦岛位于渤海海峡最中间的位置，是庙岛群岛中距离大陆最远的海岛；为有居民海岛，面积 647.97hm^2，岸线长度 16.45km。林地（37.64%）、草地（27.64%）和建筑用地（26.52%）是面积占比较大的三类地表覆盖类型，其中林地和草地分布于山体及周围，建筑用地分布于地势低平的区域，均呈现较连续分布状态；其余三种类型面积总体较小。相比其他海岛，大钦岛是有居民海岛中林地面积占比最低的海岛，也是所有海岛中建筑用地面积占比第二高的海岛（图 4.10 和图 4.11，表 4.1）。

大钦岛以规模化的海水养殖获得了快速的经济发展，被誉为“中国海带之乡”。与砣矶岛的人口外流相反，该岛吸引了不少外地人口来岛从事海水养殖和水产品加工等相关工作。大钦岛上不仅有大面积的房屋建筑、水产品加工厂等，还曾以破坏山体和植被的方式开辟海带晒场。相应地，海岛森林覆盖率较低，自然生态系统遭到一定破坏，近年来已引起重视并采取了相关治理修复措施。

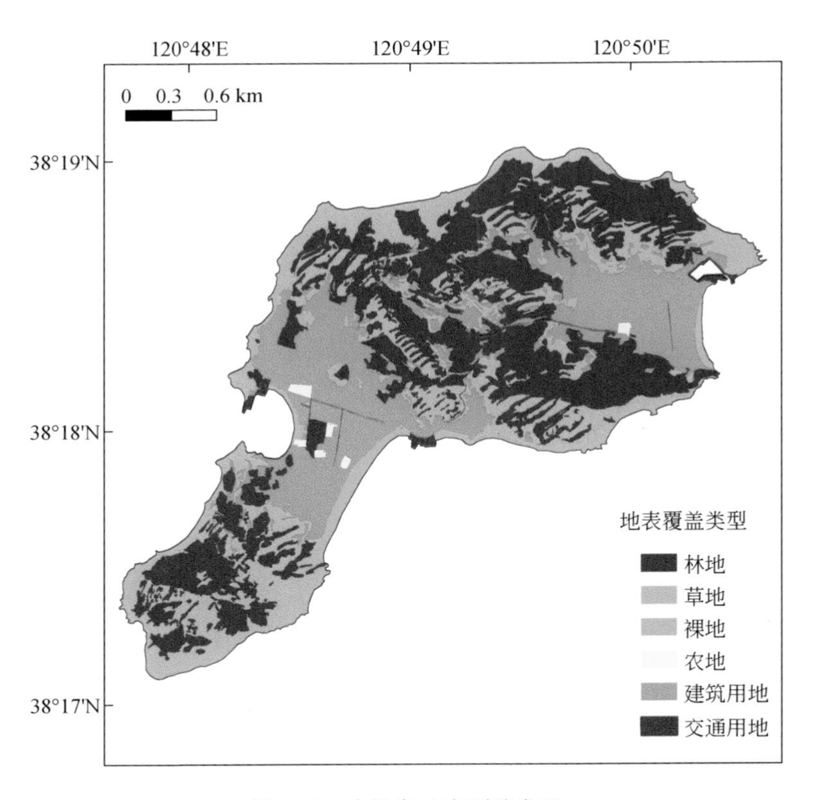

图 4.10　大钦岛地表覆盖类型

远眺大钦岛
摄于2014年8月8日

海水养殖
摄于2014年8月8日

海带晾晒
摄于2014年8月8日

海带加工
摄于2014年8月8日

海带晒场(破坏山体和植被)
摄于2015年9月16日

渔村风貌
摄于2015年9月16日

图 4.11　大钦岛现场实景

（六）北隍城岛

北隍城岛是庙岛群岛最北端的海岛，是距离辽东半岛最近的海岛；为有居民海岛，面积269.27hm²，岸线长度11.26km。林地（51.29%）是整个海岛的景观基质，裸地（18.12%）连续分布在岛岸区域，建筑用地（15.97%）集中分布于海岛南部和东部的地势低平区域，草地（13.42%）则以碎片化形式分布在林地、建筑用地和裸地之间。交通用地（1.19%）面积占比很小，无农地分布。相比研究区其他海岛，北隍城岛是有居民海岛中裸地面积占比最大的海岛（图4.12和图4.13，表4.1）。

海岛经济发展相对缓慢，对外交通的轮渡频次较低，且受天气等因素影响较大。岛上有山前遗址一处、唐王城遗址一处。

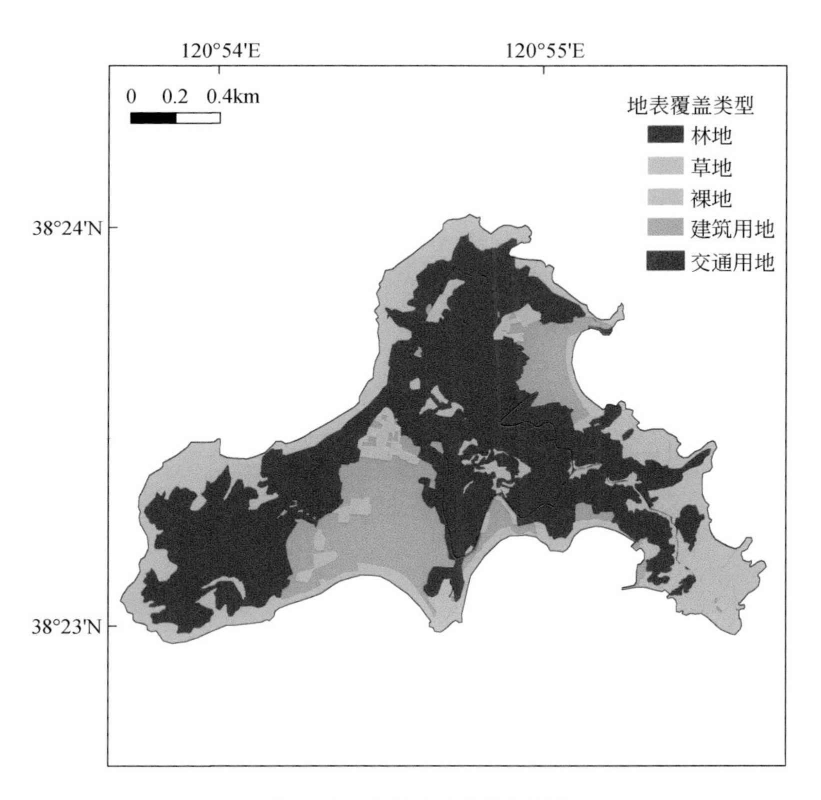

图4.12　北隍城岛地表覆盖类型

远眺北隍城岛(摄于南隍城岛)
摄于2014年8月8日

渔港风貌
摄于2015年9月13日

村镇建设1
摄于2014年8月6日

村镇建设2
摄于2017年8月4日

黑松林
摄于2015年9月13日

海岸景观
摄于2015年9月13日

图 4.13　北隍城岛现场实景

（七）南隍城岛

南隍城岛与北隍城岛隔海相望，呈狭长形，形成诸多优良海湾；为有居民海岛，面积 189.06hm^2，岸线长度 14.91km。林地（42.44%）绵延于海岛山体，草地（23.38%）分布于林地外缘，裸地（15.61%）多为裸岩和砾石滩，分布在岛岸区域；建筑用地（15.22%）分布在海岛东侧、靠近海湾的区域，交通用地（3.36%）中的码头依托海湾建设，道路虽少但也贯穿海岛南北（图 4.14 和图 4.15，表 4.1）。

南隍城岛的天然良港成为诸多船舶的停靠地；海岛依靠海珍品增养殖等海洋产业实现了经济快速发展，岛上村庄建设良好，每户多为两层小楼，居民生活水平较高。近年来，优美的自然环境、丰富的海洋资源和有序的人工建筑又吸引了大批游客的到访，使得南隍城岛成为庙岛群岛中重要的旅游目的地之一。

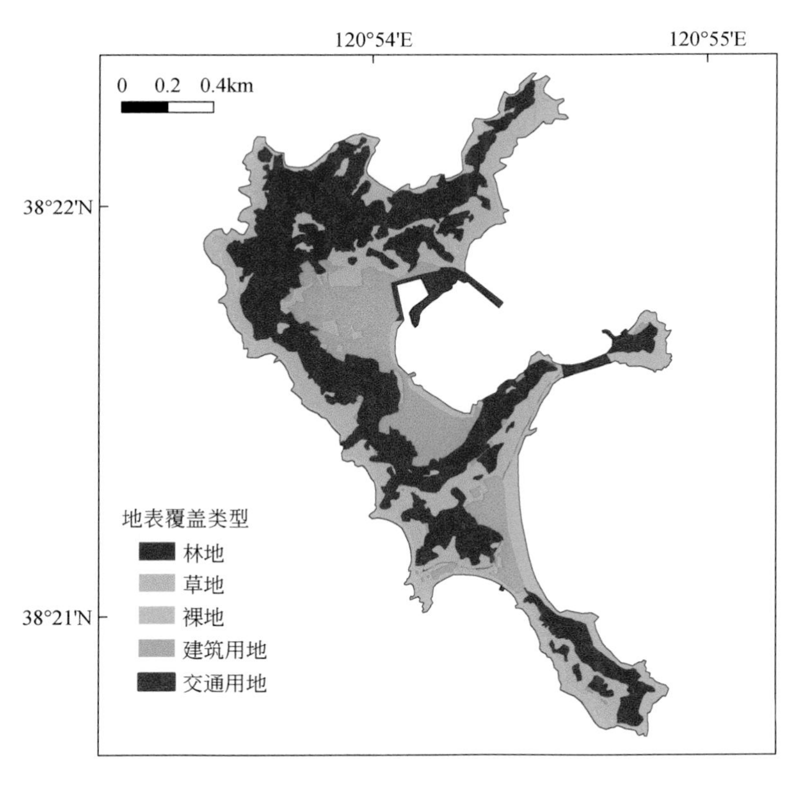

图 4.14　南隍城岛地表覆盖类型

远眺南隍城岛（摄于北隍城岛）
摄于2015年9月13日

码头
摄于2014年8月6日

南隍城小学
摄于2014年8月7日

渔村风貌
摄于2014年8月8日

砾石滩
摄于2015年9月12日

海岸地貌
摄于2014年8月7日

图 4.15　南隍城岛现场实景

（八）大竹山岛

大竹山岛为庙岛群岛面积最大的无居民海岛，也是位于最东端的海岛；海岛面积149.08hm^2，岸线长度6.17km。林地（70.06%）占据了海岛大部分的区域，草地（20.53%）大部分分布在林地外缘、小部分夹杂在林地内部，裸地（5.14%）主要分布在岛岸区域；建筑用地（2.68%）和交通用地（1.60%）集中在海岛南侧区域；无农地。与其他海岛相比，大竹山岛拥有所有海岛中最高的森林覆盖率（图4.16和图4.17，表4.1）。

海岛建有码头，有不定期船舶，但没有通勤船舶与外界沟通。海岛无固定居民，目前有从事海水养殖工作等人员在岛上临时居住。

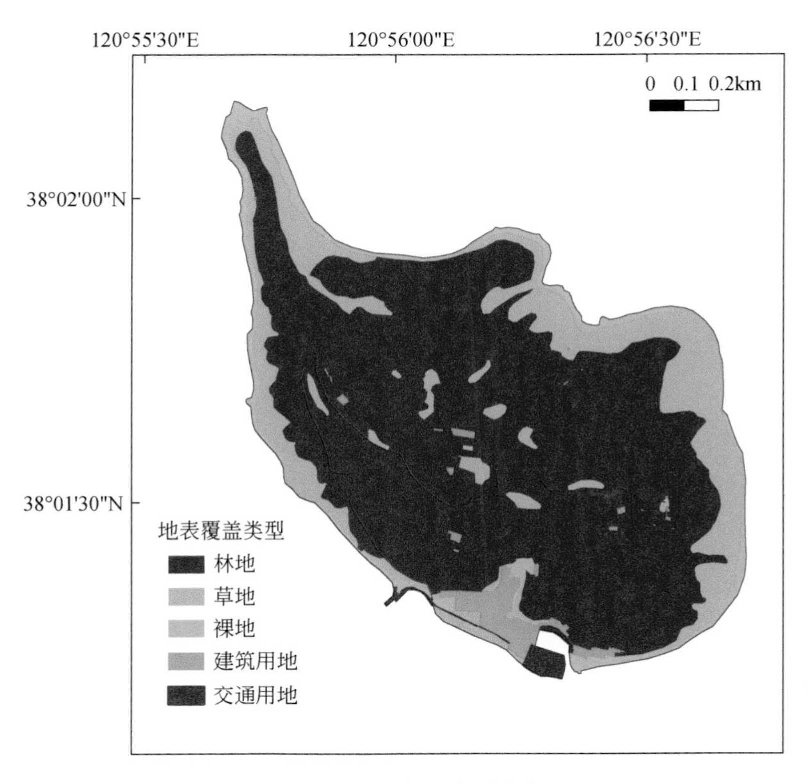

图4.16　大竹山岛地表覆盖类型

远眺大竹山岛
摄于2018年5月30日

植被覆盖
摄于2018年5月30日

刺槐林
摄于2018年5月30日

灌丛群落
摄于2018年5月30日

道路
摄于2018年5月30日

灯塔
摄于2018年5月30日

图 4.17　大竹山岛现场实景

（九）庙岛

庙岛位于南五岛的中间位置，为有居民海岛，面积 142.33hm^2，岸线长度 8.05km。林地（51.93%）位于海岛中部和北侧山体，草地（28.48%）以破碎化形式分布于林地中间和海岛其他区域，建筑用地（9.12%）主要在海岛东北侧和西侧岸线附近分布，其他三种类型面积相对较小。相比其他海岛，庙岛的地表覆盖结构没有特别鲜明的特征，但海岛内部的景观破碎化现象比较明显（图 4.18 和图 4.19，表 4.1）。

庙岛上的显应宫是北方最早的妈祖庙，始建于宋徽宗宣和四年（公元 1122 年），与福建湄洲妈祖庙并称为“南北祖庭”，常年香火不断。同时，庙岛景区也是长岛“海上游航班”线路的途经景点之一。

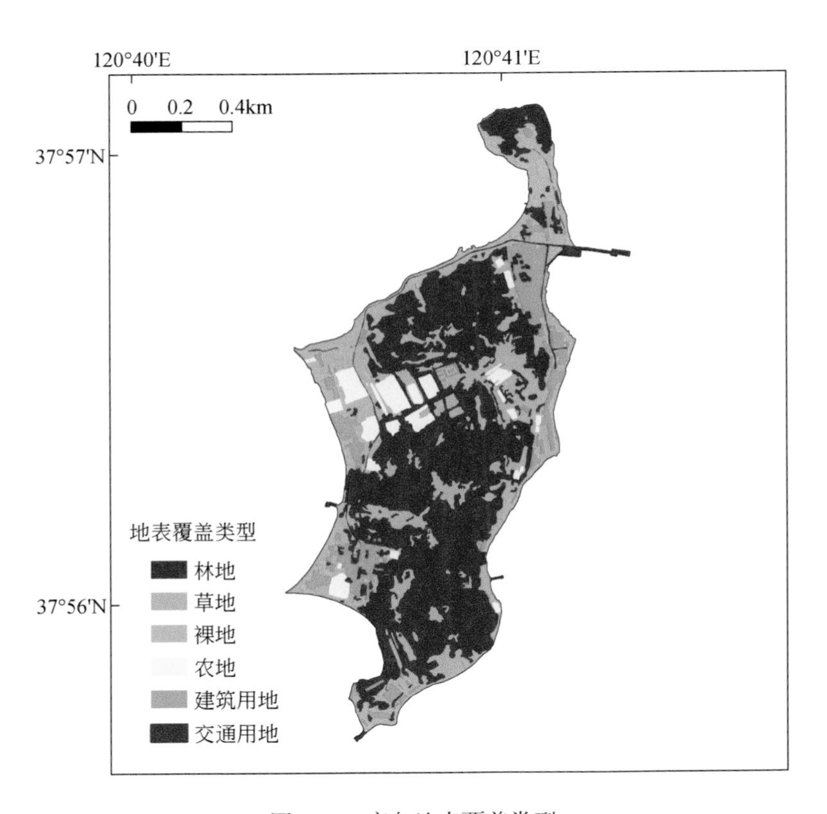

图 4.18　庙岛地表覆盖类型

远眺庙岛
摄于2015年6月3日

码头
摄于2015年3月26日

显应宫
摄于2015年3月26日

植被
摄于2018年6月2日

乡村风貌
摄于2018年6月2日

渔具堆放
摄于2018年6月2日

图 4.19 庙岛现场实景

（十）小黑山岛

小黑山岛是南五岛中面积最小的海岛，为有居民海岛，面积 121.19hm^2，岸线长度 5.97km。林地（44.83%）位于海岛北部和中部区域；草地（31.13%）分布于林地外缘，遍布全岛；建筑用地（10.60%）主要分布于海岛南侧近岸区域，部分分布于西侧近岸区域；农地（7.76%）集中分布在海岛中部区域；裸地（2.97%）和交通用地（2.71%）面积占比较小。相比其他海岛，小黑山岛是有居民海岛中草地面积占比最大的海岛（图 4.20 和图 4.21，表 4.1）。

如前所述，小黑山岛与大黑山岛、庙岛合称为“西三乡”，对外交通较为不便。海岛经济发展相对缓慢。

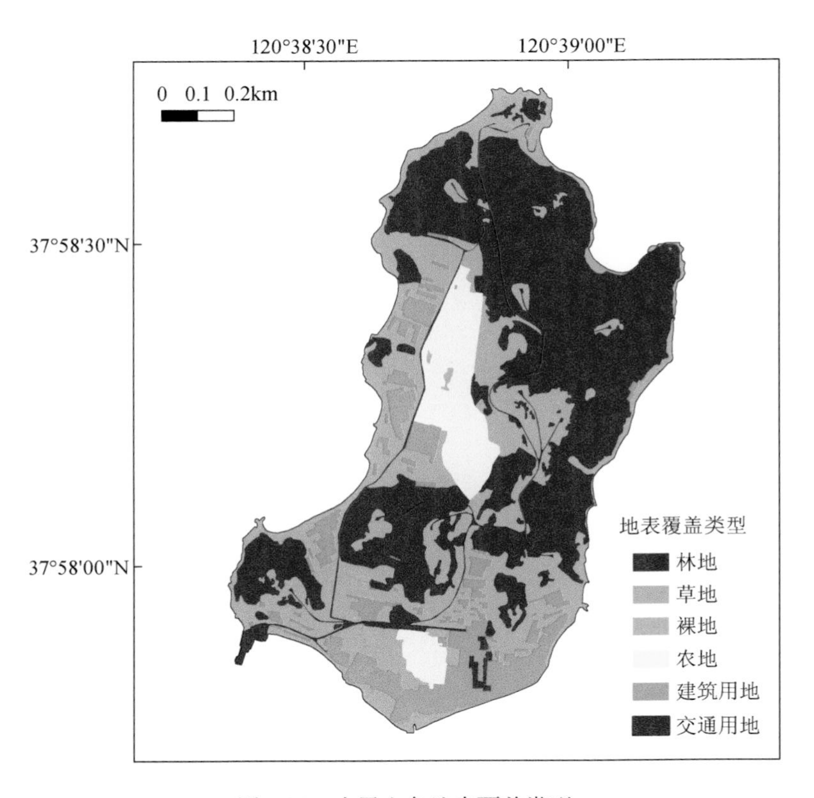

图 4.20　小黑山岛地表覆盖类型

远眺小黑山岛(风机拆除前)
摄于2015年3月26日

远眺小黑山岛(风机拆除后)
摄于2018年6月2日

码头
摄于2015年3月26日

乡村风貌
摄于2015年3月26日

图 4.21　小黑山岛现场实景

（十一）小钦岛

小钦岛是庙岛群岛中面积最小的有居民海岛，面积 117.09hm^2，岸线长度 8.34km。林地（45.47%）和草地（30.43%）覆盖了海岛大部分区域，裸地（12.79%）主要沿岛岸分布，建筑用地（10.13%）集中于海岛南部区域，交通用地（1.18%）面积占比最小，无农地。相比其他海岛，小钦岛是除了小黑山岛之外草地面积占比最高的有居民海岛（图 4.22 和图 4.23，表 4.1）。

相对大钦岛而言，小钦岛经济发展较慢，人口较少。

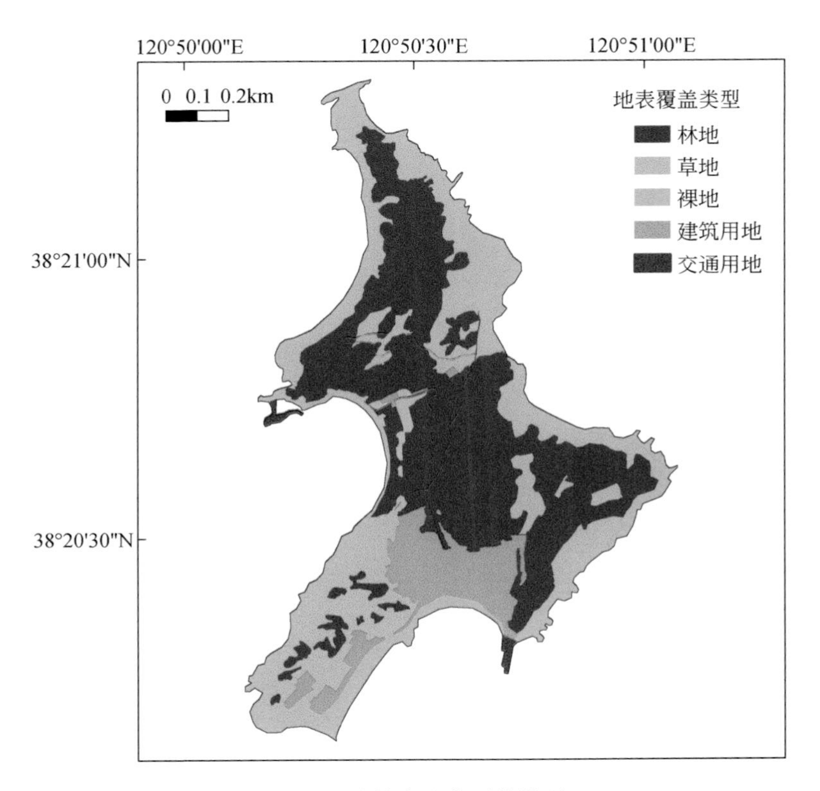

图 4.22　小钦岛地表覆盖类型

小钦岛岛碑
摄于2015年9月15日

乡村风貌
摄于2015年9月15日

海米晾晒
摄于2015年9月15日

码头
摄于2015年9月15日

山体
摄于2015年9月15日

海岸地貌
摄于2015年9月15日

图 4.23 小钦岛现场实景

（十二）高山岛

高山岛是庙岛群岛无居民海岛中面积第二大岛（以下海岛均为无居民海岛），也是所有海岛中海拔最高的海岛（最高点海拔 202.80m），位于渤海海峡中部，距离其他海岛较远；海岛面积 44.76hm^2，岸线长度 3.85km。草地（77.83%）构成整个海岛的景观基质，裸地（18.52%）在海岛岸线附近和内部均有分布，林地（2.44%）仅在海岛中部山体的部分区域有小片分布，建筑用地（0.91%）和交通用地（0.30%）集中在海岛南侧。相比其他海岛，高山岛是拥有最大草地面积占比的海岛（图 4.24 和图 4.25，表 4.1）。

作为庙岛群岛的最高峰，高山岛山势十分陡峭，远观呈直角三角形，陡崖近 90°。同时，高山岛是“鸥鸟的王国”，常有成百上千只海鸥沿着高山岛峭壁盘旋。因此，高山岛被誉为“万鸟岛”，且成为长岛“海上游航班”的重要目的地。岛上建筑主要为养殖看护房。

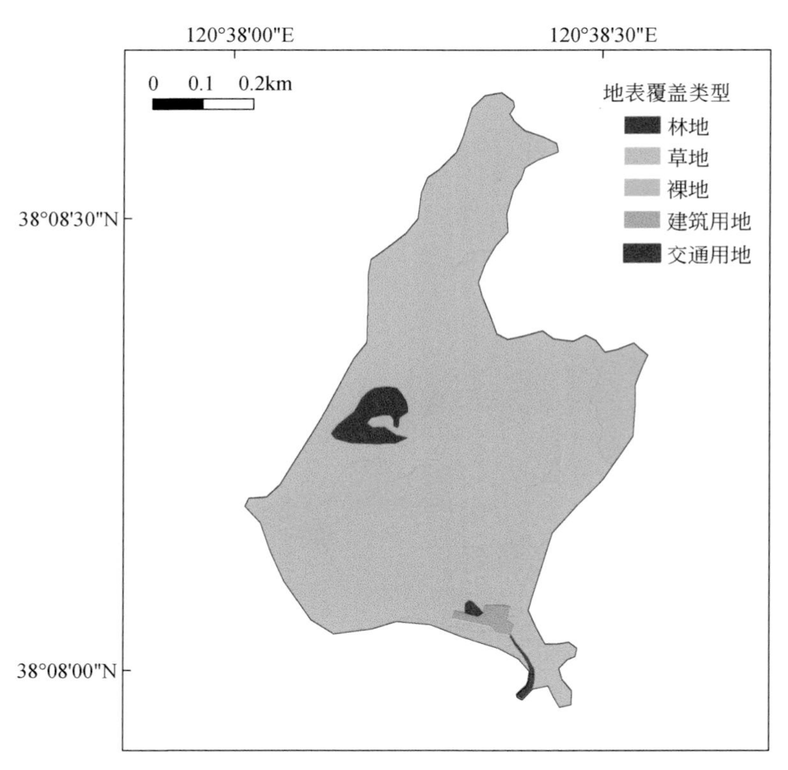

图 4.24　高山岛地表覆盖类型

远眺高山岛
摄于2017年10月12日

码头
摄于2018年6月1日

太阳能电池板
摄于2018年6月1日

山体
摄于2018年6月1日

刺槐林
摄于2018年6月1日

灌丛群落
摄于2018年6月1日

图 4.25　高山岛现场实景

（十三）猴矶岛

猴矶岛位于高山岛南侧方向，海岛面积27.59hm²，岸线长度3.57km。草地（73.11%）面积占比最大且遍布全岛，裸地（14.06%）主要为裸岩，林地（8.29%）在海岛北部分布，建筑用地（3.75%）一方面是在码头附近，另一方面在山顶也有所分布。相比其他海岛，猴矶岛是除了高山岛之外草地面积占比最大的海岛（图4.26和图4.27，表4.1）。

同其他无居民海岛一样，猴矶岛上无居民居住，但有从事海水养殖工作人员在此驻扎。山顶有猴矶岛灯塔，为全国重点文物保护单位。

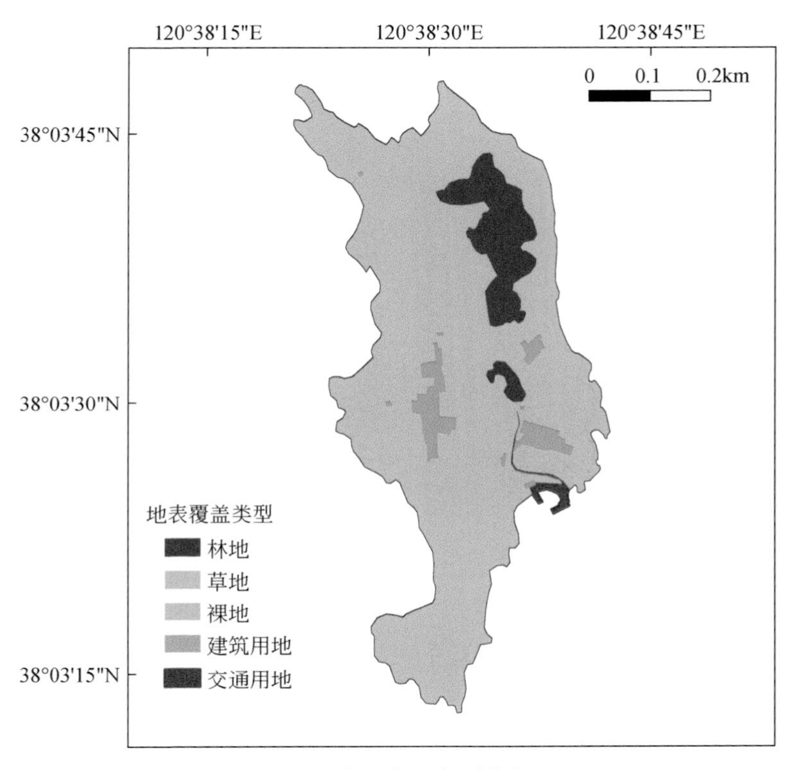

图4.26　猴矶岛地表覆盖类型

远眺猴矶岛
摄于2017年10月12日

码头
摄于2018年6月1日

道路
摄于2018年6月1日

猴矶岛灯塔
摄于2018年6月1日

建筑
摄于2018年6月1日

植被覆盖
摄于2018年6月1日

图 4.27 猴矶岛现场实景

（十四）小竹山岛

小竹山岛位于大竹山岛西侧，海岛面积 24.43hm^2，岸线长度 2.37km。草地（50.62%）和林地（38.48%）占据了海岛大部分区域，其中林地位于海拔相对较高的位置，草地位于林地外缘；裸地（9.14%）主要分布在海岛边缘；建筑用地（1.13%）和交通用地（0.63%）面积较小，无农地（图 4.28 和图 4.29，表 4.1）。

海岛对外交通不便，内部道路较为破损。岛上有灯塔以及多处废弃房屋。

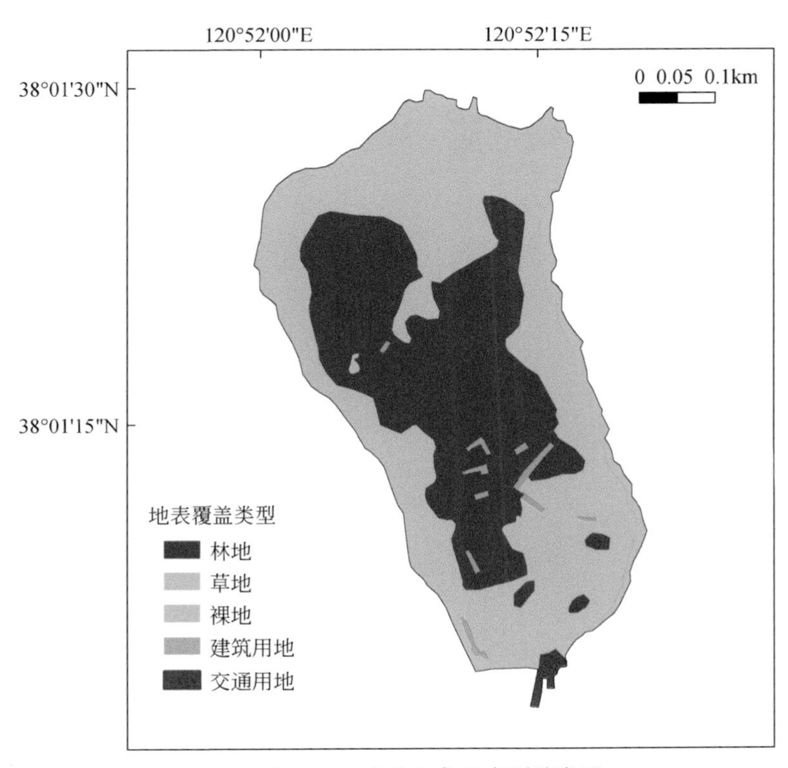

图 4.28　小竹山岛地表覆盖类型

远眺小竹山岛
摄于2018年5月30日

码头和道路
摄于2018年5月31日

废弃房屋
摄于2018年5月31日

灯塔
摄于2018年5月31日

植被覆盖
摄于2018年5月31日

海岸地貌
摄于2018年6月1日

图 4.29 小竹山岛现场实景

（十五）螳螂岛

螳螂岛是南五岛周边面积最大的无居民海岛，位于北长山岛和小黑山岛之间；海岛面积 15.78hm^2，岸线长度 2.37km。草地（36.55%）、裸地（32.92%）和林地（29.23%）覆盖了海岛绝大部分区域，建筑用地（1.31%）在海岛南部呈零星分布状态（图 4.30 和图 4.31，表 4.1）。

海岛整体呈现北部山体、南部平地的地形状态，北部山体以黑松林为主要覆盖类型，南部平地覆盖有以白茅等为优势种的草本植物群落，并可见废弃房屋。海岛无码头，登岛较困难。

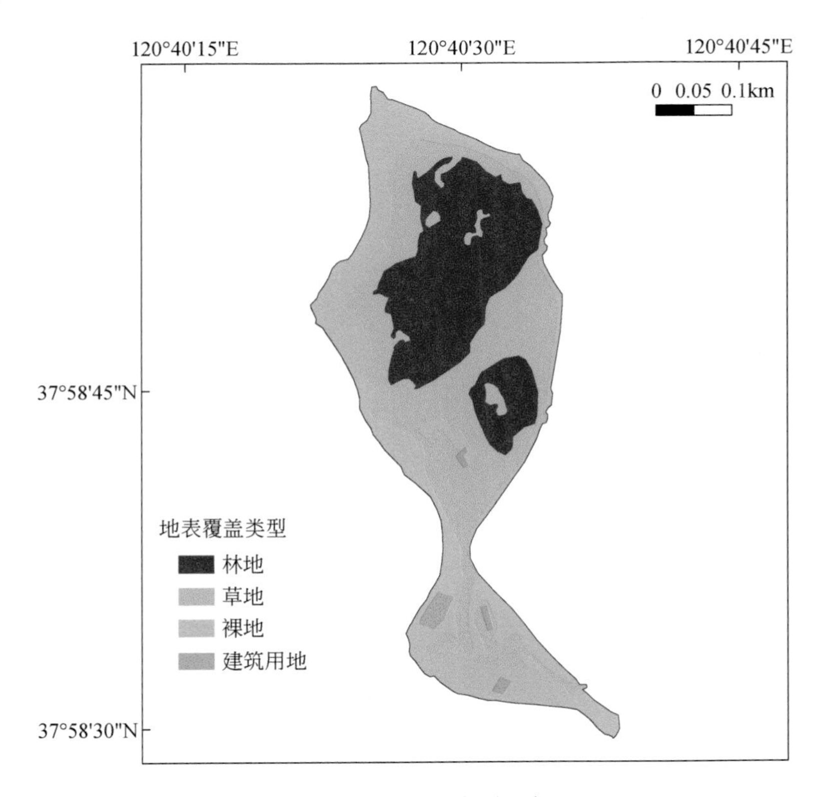

图 4.30　螳螂岛地表覆盖类型

远眺螳螂岛
摄于2015年9月17日

房屋
摄于2018年5月31日

砂石堆放
摄于2018年5月31日

岛岸
摄于2018年5月31日

黑松林
摄于2018年5月31日

草本群落
摄于2018年5月31日

图 4.31　螳螂岛现场实景

（十六）南砣子岛

南砣子岛位于大黑山岛南侧，海岛面积14.89hm^2，岸线长度2.46km。草地（66.16%）是整个海岛的景观基质，林地（19.99%）成片分布于海岛西侧和东侧部分区域，裸地（12.19%）在海岛边缘分布，建筑用地（1.66%）零星分布在海岛上，主要作为养殖看护房（图4.32和图4.33，表4.1）。

南砣子岛是大黑山岛的附属岛屿，低潮时可由大黑山岛步行到达。海岛北侧发育有细砾石滩。

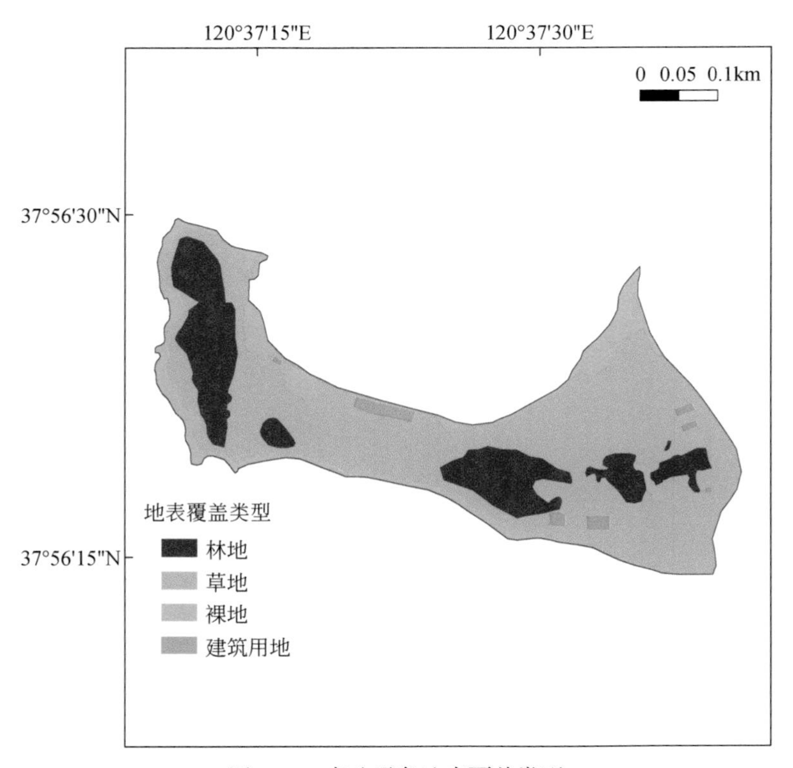

图4.32　南砣子岛地表覆盖类型

海岛概貌
摄于2018年6月2日

房屋
摄于2018年6月2日

草本群落
摄于2018年6月2日

岸线
摄于2018年6月2日

图 4.33　南砣子岛现场实景

(十七)挡浪岛

挡浪岛位于北长山岛和小黑山岛之间，螳螂岛西北侧；海岛面积 10.46hm²，岸线长度 2.56km。林地（48.66%）和裸地（31.70%）占据了海岛绝大部分面积，草地（19.29%）分布于二者之间，建筑用地（0.23%）和交通用地（0.12%）有零星分布（图 4.34 和图 4.35，表 4.1）。

挡浪岛目前进行了旅游开发，修建有码头、观景亭、步行道等；海岛西侧岸线发育地貌景观。

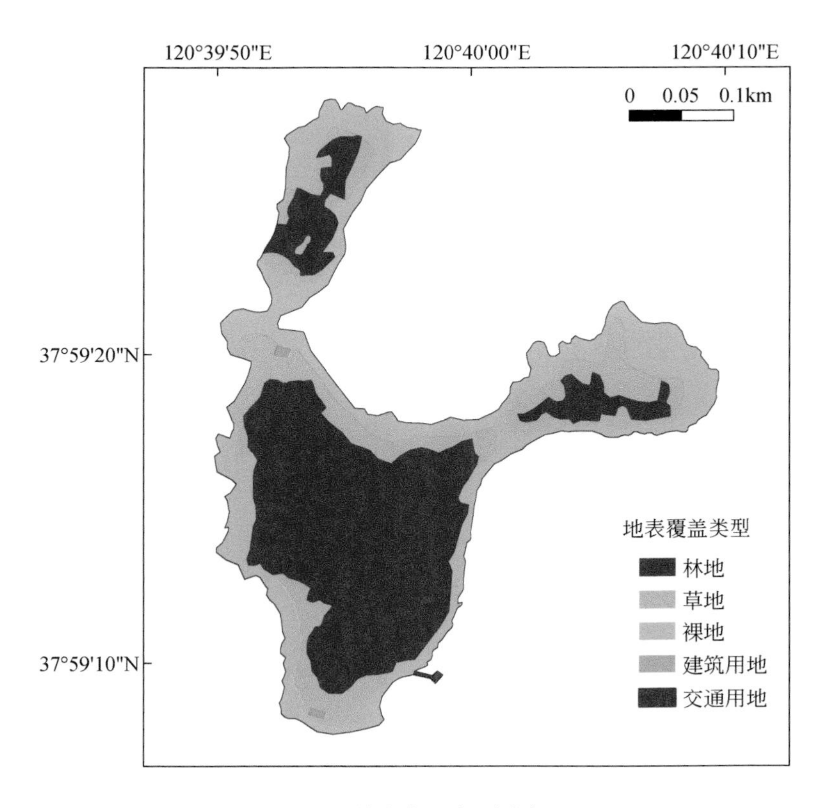

图 4.34　挡浪岛地表覆盖类型

海岛概貌
摄于2018年5月31日

植被覆盖
摄于2018年5月31日

旅游导览图
摄于2018年5月31日

海岸地貌
摄于2018年5月31日

图 4.35 挡浪岛现场实景

（十八）羊砣子岛

羊砣子岛是庙岛的附属岛屿，位于庙岛西侧；海岛面积 10.20hm^2，岸线长度 1.50km。林地（61.70%）和草地（32.59%）占据海岛绝大部分区域，建筑用地（5.68%）分布于海岛东侧，交通用地（0.03%）主要为码头（图 4.36 和图 4.37，表 4.1）。

海岛进行了旅游开发，可供游客休闲游憩。

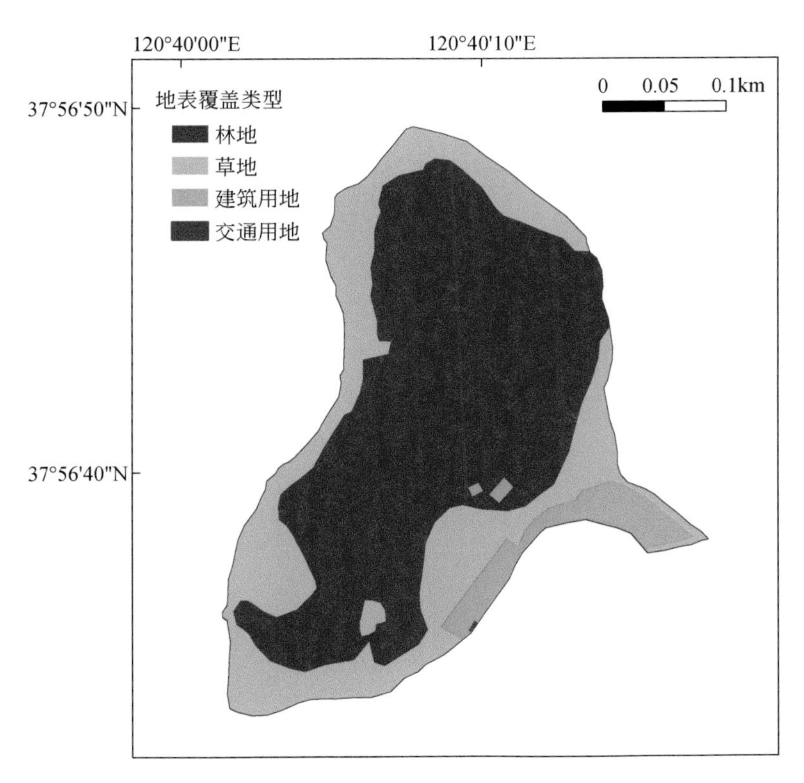

图 4.36　羊砣子岛地表覆盖类型

海岛概貌
摄于2018年6月2日

房屋
摄于2018年6月2日

黑松林
摄于2018年6月2日

刺槐林
摄于2018年6月2日

图 4.37 羊砣子岛现场实景

（十九）牛砣子岛

牛砣子岛也是庙岛的附属岛屿，位于羊砣子岛南侧；海岛面积 6.33hm²，岸线长度 1.40km。海岛主要被林地（58.62%）和草地（33.40%）覆盖，裸地（5.38%）和建筑用地（2.60%）也有所分布（图 4.38 和图 4.39，表 4.1）。

海岛上建筑主要为养殖看护房，用于海水养殖工作人员临时居住。

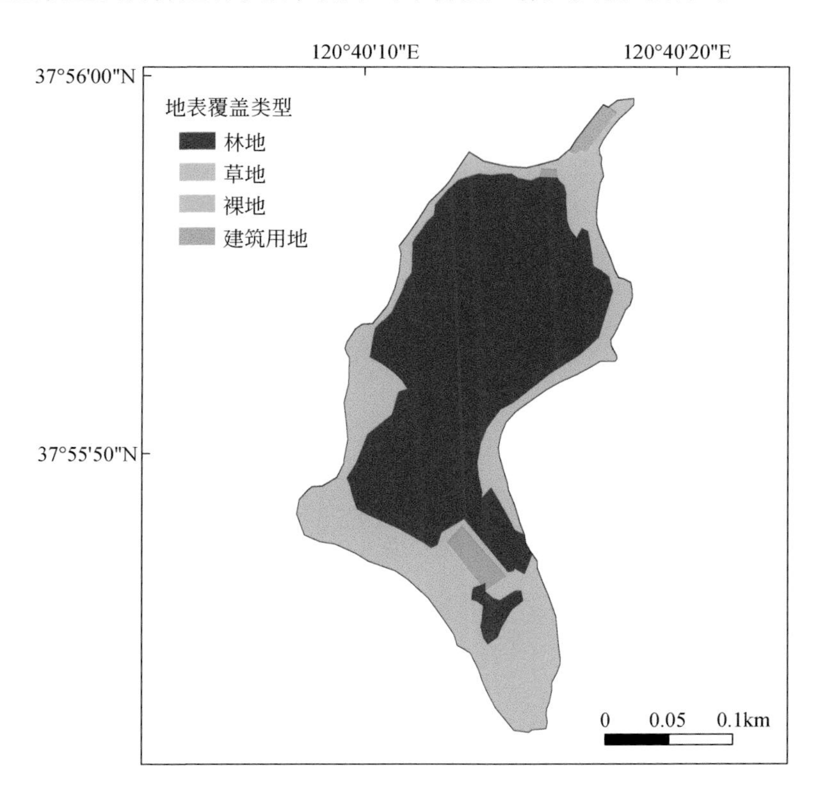

图 4.38　牛砣子岛地表覆盖类型

海岛概貌
摄于2018年6月2日

牛砣子岛岛碑
摄于2018年6月2日

灌木群落
摄于2018年6月2日

岸滩
摄于2018年6月2日

图 4.39　牛砣子岛现场实景

（二十）砣子岛

砣子岛是砣矶岛的附属岛屿，位于砣矶岛南侧，目前通过堤坝与砣矶岛相连，被开发为码头；海岛面积6.13hm^2，岸线长度1.40km。草地（41.05%）和裸地（36.97%）占据海岛大部分区域，分别位于海岛内部和外缘，草地内部有小片林地（3.63%）；海岛北缘全部被开发为交通用地（18.35%）。相比其他海岛，砣子岛是所有海岛中交通用地面积占比最大的海岛（图4.40和图4.41，表4.1）。

砣子岛目前为砣矶港所在地，海岛北侧为港口码头区，南侧为山体，有步行石阶可抵达山顶，山顶有灯塔。

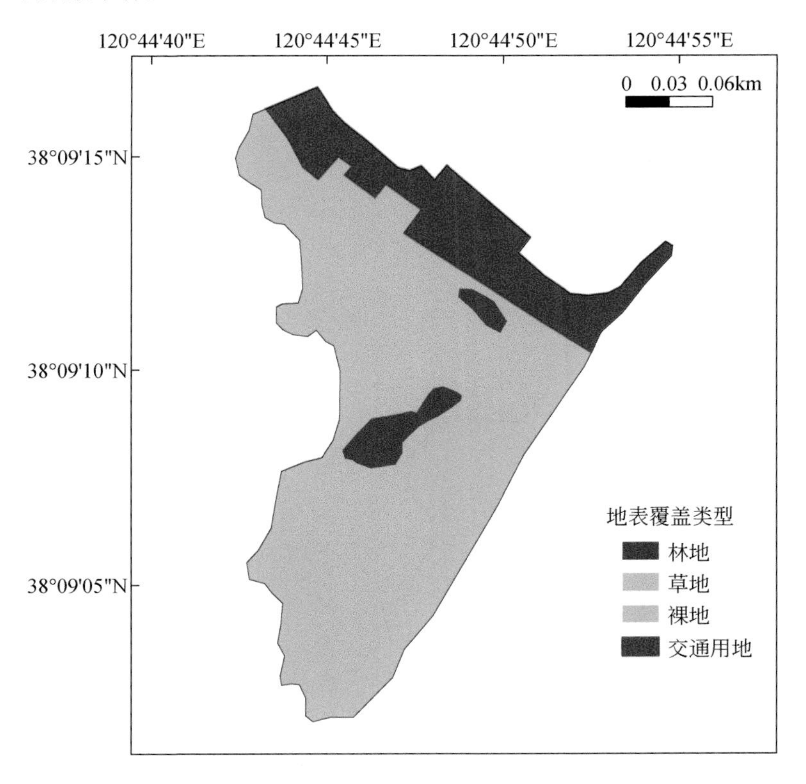

图4.40　砣子岛地表覆盖类型

海岛概貌
摄于2018年6月1日

岛体
摄于2018年6月1日

道路
摄于2018年6月1日

码头
摄于2015年9月11日

图 4.41 砣子岛现场实景

（二十一）车由岛

车由岛位于渤海海峡中部，大竹山岛西北侧；海岛面积 4.94hm^2，岸线长度 1.59km。岛上无林地，草地（60.66%）覆盖岛体大部分区域，海岛边缘主要为裸地（32.44%），海岛西南侧分布有建筑用地（5.66%）和交通用地（1.24%）（图 4.42 和图 4.43，表 4.1）。

海岛崖壁陡峭，同高山岛一样是海鸥的聚集地，曾被称作“万鸟岛”作为海上游的重要目的地（目前作为旅游目的地的“万鸟岛”指的是高山岛）。岛上有进行海水养殖的工作人员临时居住。

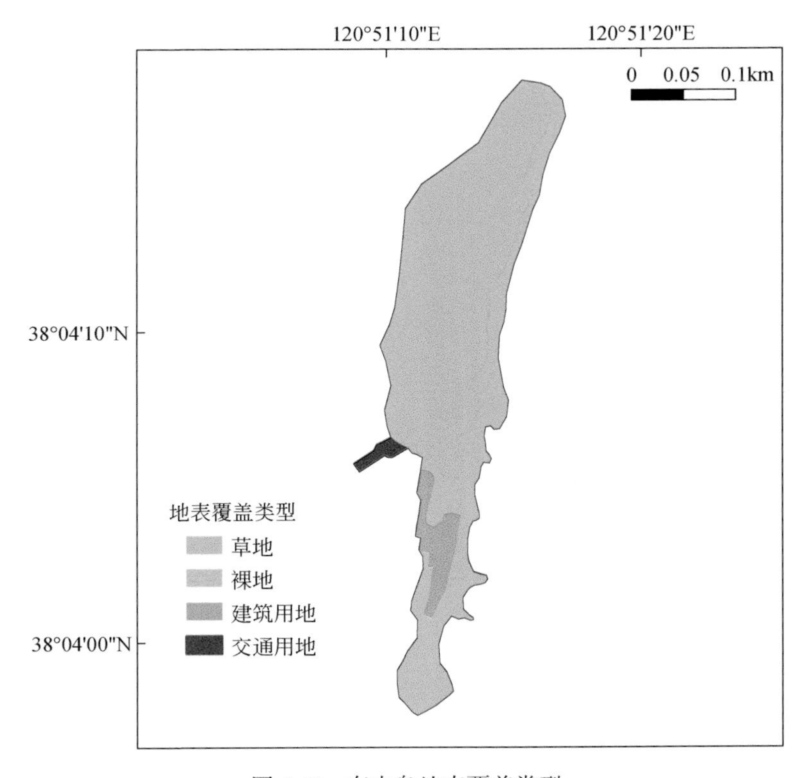

图 4.42　车由岛地表覆盖类型

海岛概貌
摄于2017年8月5日

岛碑
摄于2018年5月31日

码头和房屋
摄于2018年5月31日

石阶
摄于2018年5月31日

山顶植被覆盖
摄于2018年5月31日

峭壁
摄于2018年5月31日

图 4.43　车由岛现场实景

（二十二）鳖盖山岛

鳖盖山岛是小钦岛的附属岛屿，位于小钦岛北侧；海岛面积 2.43hm^2，岸线长度 1.07km。海岛主要由裸地（91.57%）构成，中部区域发育小面积草地（8.43%）（图 4.44 和图 4.45，表 4.1）。

鳖盖山岛是由海水中倾斜而出的两块连在一起的岩石组成，岛上有小片植被覆盖，但无稳定的土壤层，且极难登岛。

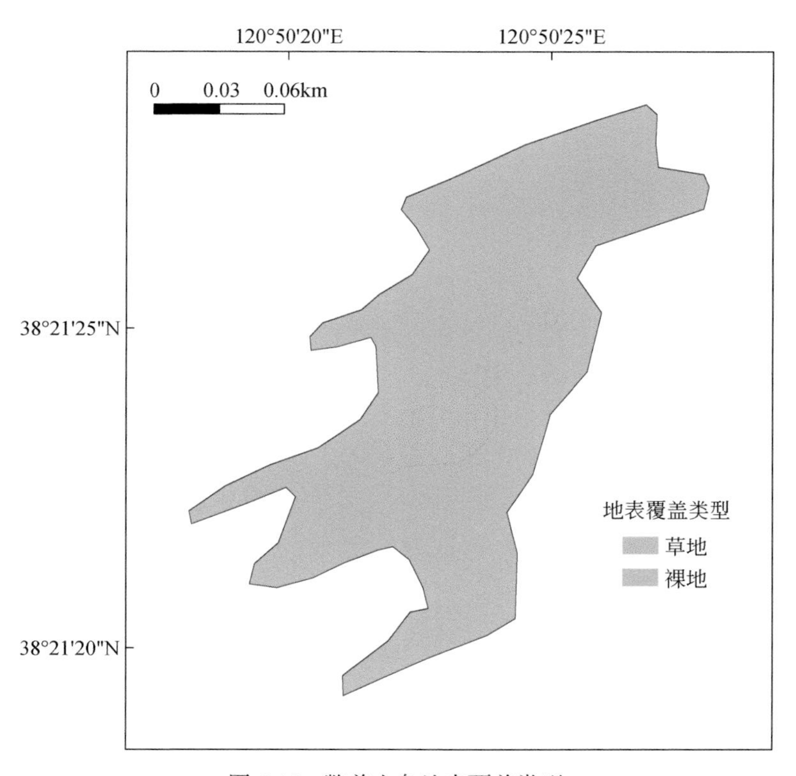

图 4.44 鳖盖山岛地表覆盖类型

海岛概貌1
摄于2015年7月31日

海岛概貌2
摄于2015年7月31日

图 4.45　鳖盖山岛现场实景

（二十三）烧饼岛

烧饼岛位于南五岛区域中部，距离庙岛和北长山岛较近；海岛面积 1.54hm^2，岸线长度 0.53km。海岛由中心至外缘依次为林地（47.21%）、草地（32.66%）和裸地（17.85%），建筑用地（1.48%）和交通用地（0.81%）在海岛南侧分布（图 4.46 和图 4.47，表 4.1）。

海岛因形状似烧饼而得名，岛上建筑为养殖看护房。

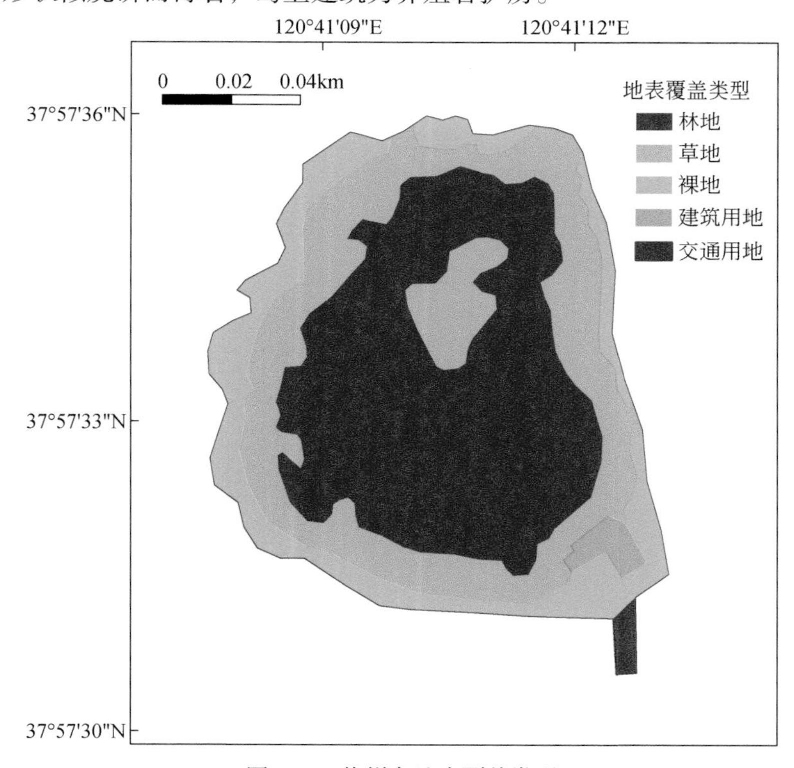

图 4.46　烧饼岛地表覆盖类型

海岛概貌
摄于2015年3月26日

海岸地貌
摄于2018年6月2日

黑松林
摄于2018年6月2日

房屋
摄于2018年6月2日

图 4.47 烧饼岛现场实景

（二十四）鱼鳞岛

鱼鳞岛位于庙岛群岛的西南端，南砣子岛南侧；海岛面积 $1.30hm^2$，岸线长度 0.56km。海岛基本由草地（51.49%）和裸地（47.89%）构成（图 4.48 和图 4.49，表 4.1）。

岛上建有一座测风塔和两座废弃养殖看护房。

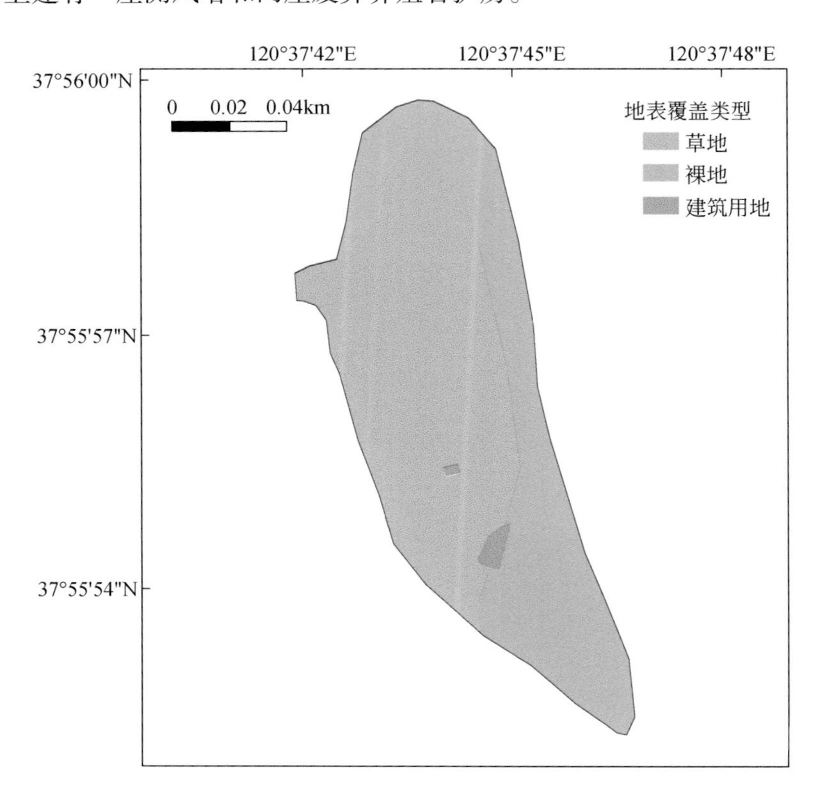

图 4.48　鱼鳞岛地表覆盖类型

海岛概貌
摄于2018年6月2日

海岸地貌
摄于2018年6月2日

植被1
摄于2018年6月2日

植被2
摄于2018年6月2日

图 4.49　鱼鳞岛现场实景

（二十五）犁犋把岛

犁犋把岛是小黑山岛附属岛屿，位于小黑山岛北侧；海岛面积 0.86hm^2，岸线长度 0.53km。海岛主要由中部的草地（50.67%）和边缘的裸地（48.83%）组成，东南侧有一处交通用地（0.50%）（图 4.50 和图 4.51，表 4.1）。

岛上有简易码头，方便游客登岛，可在该岛上远观旁边的宝塔礁，该处也成为长岛“海上游航班”线路的途径景点之一。岛上草本植物优势种为芦苇。

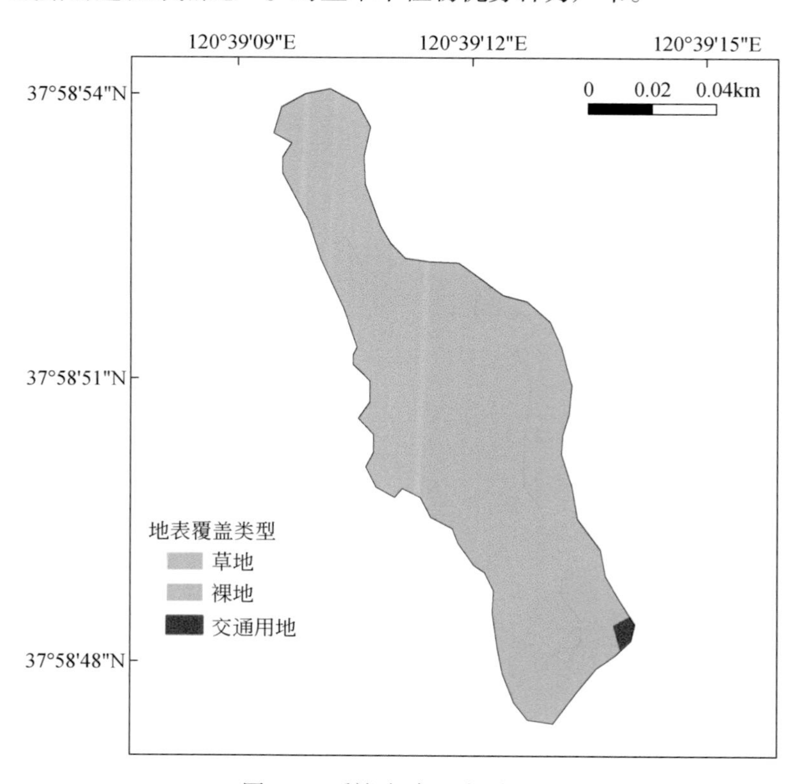

图 4.50　犁犋把岛地表覆盖类型

海岛概貌
摄于2015年3月26日

码头
摄于2018年5月31日

植被
摄于2018年5月31日

远观宝塔礁
摄于2018年5月31日

图 4.51 犁犋把岛现场实景

（二十六）蝎岛

蝎岛是挡浪岛附属岛屿，位于挡浪岛东南侧，海岛面积 0.47hm²，岸线长度 0.28km。海岛主要由裸地（77.94%）构成，中间发育小片草地（22.06%）（图 4.52 和图 4.53，表 4.1）。

海岛在低潮时可由挡浪岛步行到达。在进行登岛调查时（2018 年 5 月 31 日），发现岛上有垃圾堆放。

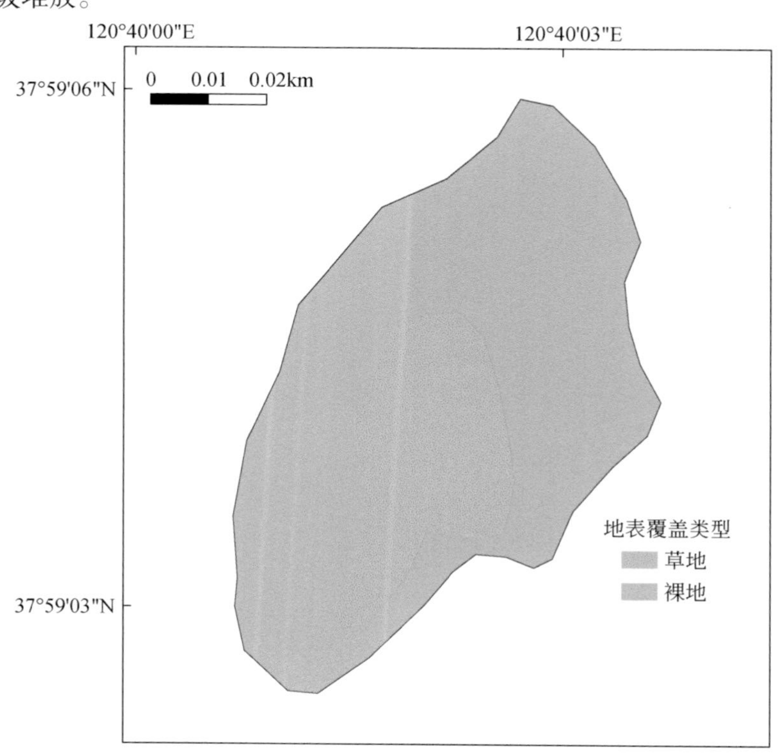

图 4.52 蝎岛地表覆盖类型

海岛概貌
摄于2018年5月31日

植被覆盖
摄于2018年5月31日

图 4.53 蝎岛现场实景

（二十七）马枪石岛

马枪石岛位于挡浪岛北侧海域，海岛面积 0.31hm^2，岸线长度 0.25km。海岛全部由裸地（岩）构成（图 4.54 和图 4.55，表 4.1）。

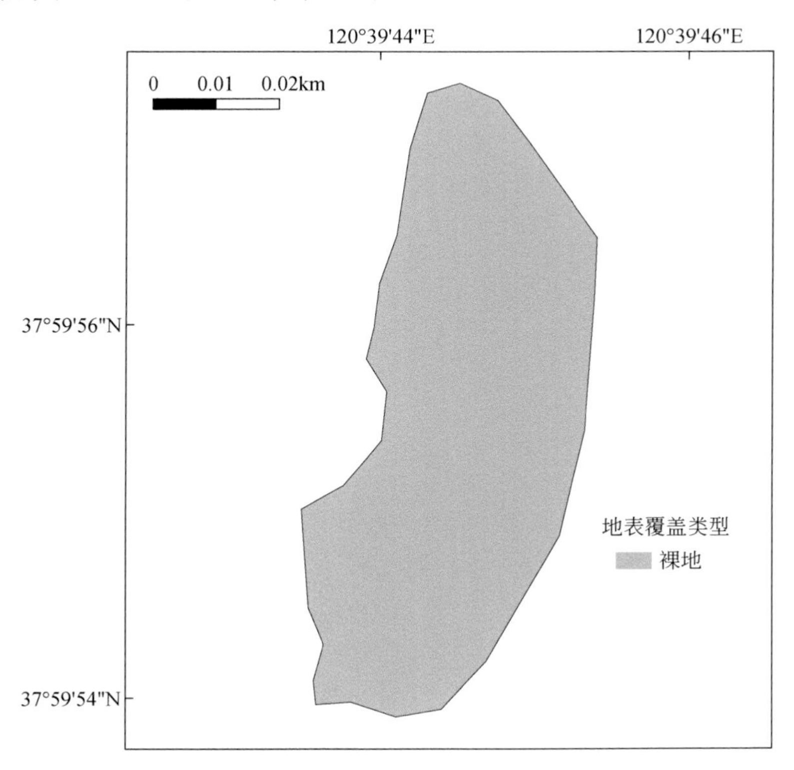

图 4.54　马枪石岛地表覆盖类型

海岛概貌
笔者摄于2018年5月31日

图 4.55　马枪石岛现场实景

（二十八）山嘴石岛

山嘴石岛位于砣矶岛东侧海域，海岛面积 0.28hm^2，岸线长度 0.29km。海岛全部由裸地（岩）构成（图 4.56，表 4.1）。

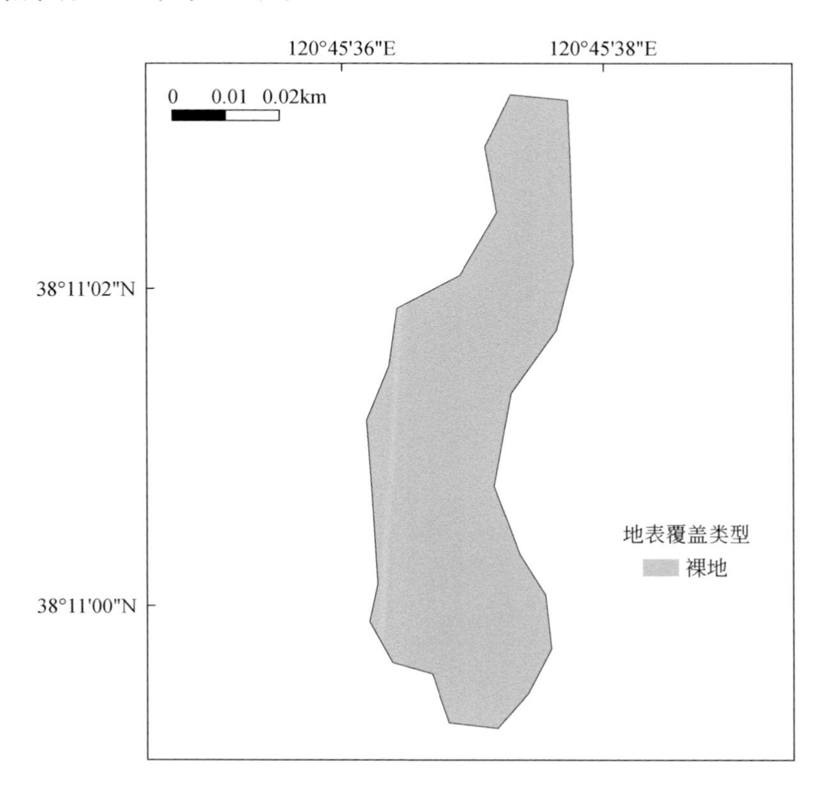

图 4.56 山嘴石岛地表覆盖类型

（二十九）东咀石岛

东咀石岛位于砣矶岛东南侧海域，海岛面积 0.20hm^2，岸线长度 0.18km。海岛全部由裸地（岩）构成（图 4.57，表 4.1）。

（三十）坡礁岛

坡礁岛是南隍城岛附属岛屿，位于南隍城岛东侧；海岛面积 0.18hm^2，岸线长度 0.23km。海岛全部由裸地（岩）构成（图 4.58 和图 4.59，表 4.1）。

（三十一）东海红岛

东海红岛是大钦岛附属岛屿，位于大钦岛东侧，紧邻大钦岛；海岛面积 0.18hm^2，岸线长度 0.18km。海岛全部由裸地（岩）构成（图 4.60 和图 4.61，表 4.1）。

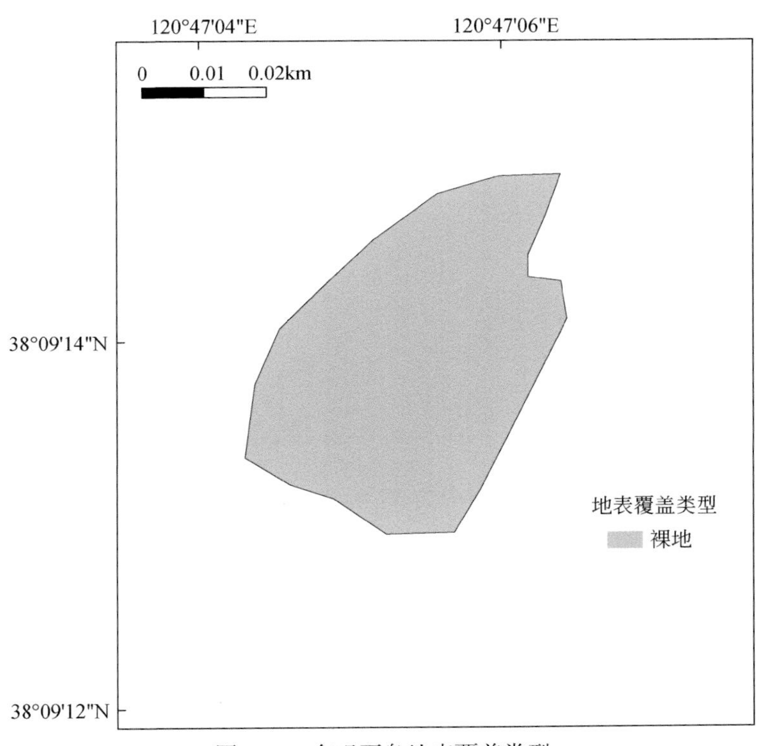

图 4.57　东咀石岛地表覆盖类型

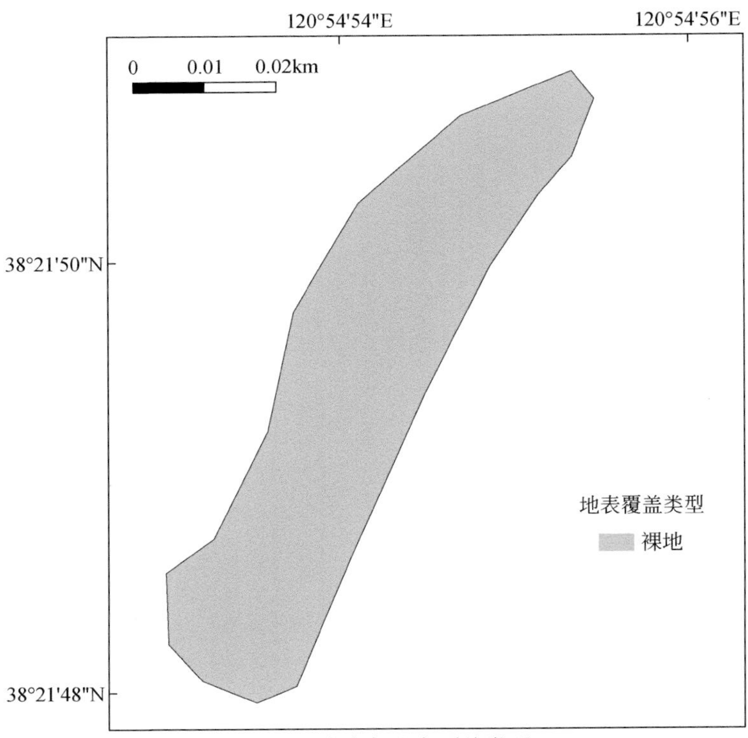

图 4.58　坡礁岛地表覆盖类型

海岛概貌
摄于2017年5月7日

图 4.59　坡礁岛和官财石岛现场实景

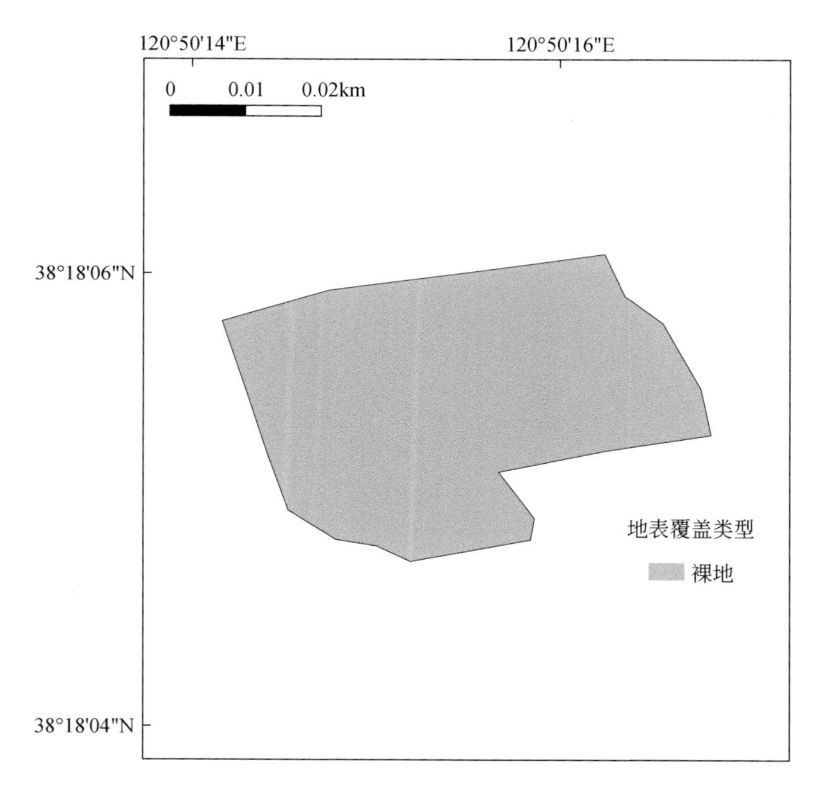

图 4.60　东海红岛地表覆盖类型

海岛概貌
摄于2014年8月8日

图 4.61　东海红岛现场实景

（三十二）官财石岛

官财石岛是南隍城岛附属岛屿，位于南隍城岛东侧，坡礁岛南侧；海岛面积 0.17hm^2，岸线长度 0.20km。海岛全部由裸地（岩）构成（图 4.59 和图 4.62，表 4.1）。

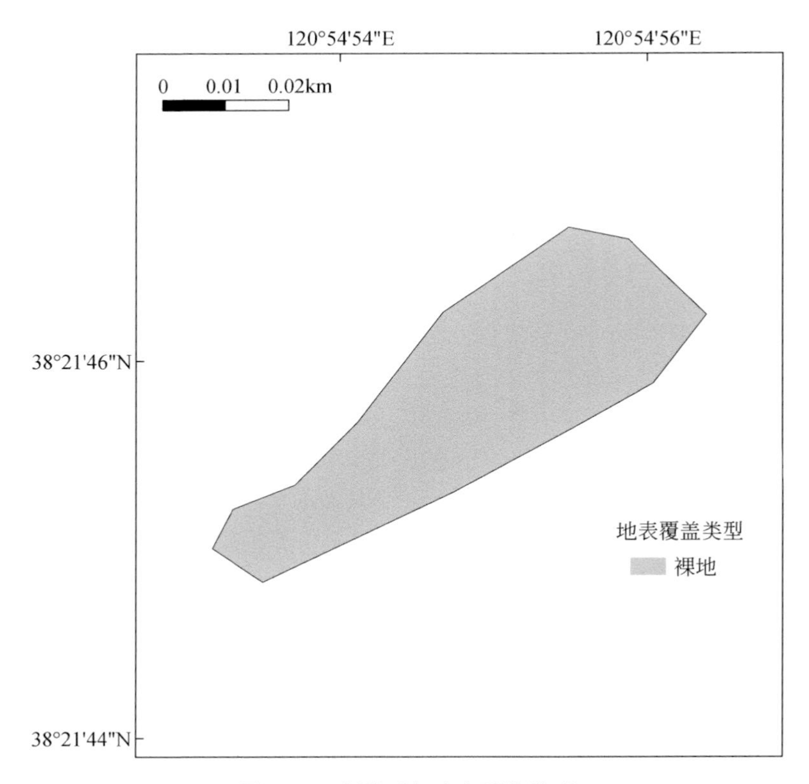

图 4.62　官财石岛地表覆盖类型

第二节 海岛植被

海岛植被是海岛地表圈层最具活力的组分，涉及海岛生态系统的关键功能，包括生物多样性维持、栖息地提供、水源涵养、防风固土、固碳释氧等，对维护海岛生态系统具有重要作用（池源等，2015c；Chi et al.，2016，2019b；Borges et al.，2018；Craven et al.，2019）。海岛植被可由植物多样性和植被生产力两个方面进行反映，前者指的是海岛植物物种的复杂度和均匀度，关系着海岛的生态结构、功能和过程并对海岛生态系统稳定性具有重要意义（Chi et al.，2016）；后者指的是海岛植物群落的生产能力，是海岛生态系统中各组分生存和发展的根本动力，表征着海岛生态系统的质量（池源等，2015c）。在本章的海岛植被、土壤、景观和生态系统健康研究中，仅对开展了现场调查的25个海岛进行分析和评估。

一、植物多样性

（一）评估指标

1.物种统计

研究区木本植物物种数量总体较少，林地多为人工林，且部分海岛无木本植物覆盖，而草本植物是海岛植物中分布最广、种类最多且对环境响应灵敏的一类植物。因此，选择草本植物作为植物多样性的指示物种。经统计，研究区 25 个海岛 179 个调查点位共记录草本植物 215 种，分属 114 属、44 科。其中，蒿属（14 种）是拥有物种数量最多的属，其他属拥有物种数量均不足 10 种；菊科（47 种）、禾本科（29 种）和百合科（20 种）是拥有物种数量最多的科。

计算各样地各物种的重要值，方法如下（张金屯，2004）：

$$P_{s,i}=\left(\frac{Ab_{s,i}}{Ab_s}+\frac{Co_{s,i}}{Co_s}+\frac{He_{s,i}}{He_s}\right)/3 \tag{4.1}$$

式中，$P_{s,i}$ 为样地 s 中物种 i 的重要值，$Ab_{s,i}$ 为样地 s 内物种 i 的多度，Ab_s 为样地 s 内物种多度之和，$Co_{s,i}$ 为样地 s 内物种 i 的盖度，Co_s 为样地 s 内物种盖度之和，$He_{s,i}$ 为样地 s 内物种 i 的高度，He_s 为样地 s 内物种高度之和。根据物种在各样地的重要值之和，得出研究区草本植物中排名前 10 的优势种依次为北京隐子草（*Cleistogenes hancei*）、大披针薹草（*Carex lanceolata*）、野艾蒿（*Artemisia lavandulifolia*）、艾（*Artemisia argyi*）、藜（*Chenopodium album*）、芒（*Miscanthus sinensis*）、黄花蒿（*Artemisia annua*）、白莲蒿（*Artemisia stechmanniana*）、茜草（*Rubia cordifolia*）和油芒（*Spodiopogon cotulifer*）。

2. 多样性评估指标

采用目前在国内外生态学研究中普遍应用的 Shannon-Wiener 指数（H'，无量纲）和 Pielou 指数（E，无量纲），前者侧重于反映群落物种的复杂程度，后者则更加强调群落物种的均匀度。计算方法如下（马克平和刘玉明，1994）：

$$H'_s = -\sum_{i=1}^{n} P_{i,s} \operatorname{Ln}(P_{i,s}) \tag{4.2}$$

$$E_s = \frac{H_s}{\operatorname{Ln}(N_s)} \tag{4.3}$$

式中，H'_s 和 E_s 分别为样地 s 的 Shannon-Wiener 指数和 Pielou 指数，$P_{i,s}$ 为样地 s 中物种 i 的重要值，N_s 为样地 s 的物种数量。

（二）空间特征

1. 点位尺度

点位尺度直接显示了各调查样地中评估指标的计算结果。点位尺度上 H' 和 E 的空间特征分别如图4.63和图4.64所示。可以发现，各样地之间H'和E表现出了明显的空间差异。

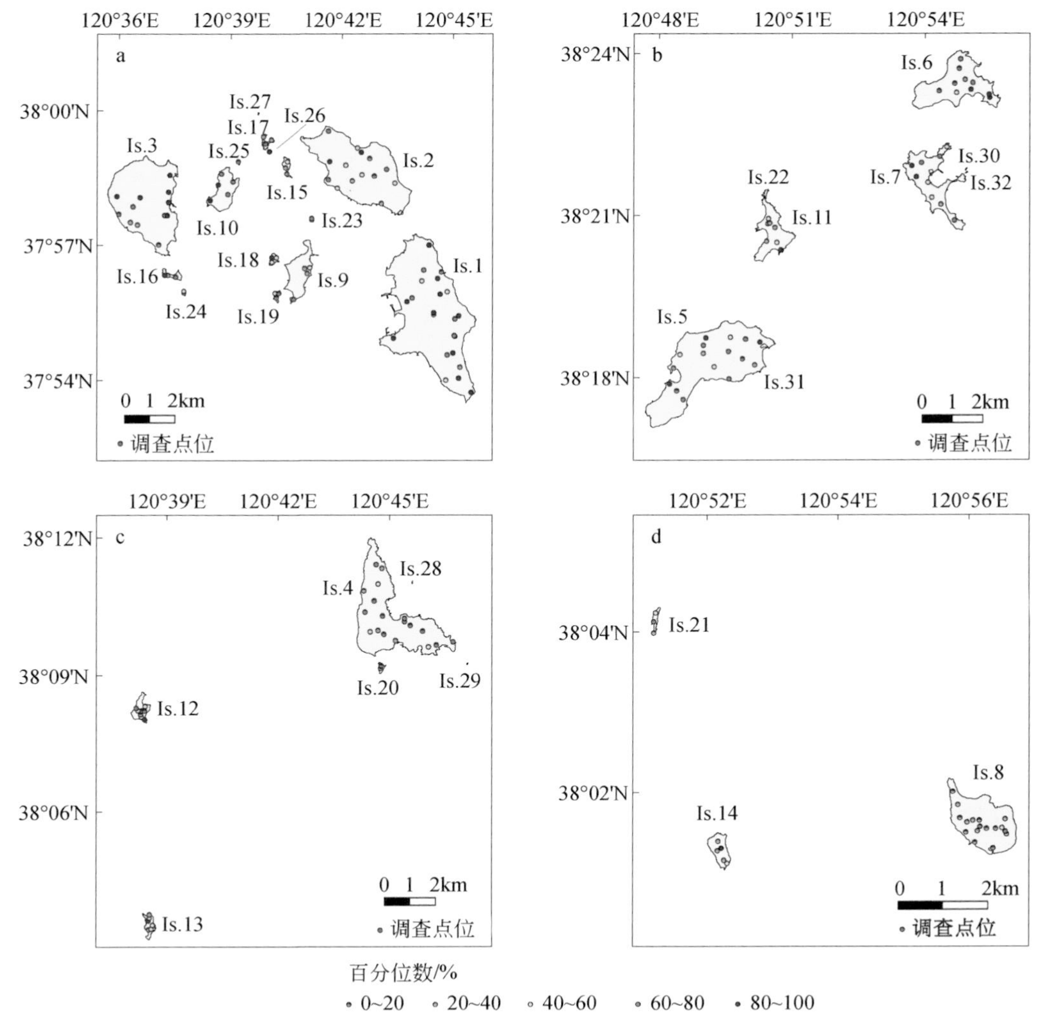

图 4.63　点位尺度上 H' 的空间特征

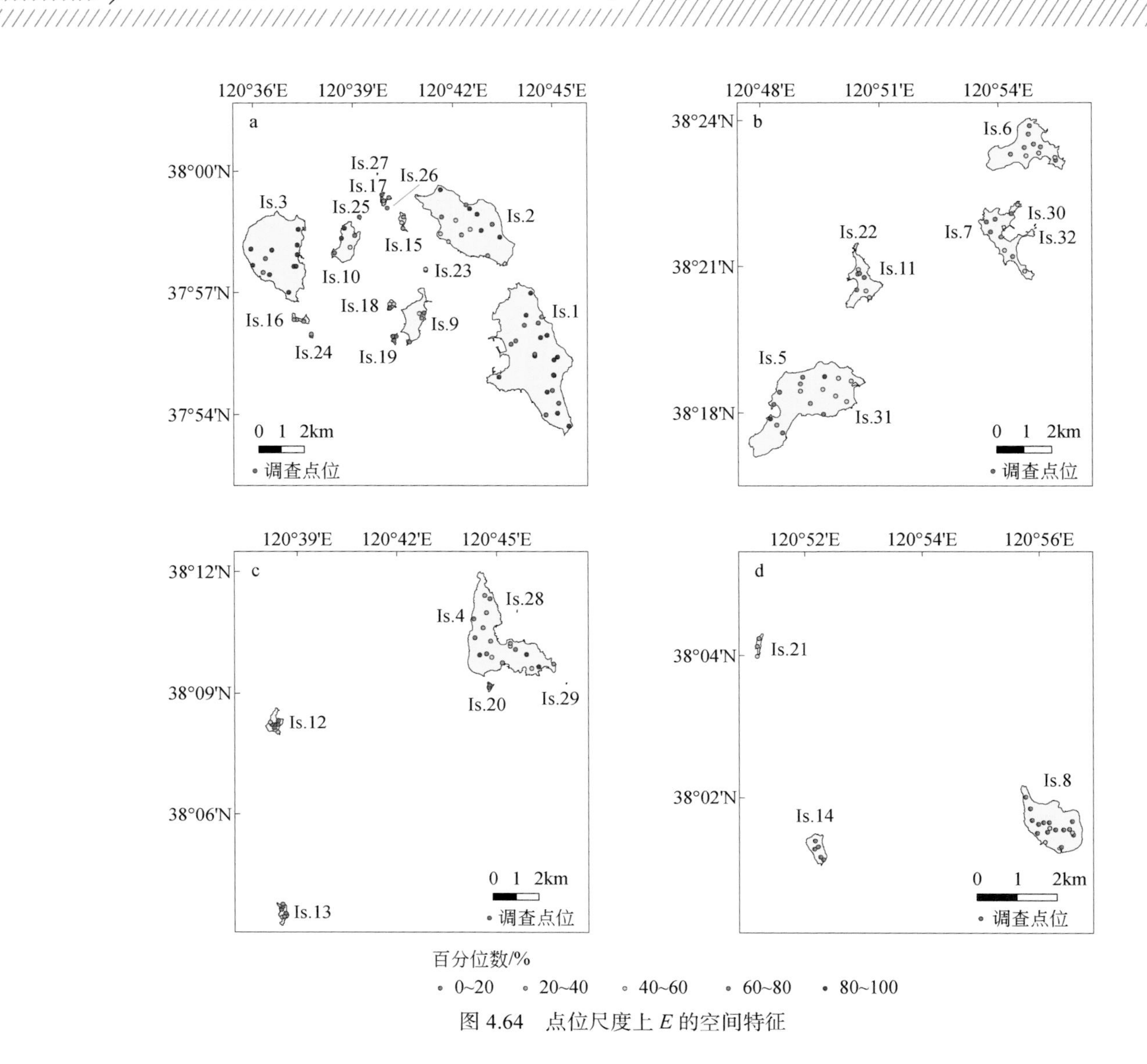

图 4.64 点位尺度上 *E* 的空间特征

2. 评价单元尺度

评价单元是用来显示研究区海岛各评估指标和要素以及生态系统健康空间分异性的基本单元，评价单元面积越小，空间分辨率越高。研究区内海岛总体上面积较小，应根据实际条件尽可能采用小面积的评价单元。考虑到本研究部分指标数据来源于遥感数据，而遥感数据中的 Landsat 8 卫星多光谱数据分辨率相对较低，为 30m × 30m。因此，本研究采用 30m × 30m 作为评价单元的大小，通过 ArcGIS 中的 *Create Fishnet* 工具生成。

由于多样性评估指标为基于现场调查的点状数据，在评价单元尺度上需要将点状数据通过空间模拟转变为覆盖各评价单元的面状数据。遥感技术为开展生态指标的空间模拟提供了便捷、快速和准确的方法，且已被广泛应用于植被和土壤的空间模拟实际案例中（Asner et al.，2011；Akpa et al.，2016；Chi et al.，2020c）。本研究通过耦合现场数据和 Landsat

8卫星的多光谱数据进行空间模拟。首先，通过ArcGIS中的*Raster Calculator*工具提取多光谱数据的反射率，并计算基于光谱反射率的各类生态指数，充分发掘遥感影像的生态意义；其次，通过*Extract Values to Points*工具提取各调查样地所在像元的光谱反射率和生态指数作为预测因子，并通过IBM SPSS计算评估指标（H'和E以及下文的4个土壤指标）与各预测因子的相关性，将与某评估指标表现出显著相关性的预测因子选为该评估指标的预测因子；再次，基于遥感数据计算各评价单元的各预测因子，得到各评价单元的预测因子数据集；接下来，随机选取现场点位数据的80%作为训练样本，采用常用的协同克里金（cokriging，CK）方法和偏最小二乘法（partial least square regression，PLSR），根据现场和遥感数据的耦合关系，模拟各评价单元的评估指标数据结果，并通过预留的20%验证样本来验证模拟结果的精度；最后，通过上述步骤，各评估指标均可获得2个空间模拟结果，即CK结果和PLSR结果，将其中精度较高的结果作为某指标的最终模拟结果。

评价单元尺度上H'和E的空间特征如图4.65和图4.66所示，其中，H'采用的是PLSR结果，E采用的是CK结果。

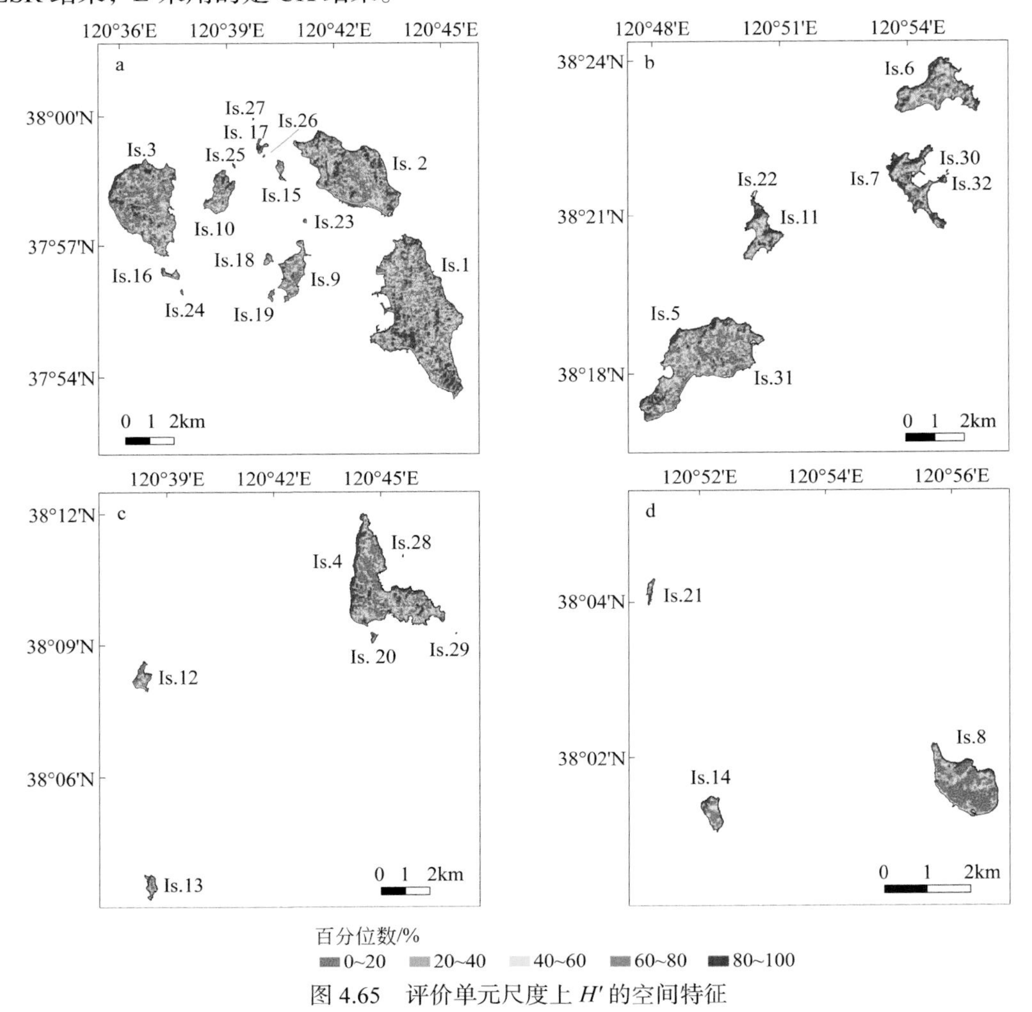

图4.65　评价单元尺度上H'的空间特征

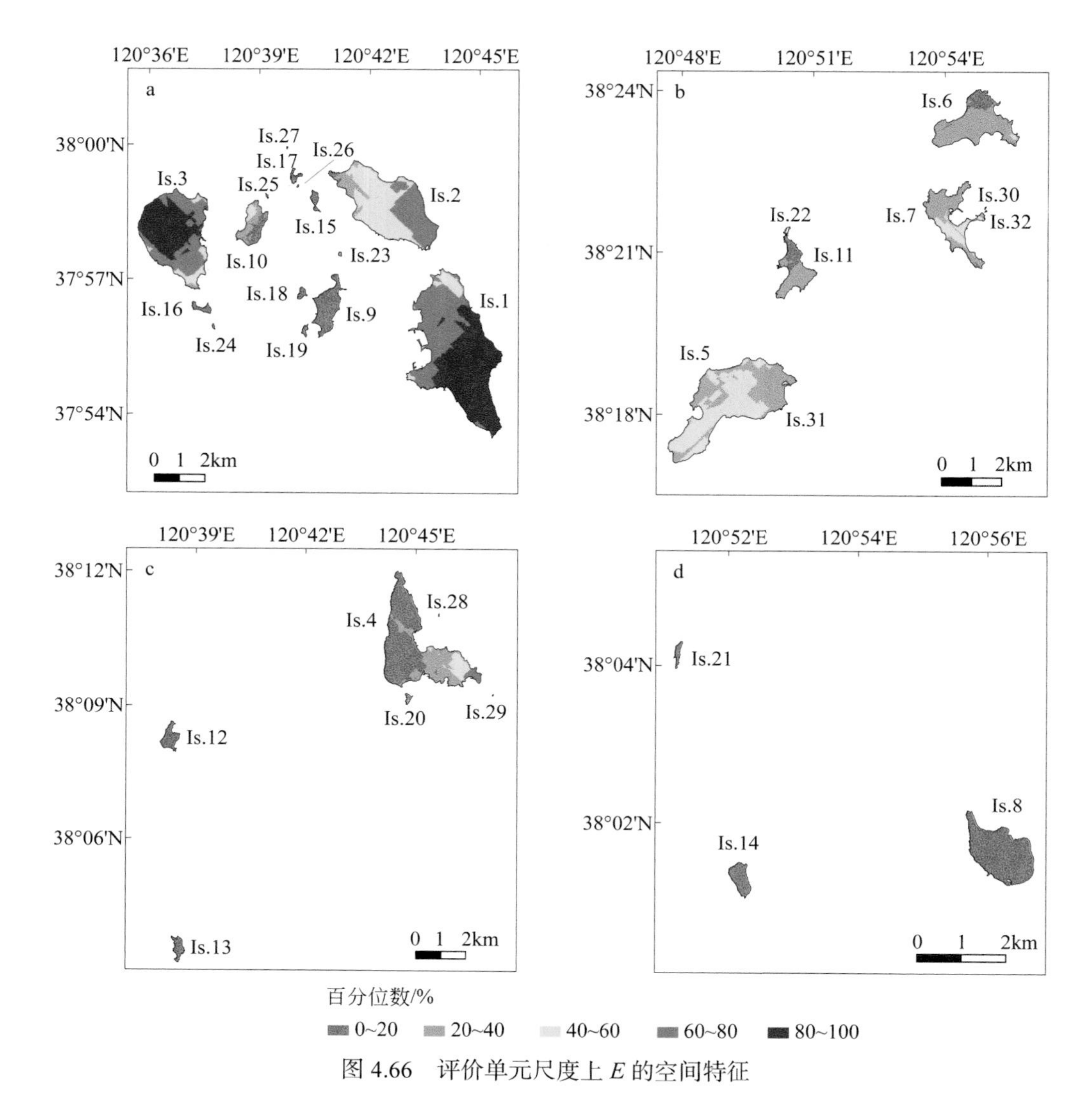

图 4.66　评价单元尺度上 E 的空间特征

3. 海岛尺度

海岛尺度上的评估结果反映了不同海岛之间各评估指标和要素以及生态系统健康的空间差异，通过取各岛内所有评价单元的面积加权平均值获得。

海岛尺度上 H' 和 E 的空间特征如图 4.67 所示。就 H' 而言，有居民海岛 H' 均值总体上略高于无居民海岛，且不同无居民海岛之间 H' 差异较大。蝎岛（Is.26）、车由岛（Is.21）和砣子岛（Is.20）是 H' 均值最高（按上述顺序由高到低，下同）的 3 个海岛，鱼鳞岛（Is.24）、大竹山岛（Is.8）和牛砣子岛（Is.19）则是 H' 均值最低（按上述顺序由低到高，下同）的 3 个海岛，上述 6 个海岛均为无居民海岛。就 E 而言，有居民海岛 E 均值明显高于无居民海岛。南长山岛（Is.1）、大黑山岛（Is.3）和北长山岛（Is.2）是 E 均值最高的 3 个海岛，均为有居民海岛；大竹山岛（Is.8）、高山岛（Is.12）和小竹山岛（Is.14）是 E 均值最低的 3 个海岛，均为无居民海岛。

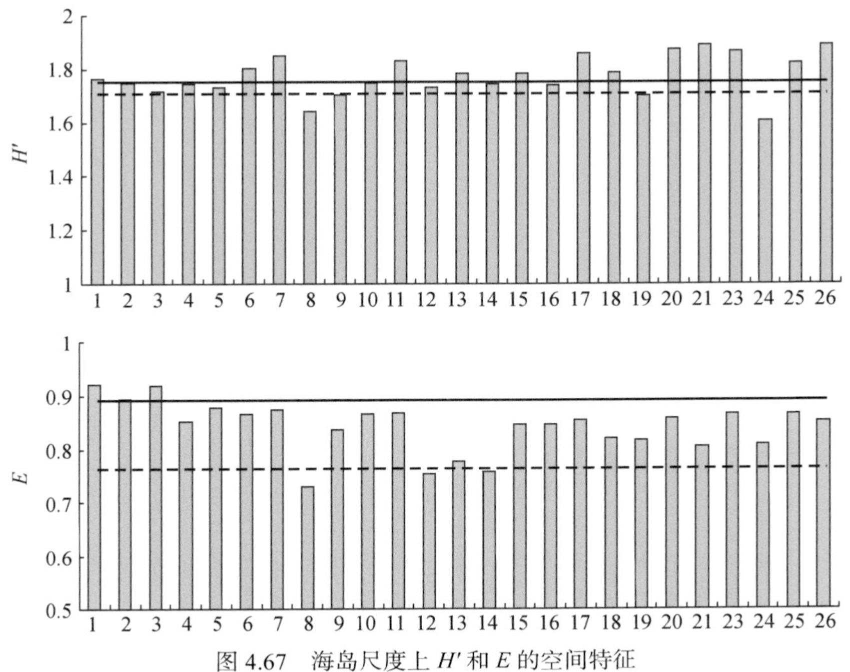

图 4.67　海岛尺度上 H' 和 E 的空间特征

横轴下面的数字代表海岛序号，图中实线和虚线分别指有居民海岛和无居民海岛的平均值，下同

二、植被生产力

（一）评估指标

采用归一化植被指数（normalized difference vegetation index，NDVI，无量纲）和植被净初级生产力 [net primary productivity，NPP，g/（m^2•a）（以碳计）] 来代表植被生产力。前者对不同类型植被无差别对待，通过遥感影像的波段运算直接获取，能够快速、便捷地反应植被的变化特征，已被广泛应用于植被遥感时空监测中（Douaoui et al.，2006；Xu and Zhang，2013）；后者则考虑到不同植被类型光能利用率的差异，可通过现场观测、遥感手段或二者相结合的方法获取（池源等，2015c；Sun et al.，2020）。二者共同使用能够较为全面地反映海岛植被生产力的实际特征。

1. NDVI 计算

NDVI 基于 Landsat 8 卫星的多光谱波段，通过下式得到（Douaoui et al.，2006）：

$$\mathrm{NDVI}=\frac{\mathrm{Re}_5-\mathrm{Re}_4}{\mathrm{Re}_5+\mathrm{Re}_4} \tag{4.4}$$

式中，Re_4 和 Re_5 分别为波段 4 和波段 5 的光谱反射率。

2. NPP 估算

NPP 根据 Carnegie-Ames-Stanford approach（CASA）模型（Potter et al.，1993），兼顾海岛实际特征，采用遥感和气象数据进行估算。具体方法如下（池源等，2015c）：

$$\mathrm{NPP}(x,t)=\mathrm{APAR}(x,t)\times\xi(x,t) \tag{4.5}$$

$$\mathrm{APAR}(x,t)=\mathrm{PAR}(x,t)\times\mathrm{FPAR}(x,t) \tag{4.6}$$

$$\xi(x,t)=f_t(t)\times f_w(t)\times\xi_{\max} \tag{4.7}$$

式中，NPP（x, t）为 x 点 t 月净初级生产力；APAR（x, t）为 x 点 t 月吸收的光合有效辐射 [MJ/（m^2 • month）]；ξ（x, t）为 x 点 t 月的实际光能利用率 [g/MJ（以碳计）]；PAR（x, t）为 x 点 t 月的光合有效辐射 [MJ/（m^2 • month）]；FPAR（x, t）为 x 点 t 月光合有效辐射吸收比例（%）；f_t（t）和 f_w（t）分别为研究区 t 月的气温胁迫因子和水分胁迫因子（%）；$\xi_{\max}$ 为植被最大光能利用率 [g/MJ（以碳计）]。

1）PAR 计算

考虑到研究区海岛高程起伏明显，地形遮蔽对于不同位置能够接收到的太阳辐射量有着直接影响（袁淑杰等，2009），将地形作为 PAR 计算的重要因子，构建公式如下：

$$\mathrm{PAR}(x,t)=\mathrm{SOL}(t)\times 50\%\times[0.4+0.6\times \mathrm{d}(x,t)] \tag{4.8}$$

式中，SOL(t) 为 t 月太阳总辐射量 [MJ/(m^2 • month)]；50% 表示植被能利用的太阳有效辐射占太阳总辐射的比例（朱文泉等，2007）；0.4 和 0.6 分别为区域太阳散射辐射和直接辐射占太阳总辐射的多年平均比例（左大康和弓冉，1962；马金玉等，2011）；d(x, t) 为 x 点 t 月的太阳辐射地形影响因子，由下式计算得出：

$$\mathrm{d}(x,t)=\frac{1}{\cos\left(\dfrac{\pi}{2}-\theta(t)\right)}\times\frac{\mathrm{Hillshade}(x,t)-\mathrm{Hillshade}(\min,t)}{\mathrm{Hillshade}(\max,t)-\mathrm{Hillshade}(\min,t)} \tag{4.9}$$

式中，$\theta(t)$ 为 t 月遥感影像获得当天研究区所在纬度的正午太阳高度角，Hillshade(x, t) 为 x 点 t 月的遮蔽度（无量纲），Hillshade(max, t) 和 Hillshade(min, t) 分别为 t 月遮蔽度的最大值和最小值，可由 ArcGIS 中的 *Hillshade* 工具获得。

2）FPAR 计算

FPAR 与 NDVI 存在明显的线性关系（Ruimy and Saugier，1994），可基于 NDVI 由下式计算得出：

$$\mathrm{FPAR1}(x,t)=[\mathrm{NDVI}(x,t)-\mathrm{NDVI}_{\min}]/(\mathrm{NDVI}_{\max}-\mathrm{NDVI}_{\min})\times(\mathrm{FPAR}_{\max}-\mathrm{FRAR}_{\min})+\mathrm{FPAR}_{\min} \tag{4.10}$$

式中，NDVI(x, t) 为 x 点 t 月的 NDVI 值；为了剔除异常值，削弱极值的影响，$\mathrm{NDVI}_{\max}$ 和 $\mathrm{NDVI}_{\min}$ 分别取全部月份 NDVI 值的第 95 和第 5 百分位数，$\mathrm{FPAR}_{\max}$ 和 $\mathrm{FPAR}_{\min}$ 分别取 0.95 和 0.001（Potter et al.，1993）。

同时，研究发现FPAR与简单比值植被系数（simple ratio vegetation index，SRVI）也具有明显的线性相关（Field et al.，1995），SRVI可由下式计算得出：

$$SRVI(x, t)=\frac{1+NDVI(x, t)}{1-NDVI(x, t)} \tag{4.11}$$

式中，$SRVI(x, t)$ 为 x 点 t 月的SRVI。FPAR可基于SRVI由下式计算得出：

$$FPAR2(x, t)=[SRVI(x, t)-SRVI_{min}]/(SRVI_{max}-SRVI_{min})\times(FPAR_{max}-FRAR_{min})+FPAR_{min} \tag{4.12}$$

式中，$SRVI_{max}$ 和 $SRVI_{min}$ 分别取SRVI值的第95和第5百分位数。

本研究同时结合FPAR1和FPAR2进行计算：

$$FPAR(x, t)=[FPAR1(x, t)+FPAR2(x, t)]/2 \tag{4.13}$$

3）f_t 和 f_w 计算

f_t 由以下方法得出：

$$f_t(t)=f_t1(t)\times f_t2(t) \tag{4.14}$$

$f_t1(t)$ 反映在不同的最适气温情况下植物内在的生化作用对光合作用的限制从而带来的对光能利用率的影响，由下式计算（Field et al.，1995）：

$$f_t1(t)=0.8+0.02\times T_{opt}-0.0005\times(T_{opt})^2 \tag{4.15}$$

式中，T_{opt} 为最适气温，取NDVI平均值最高月份的月平均气温。

$f_t2(t)$ 表示气温与最适气温偏离时光能利用率减小的趋势，由下式计算（Potter et al.，1993；Field et al.，1995）：

$$f_t2(t)=\frac{1.184}{1+\exp[0.2\times(T_{opt}-10-T)]}\times\frac{1}{1+\exp[0.3\times(T-T_{opt}-10)]} \tag{4.16}$$

式中，T 为当月平均气温。当某月平均气温 T 比最适气温 T_{opt} 高10℃或低13℃时，该月的 $f_t2(t)$ 值等于最适气温月份 $f_t2(t)$ 值的一半。

f_w 反映了植物所能利用的有效水分条件对光能利用率的影响，由下式计算（朴世龙等，2001）：

$$f_w(t)=0.5+0.5\times E/E_p \tag{4.17}$$

式中，E 为区域实际蒸散量，E_p 为区域潜在蒸散量。

E 根据周广胜和张新时（1995）建立的区域实际蒸散模型求取：

$$E=\frac{r\times R_n\times(r^2+R_n^2+r\times R_n)}{(r+R_n)\times(r^2+R_n^2)} \tag{4.18}$$

式中，r 为降水量（mm），R_n 为净辐射量 [MJ/（$m^2\cdot d$）]。R_n 参考《喷灌工程设计手册》（朱尧洲，1989），由下式计算：

$$R_n=R_{n1}-R_{n2} \tag{4.19}$$

$$R_{n1}=(1-a)(0.25+0.5n/N)R_a \tag{4.20}$$

$$R_{n2}=\sigma T_k^4\times(0.34-0.044\sqrt{e_d})\times(0.1+0.9n/N) \tag{4.21}$$

式中，a 为反射率，取 23%；n 为日照时数（h），N 为该纬度的可照时数（h），R_a 为天文辐射（MJ/m^2）；σ 为斯蒂芬－玻尔兹曼常数，取 2×10^{-9} mm/(d・K^4)，T_k 为该月平均温度（K）；e_d 为水气压（hPa），可由相对湿度和不同气温下的饱和水气压计算得到。

E_p 由周广胜和张新时（1995）提出的 E_p-R_n 关系式求得：

$$E_p=\left(\sqrt{\frac{R_n}{0.598}+\frac{r\times0.369^2}{4\times0.598^2}}+\frac{\sqrt{r}\times0.369}{2\times0.598}\right)^2 \tag{4.22}$$

4）ξ_{max} 的获取

最大光能利用率（ξ_{max}）的取值对 NPP 结果有着直接的影响，其具体的取值根据不同植被类型而有所差异。在诸多关于 ξ_{max} 的研究中，Running（2000）和朱文泉（2007）的研究成果在国内外 NPP 模拟中得到广泛应用。前者以生态生理过程模型模拟了全球 10 种植被类型的 ξ_{max}，但其对于中国的植被而言偏高（张镱锂等，2013）；后者基于误差最小原则，采用 NPP 实测数据对中国各类植被 ξ_{max} 进行模拟，但由于分辨率过低、混合像元等问题导致在较小空间尺度研究中具有一定的局限性，主要表现为模拟值较实际值偏小（龙慧灵等，2010；穆少杰等，2013）。庙岛群岛总体上属于小空间尺度的研究，结合 Running 和朱文泉的研究，得到研究区各类植被的 ξ_{max} 值（表 4.2）。此外，像元大小为 30m，由于混合像元问题，建设用地和裸地中可能存在着部分绿色植被，因此赋予最小的 ξ_{max}（Potter et al.，1993；Field et al.，1995，1998）。

表 4.2　最大光能利用率（ξ_{max}）取值　　单位：g/MJ（以碳计）

文献	针叶林	阔叶林	草地	农地	建设用地	裸地
Running et al.，2000	1.008	1.044	0.604	0.604	—	—
朱文泉等，2007	0.389	0.692	0.542	0.542	—	—
本研究	0.698	0.868	0.573	0.573	0.389	0.389

（二）空间特征

1. 评价单元尺度

由于 NDVI 和 NPP 均基于遥感数据获取，其计算和估算结果直接为可以覆盖所有评价单元的面状数据。评价单元尺度上 NDVI 和 NPP 的空间特征如图 4.68 和图 4.69 所示。

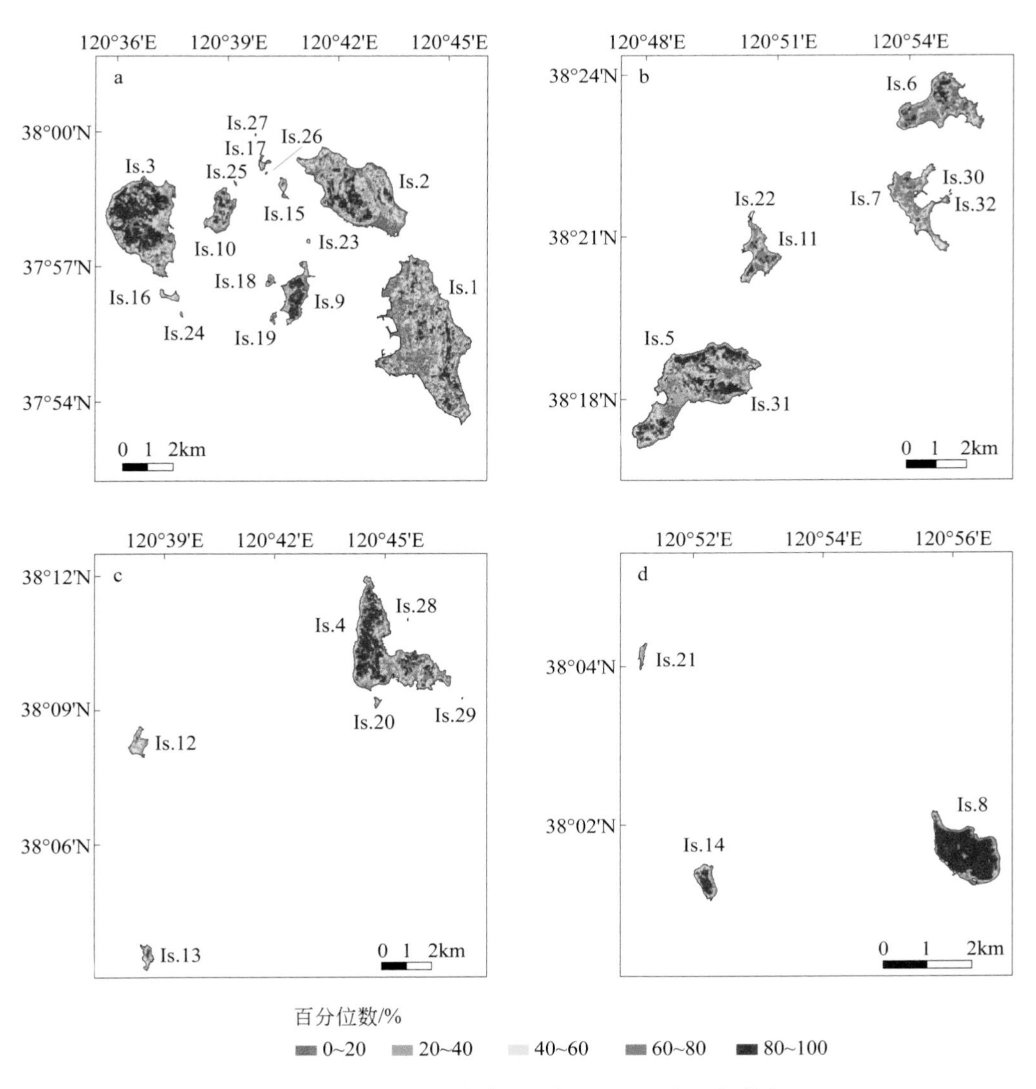

图 4.68　评价单元尺度上 NDVI 的空间特征

2. 海岛尺度

海岛尺度上 NDVI 和 NPP 的空间特征如图 4.70 所示。就 NDVI 而言，有居民海岛 NDVI 均值略低于无居民海岛。大竹山岛（Is.8）、大黑山岛（Is.3）和庙岛（Is.9）是 NDVI 均值最高的 3 个海岛，特别是大竹山岛（Is.8）的 NDVI 值明显高于其他海岛；蝎岛（Is.26）、犁犋把岛（Is.25）和砣子岛（Is.20）是 NDVI 均值最低的 3 个海岛。就 NPP 而言，与 NDVI 相反，有居民海岛 NPP 均值略高于无居民海岛，这说明考虑了植被光能利用率差异的 NPP 与 NDVI 表现出不同的特征。砣矶岛（Is.4）、牛砣子岛（Is.19）和大竹山岛（Is.8）是 NPP 均值最高的 3 个海岛，蝎岛（Is.26）、鱼鳞岛（Is.24）和砣子岛（Is.20）是 NPP 均值最低的 3 个海岛。

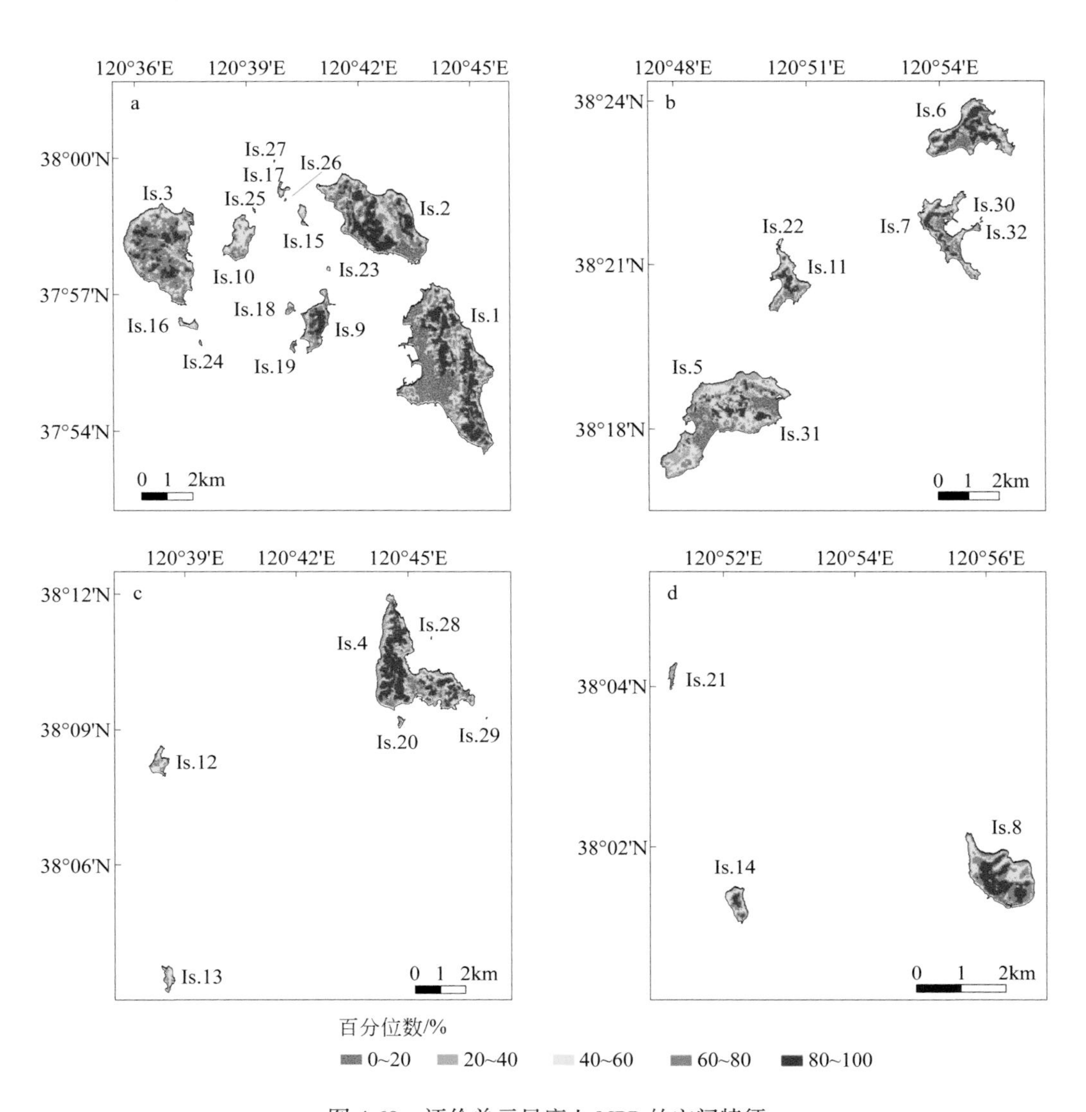

图 4.69 评价单元尺度上 NPP 的空间特征

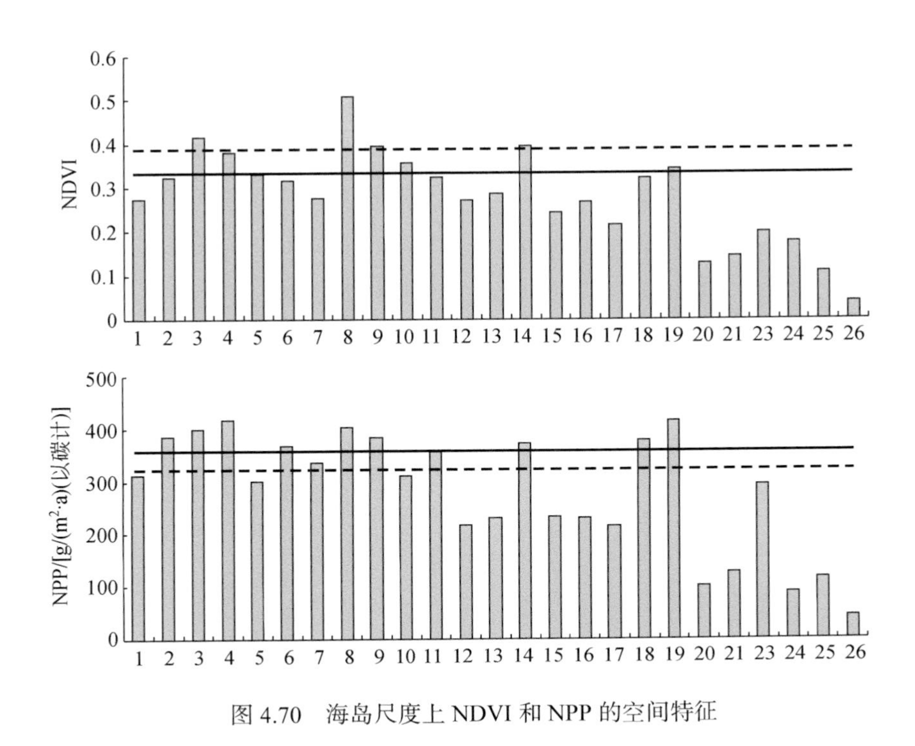

图 4.70　海岛尺度上 NDVI 和 NPP 的空间特征

第三节　海岛土壤

海岛土壤是海岛生态系统的基底，不仅为植被生长提供水分和养分，还是土壤动物和微生物生存和生长的场所（Chi et al.，2018a，2020c）。土壤的形成是海岛由一片裸岩开始形成一个生态系统的标志，也是海岛有机体形成和发展的开端（Chi et al.，2020e）。此外，土壤位于地表各圈层的交汇处，涉及各项元素复杂的生物地球化学循环过程（Minasny et al.，2015；Ma et al.，2017）。海岛土壤由土壤含碳量和土壤养分两方面来反映。土壤碳库是陆地生态系统最大的碳库，对于全球气候变化和碳循环过程具有十分重要的意义（Lal，2002）；土壤含碳量即代表海岛土壤碳库，一方面反映了土壤碳库状况，另一方面也影响着海岛一系列的生态过程（Chi et al.，2020e）。土壤养分即土壤氮、磷、钾含量，是指植被生长所需的各类必要元素（Chi et al.，2020e）。

一、土壤含碳量

（一）评估指标

土壤含碳量选择总有机碳（total organic carbon，TOC，g/kg）来代表，通过现场调查和采样获取土壤样品，在实验室内进行测试。采用重铬酸钾氧化法对 TOC 进行测定。

（二）空间特征

1. 点位尺度

点位尺度上 TOC的空间特征如图 4.71 所示。

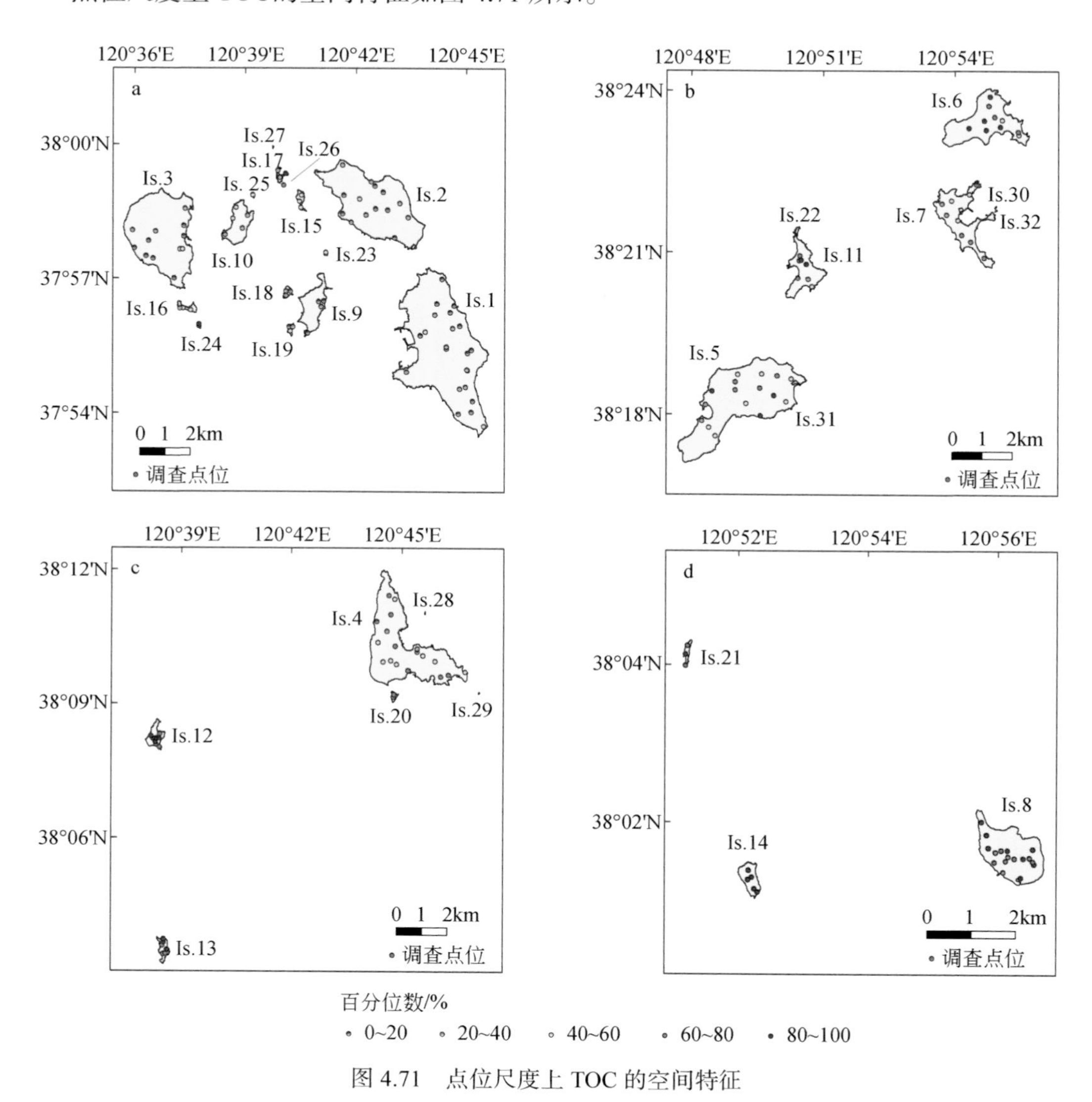

图 4.71　点位尺度上 TOC 的空间特征

2. 评价单元尺度

评价单元尺度上 TOC 的空间特征如图 4.72 所示。TOC 采用的是 CK 结果。

3. 海岛尺度

海岛尺度上 TOC 的空间特征如图 4.73 所示。有居民海岛 TOC 均值远低于无居民海岛。小竹山岛（Is.14）、猴矶岛（Is.13）和北隍城岛（Is.6）是 TOC 均值最高的 3 个海岛，南长山岛（Is.1）、烧饼岛（Is.23）和北长山岛（Is.2）是 TOC 均值最低的 3 个海岛。

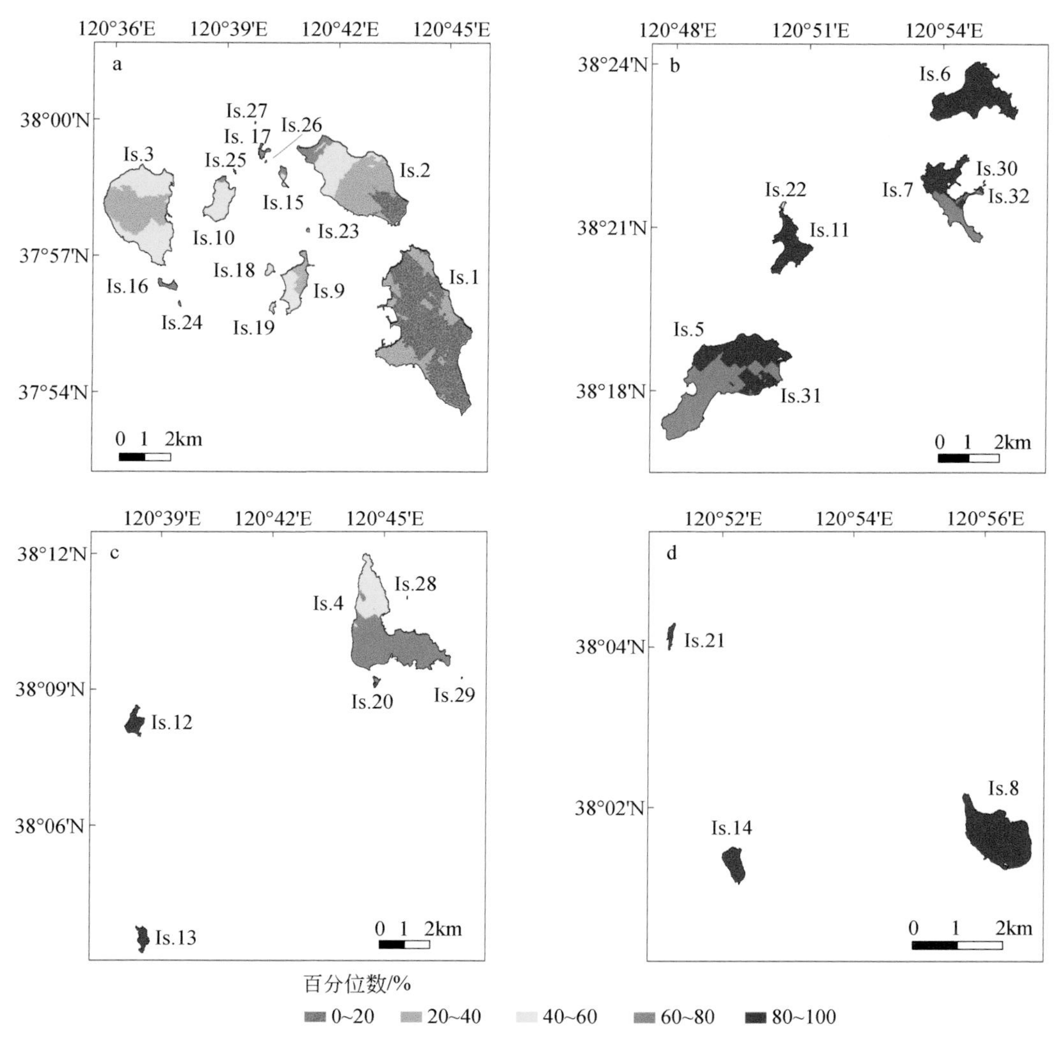

图 4.72　评价单元尺度上 TOC 的空间特征

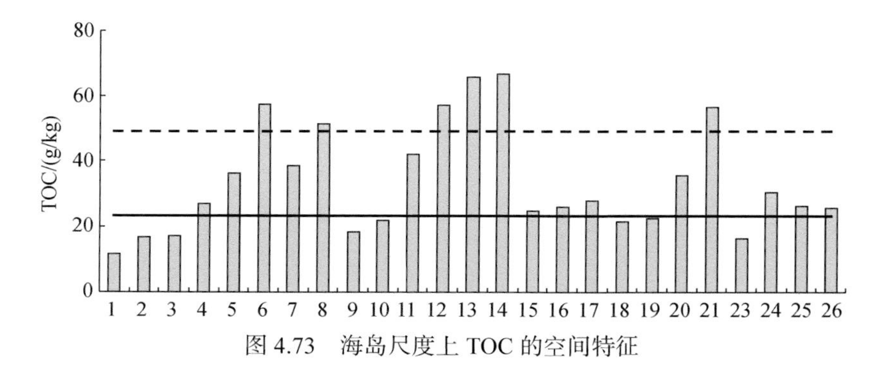

图 4.73　海岛尺度上 TOC 的空间特征

二、土壤养分

（一）评估指标

土壤养分选择总氮（total nitrogen，TN，g/kg）、有效磷（available phosphorus，AP，mg/kg）和速效钾（available potassium，AK，mg/kg）三个指标。TN 采用元素分析仪进行测定，AP 采用碳酸氢钠浸提—钼锑抗分光光度法进行测定，AK 采用乙酸铵浸提—火焰光度法进行测定。

（二）空间特征

1. 点位尺度

点位尺度上 TN、AP 和 AK 的空间特征分别如图 4.74、图 4.75 和图 4.76 所示。

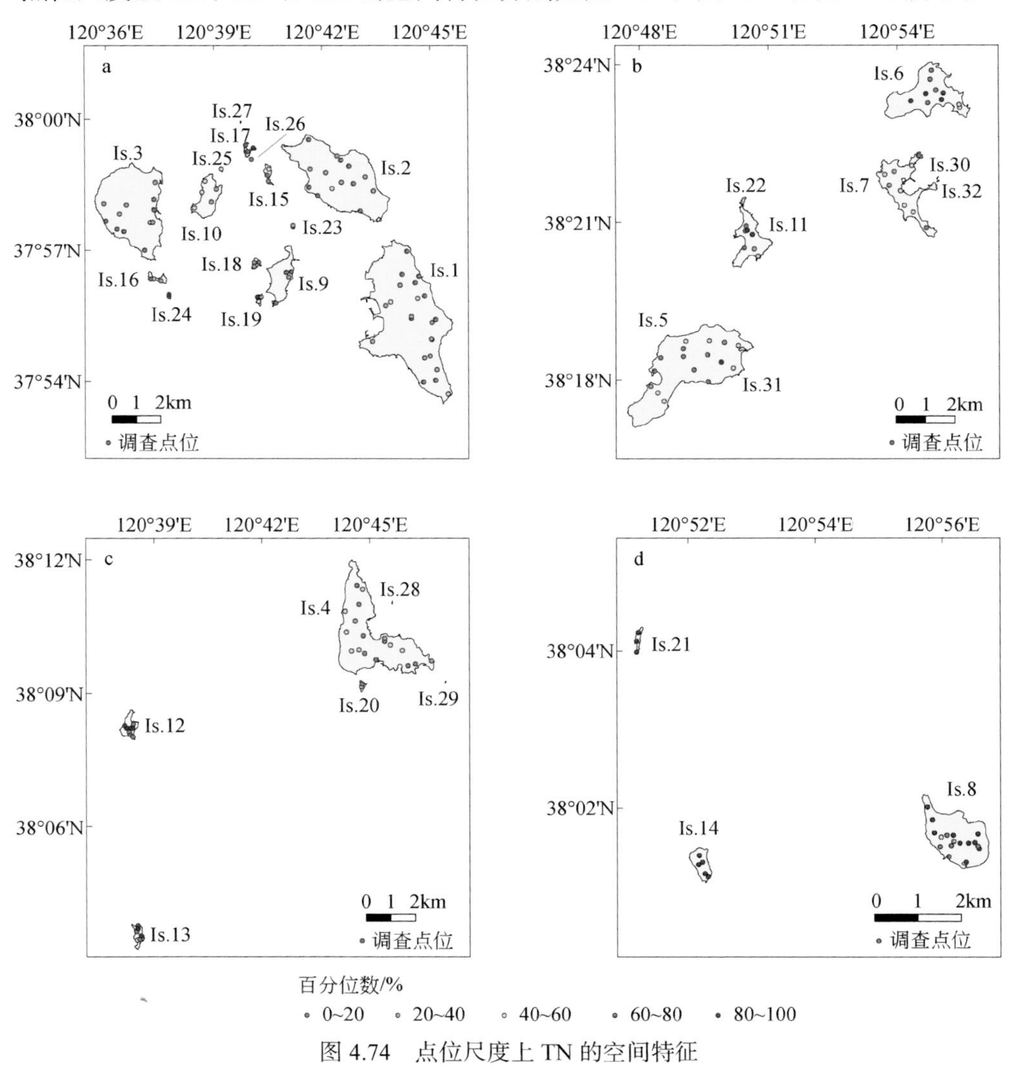

图 4.74 点位尺度上 TN 的空间特征

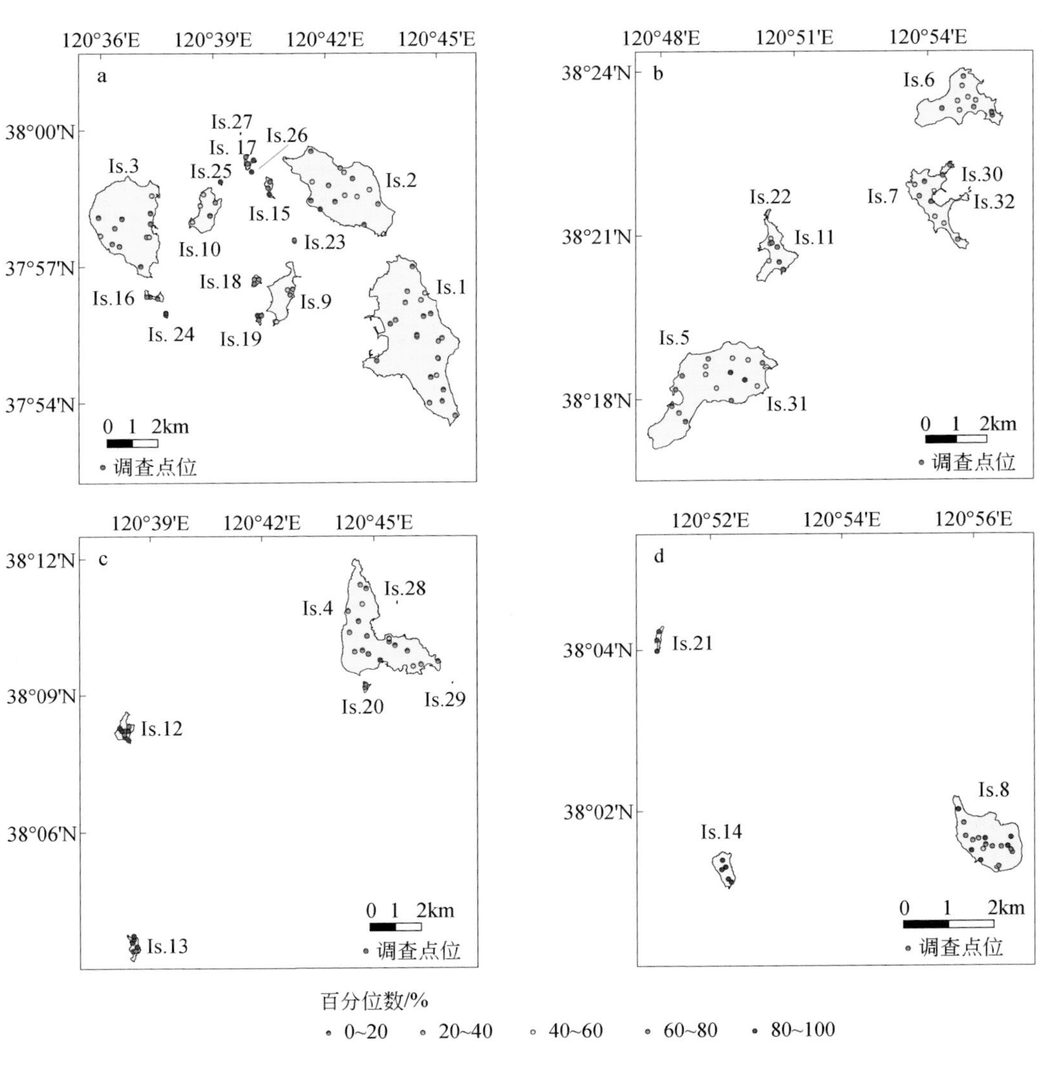

图 4.75　点位尺度上 AP 的空间特征

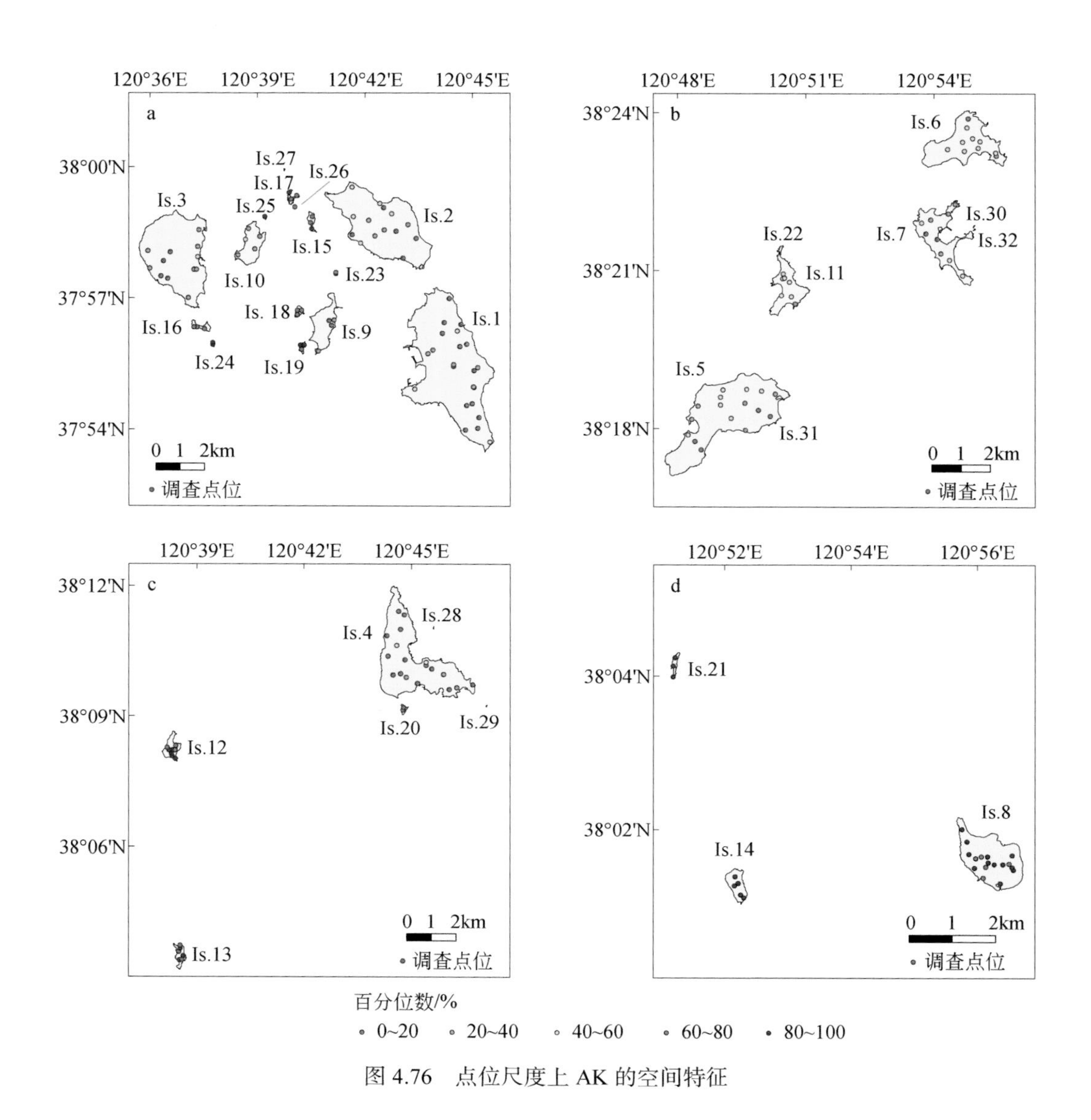

图 4.76　点位尺度上 AK 的空间特征

2. 评价单元尺度

评价单元尺度上 TN、AP 和 AK 的空间特征分别如图 4.77、图 4.78 和图 4.79 所示。三个指标均采用 CK 结果。

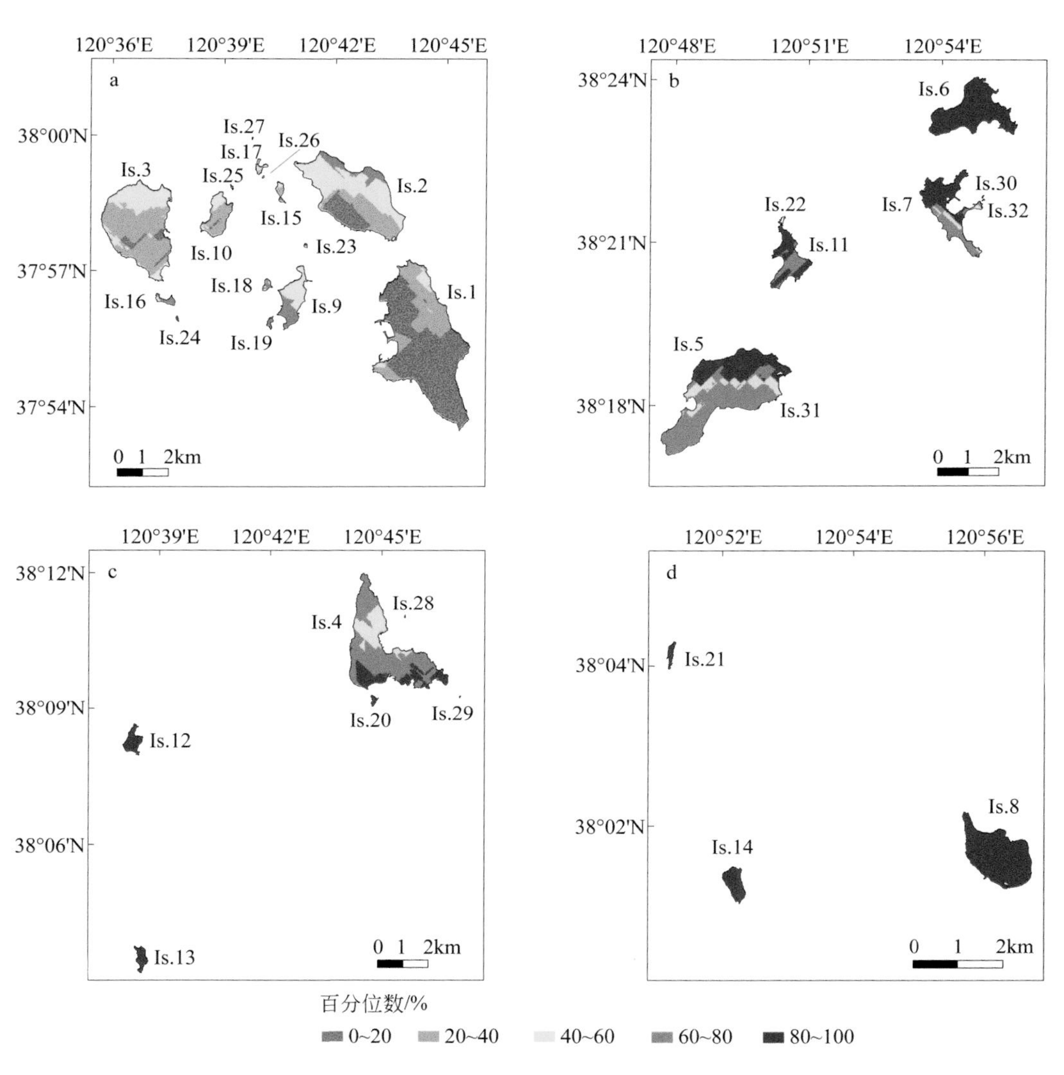

图 4.77 评价单元尺度上 TN 的空间特征

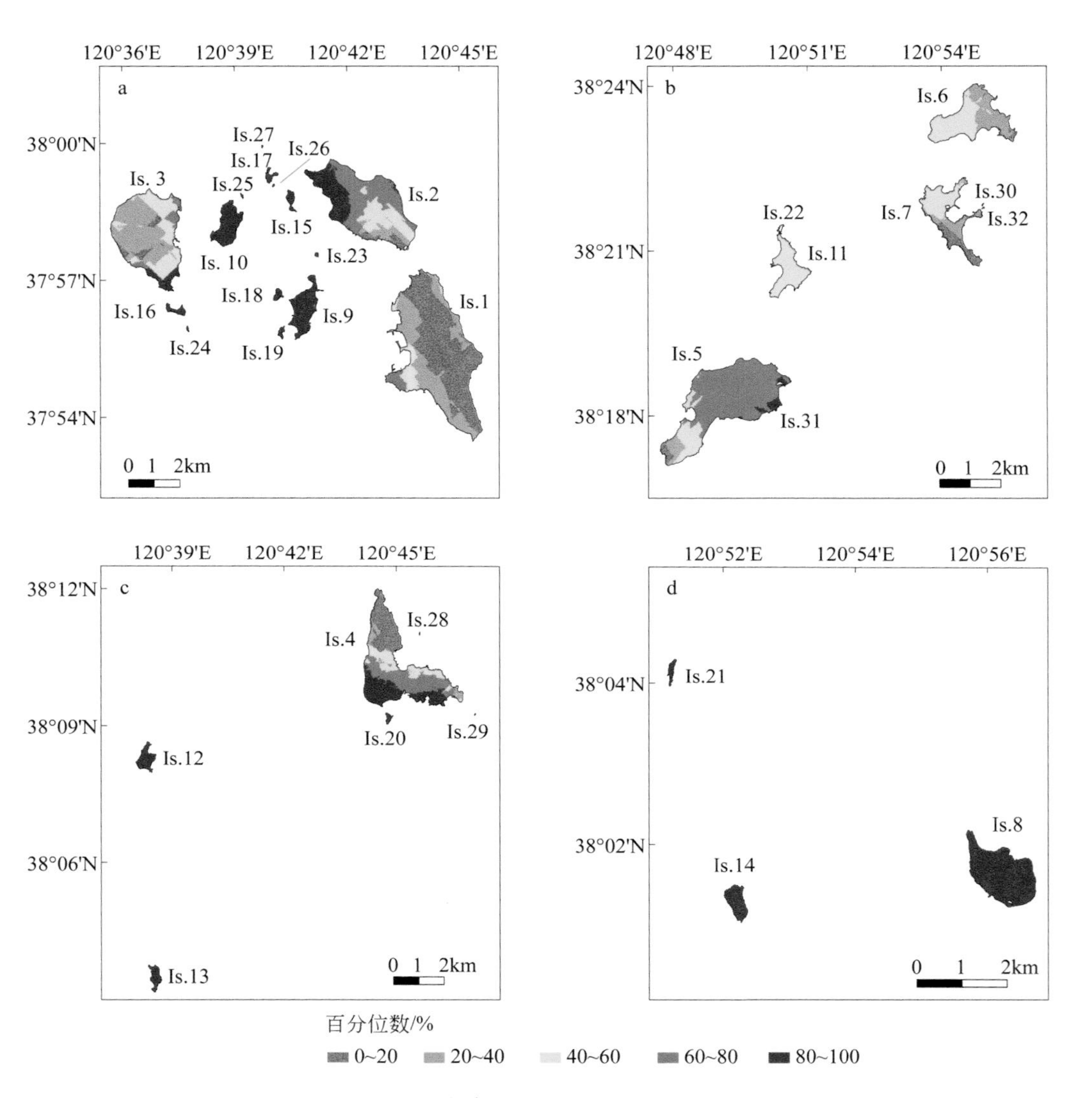

图 4.78　评价单元尺度上 AP 的空间特征

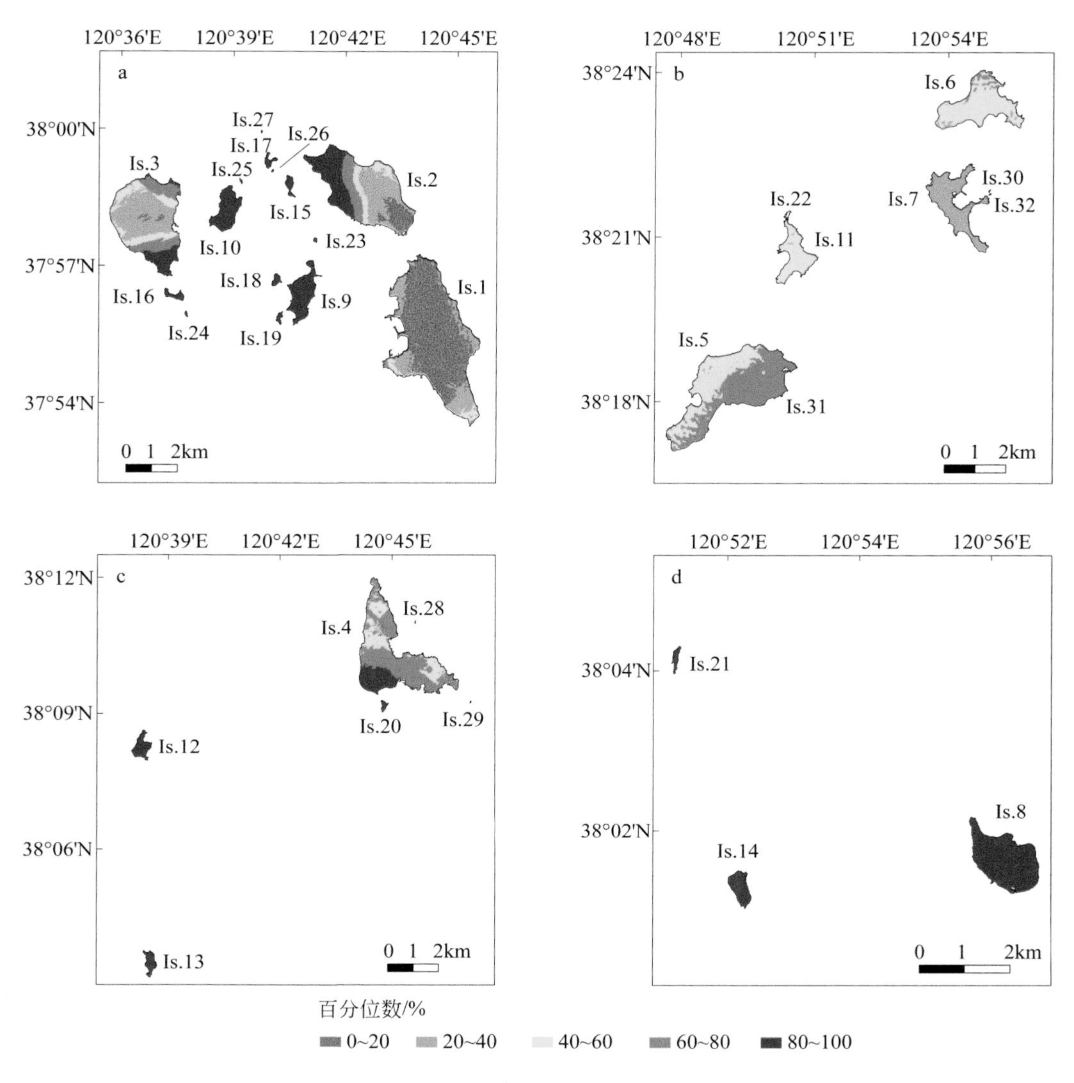

图 4.79　评价单元尺度上 AK 的空间特征

3. 海岛尺度

海岛尺度上 TN、AP 和 AK 的空间特征如图 4.80 所示。三个指标的平均值均为无居民海岛明显大于有居民海岛。对 TN 而言，小竹山岛（Is.14）、车由岛（Is.21）和北隍城岛（Is.6）是均值最高的 3 个海岛，烧饼岛（Is.23）、南长山岛（Is.1）和小黑山岛（Is.10）是均值最低的 3 个海岛；对 AP 而言，小竹山岛（Is.14）、车由岛（Is.21）和高山岛（Is.12）是均值最高的 3 个海岛，南长山岛（Is.1）、南隍城岛（Is.7）和北隍城岛（Is.6）是均值最低的 3 个海岛；对 AK 而言，车由岛（Is.21）、小竹山岛（Is.14）和大竹山岛（Is.8）是均值最高的 3 个海岛，南长山岛（Is.1）、南隍城岛（Is.7）和小钦岛（Is.11）是均值最低的 3 个海岛。

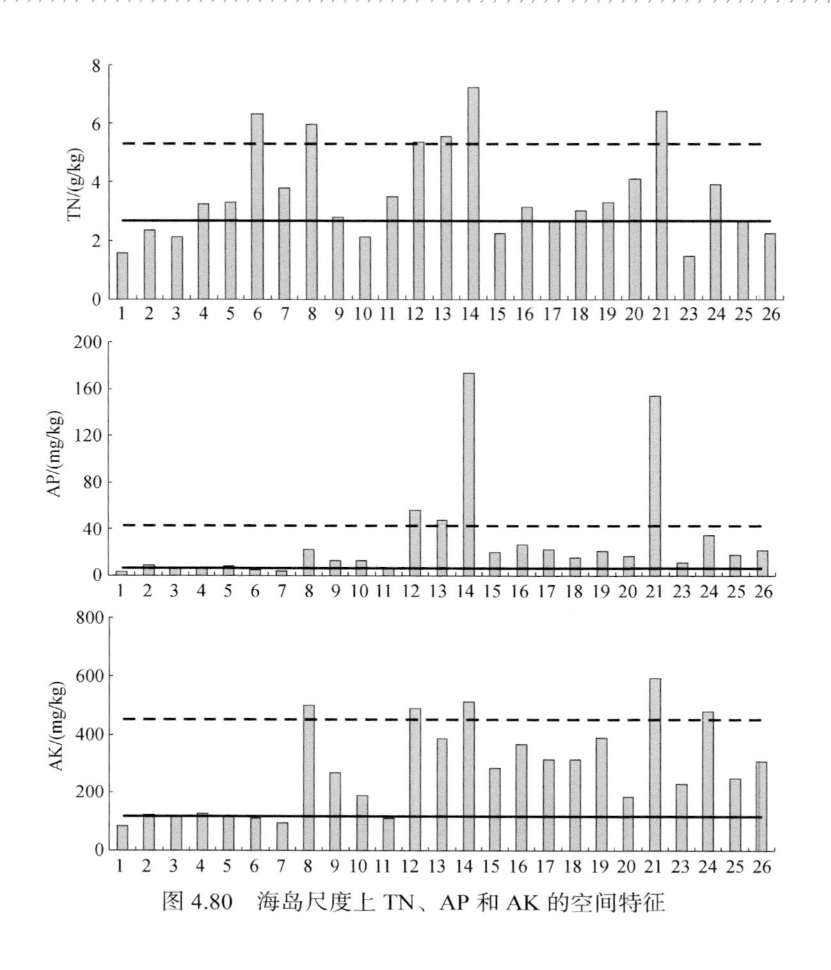

图 4.80 海岛尺度上 TN、AP 和 AK 的空间特征

第四节 海岛景观

海岛景观是自然和人文因子综合作用于海岛地理空间上的表现结果，从宏观的角度反映海岛地表的总体特征，并与海岛生态系统的结构、功能和过程密切相关（池源等，2017c；Chi et al.，2018a）。海岛景观不仅对物种生存的生境适宜性和物种迁移的生态连通性产生重要影响，还反映了海岛的诸多旅游资源（Thies and Tscharntke，1999；Zheng et al.，2018；Chi et al.，2019a）。海岛景观由景观组成和景观布局两方面进行测度，前者指的是评价单元内不同景观类型的结构及其对自然生态系统的影响，后者指的是各类景观斑块在空间上的分布、配置和相互位置关系（Lam et al.，2018；Chi et al.，2019a）。

一、景观组成

（一）评估指标

景观组成由重要景观覆盖率（important landscape coverage，ILC，%）进行测度，计

算公式如下：

$$ILC=\frac{\sum(VILA_i+ILA_j\times 0.5)}{TA}\times 100\% \quad (4.23)$$

式中，$VILA_i$ 是指非常重要景观 i 的面积，ILA_j 是指重要景观 j 的面积，TA 是指评价单元的总面积。根据研究区实际特征，林地被选作为非常重要景观，裸地和草地被选作为重要景观（Chi et al.，2020c，2021）。

（二）空间特征

1. 评价单元尺度

由于景观各指标均基于遥感数据获取，其结果直接为可以覆盖所有评价单元的面状数据。评价单元尺度上 ILC 的空间特征如图 4.81 所示。

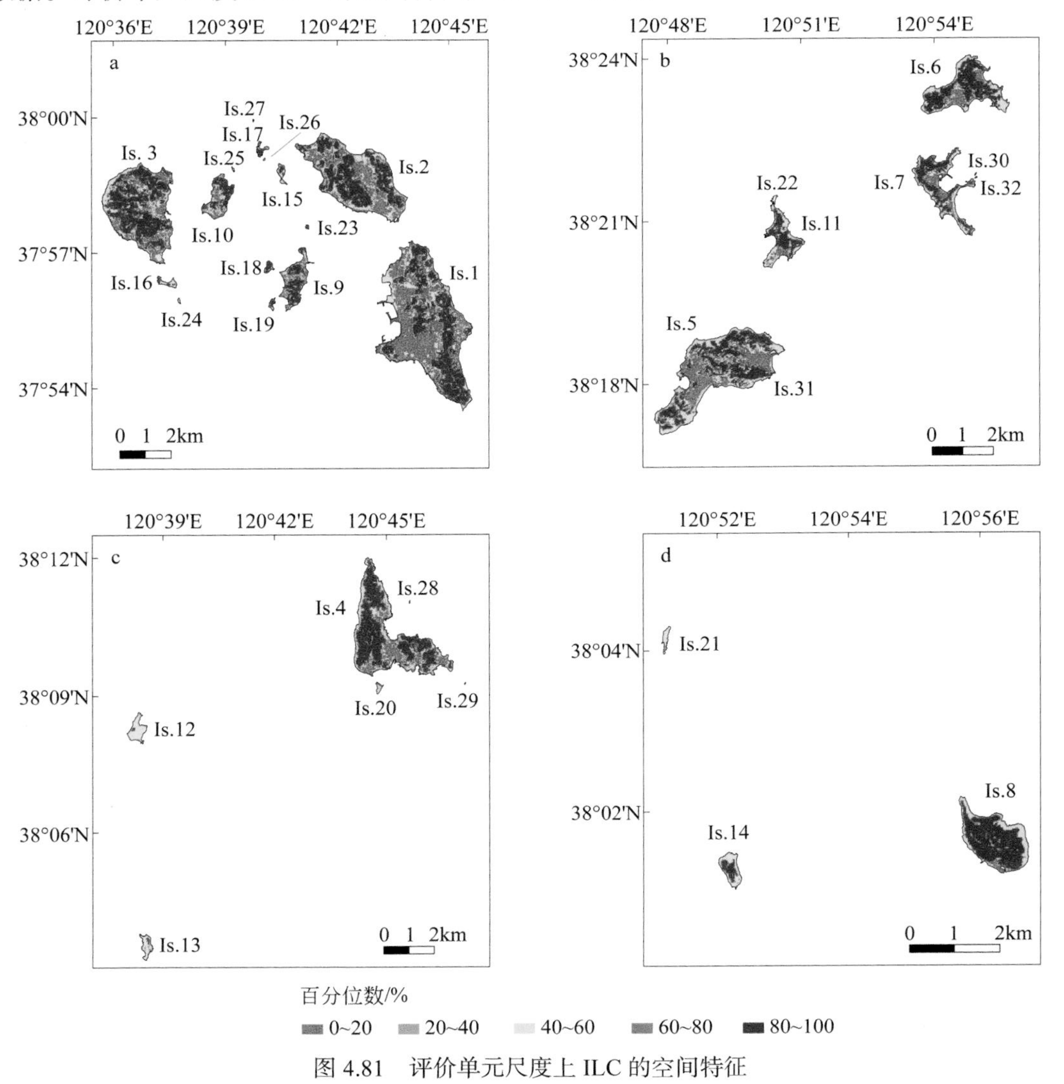

图 4.81　评价单元尺度上 ILC 的空间特征

2. 海岛尺度

海岛尺度上 ILC 的空间特征如图 4.82 所示。有居民海岛 ILC 均值低于无居民海岛。大竹山岛（Is.8）、牛砣子岛（Is.19）和羊砣子岛（Is.18）是 ILC 均值最高的 3 个海岛，均为无居民海岛；砣子岛（Is.20）、车由岛（Is.21）和南长山岛（Is.1）是 ILC 均值最低的 3 个海岛，同时包含了有居民海岛和无居民海岛。

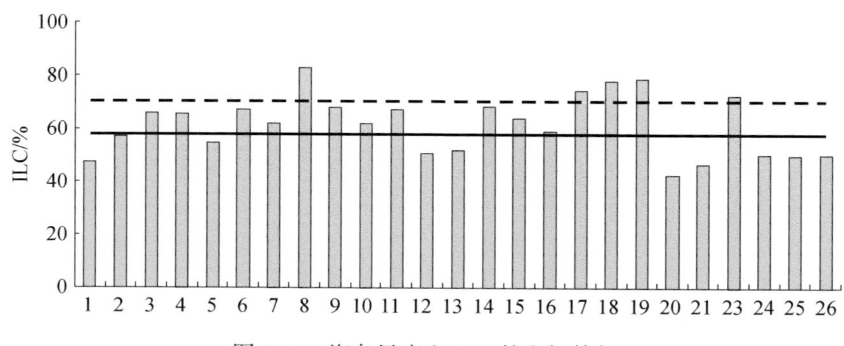

图 4.82 海岛尺度上 ILC 的空间特征

二、景观布局

（一）评估指标

景观布局由常用的景观指数进行测度。由于景观指数数量较多，且相互之间具有一定的相关性，这里挑选具有代表性的景观格局指数：斑块数量（number of patches，NP，个）反映景观格局破碎化程度，总边缘长度（total edges，TE，m）反映景观格局边缘效应，景观隔离度指数（landscape isolation index，LII，无量纲）反映景观斑块隔离度（池源等，2017c；Chi et al.，2019a）。NP 和 TE 分别由评价单元内各类景观斑块的总数量和总边长来代表，LII 计算公式如下：

$$\mathrm{ILC}=\sum\left(0.5\times\sqrt{\frac{\mathrm{LN}_i}{\mathrm{TA}}}\times\frac{\mathrm{TA}}{\mathrm{LA}_i}\right) \tag{4.24}$$

式中，LA_i 和 LN_i 分别指评价单元内景观类型 i 的面积和数量。

（二）空间特征

1. 评价单元尺度

评价单元尺度上 NP、TE 和 LII 的空间特征分别如图 4.83、图 4.84 和图 4.85 所示。

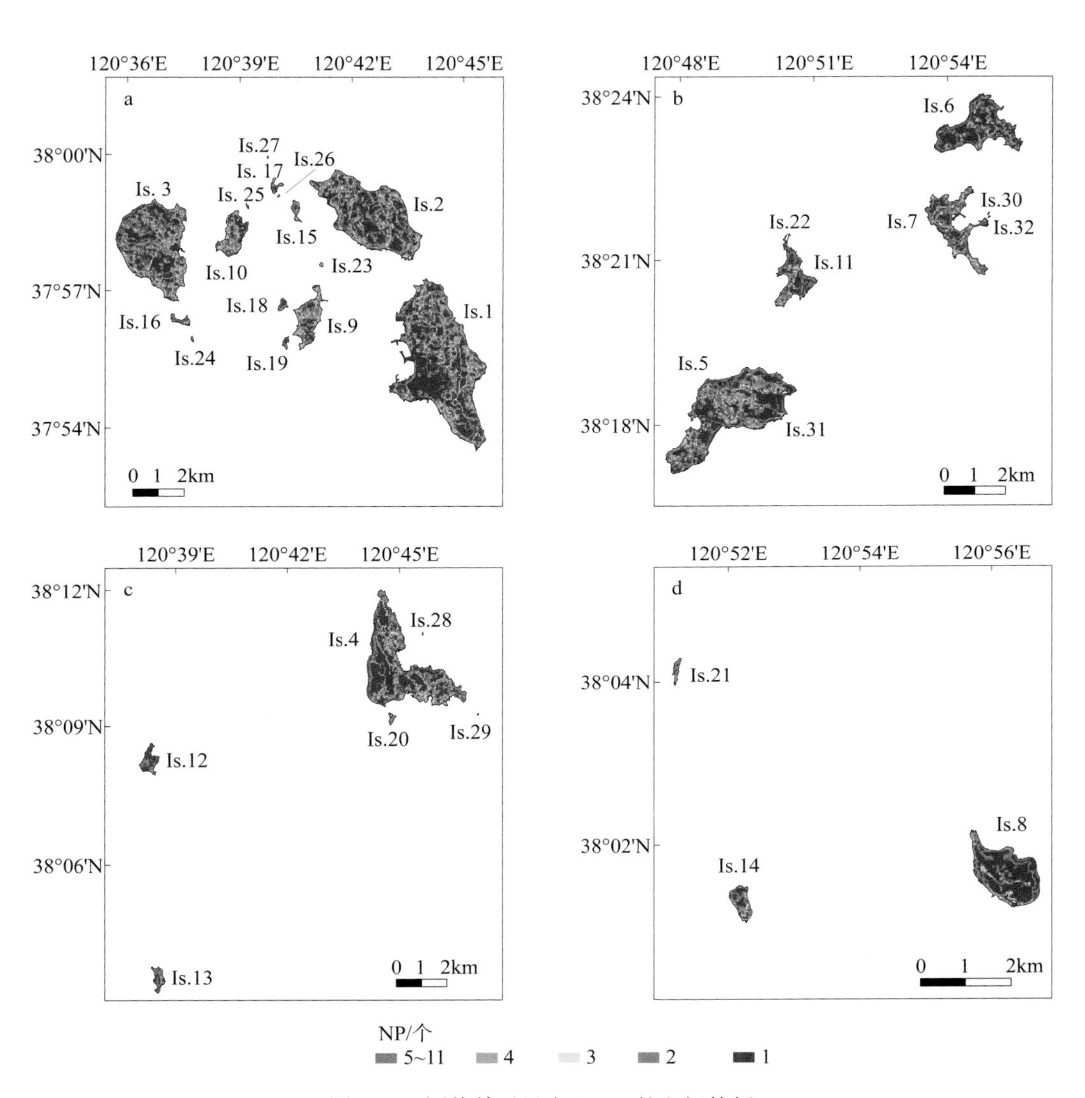

图 4.83　评价单元尺度上 NP 的空间特征

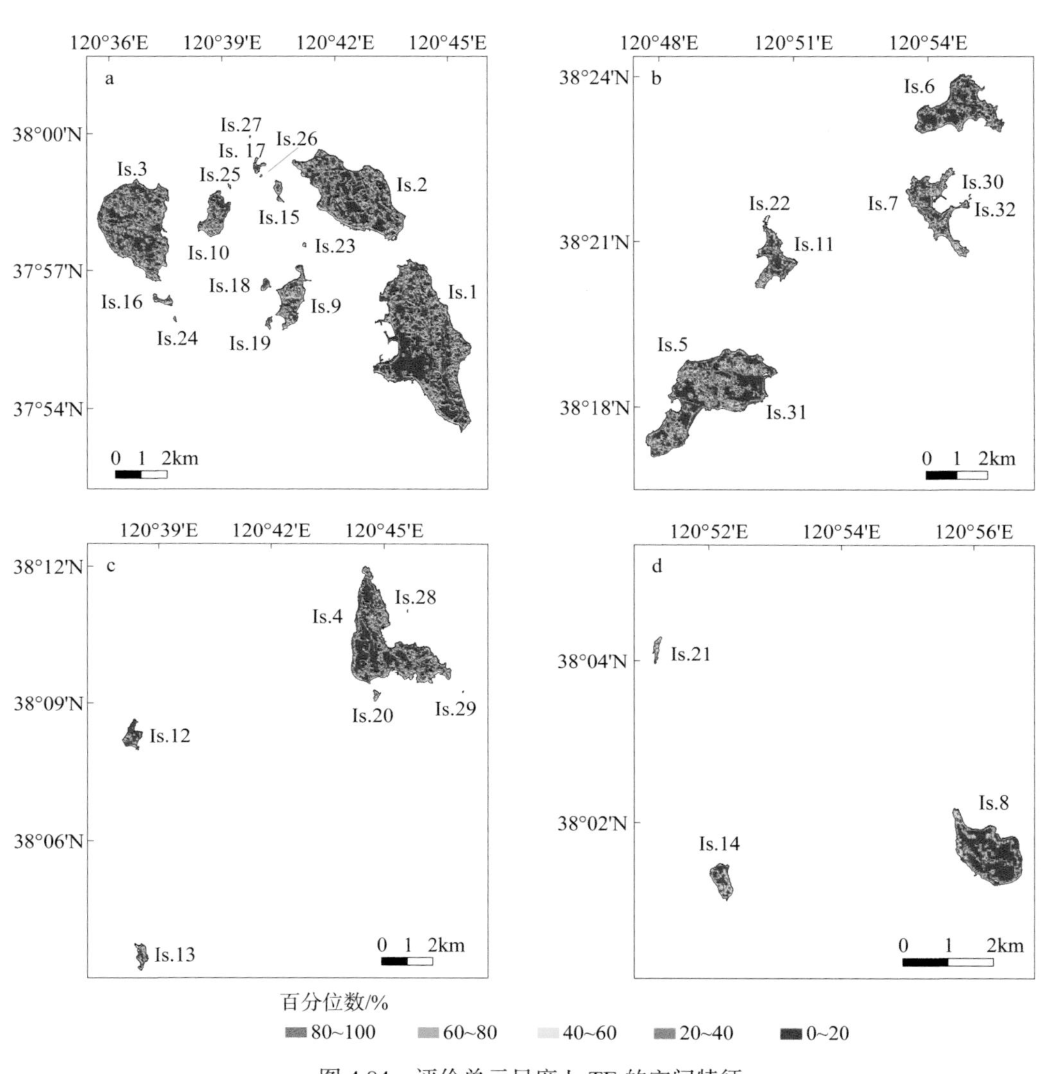

图 4.84 评价单元尺度上 TE 的空间特征

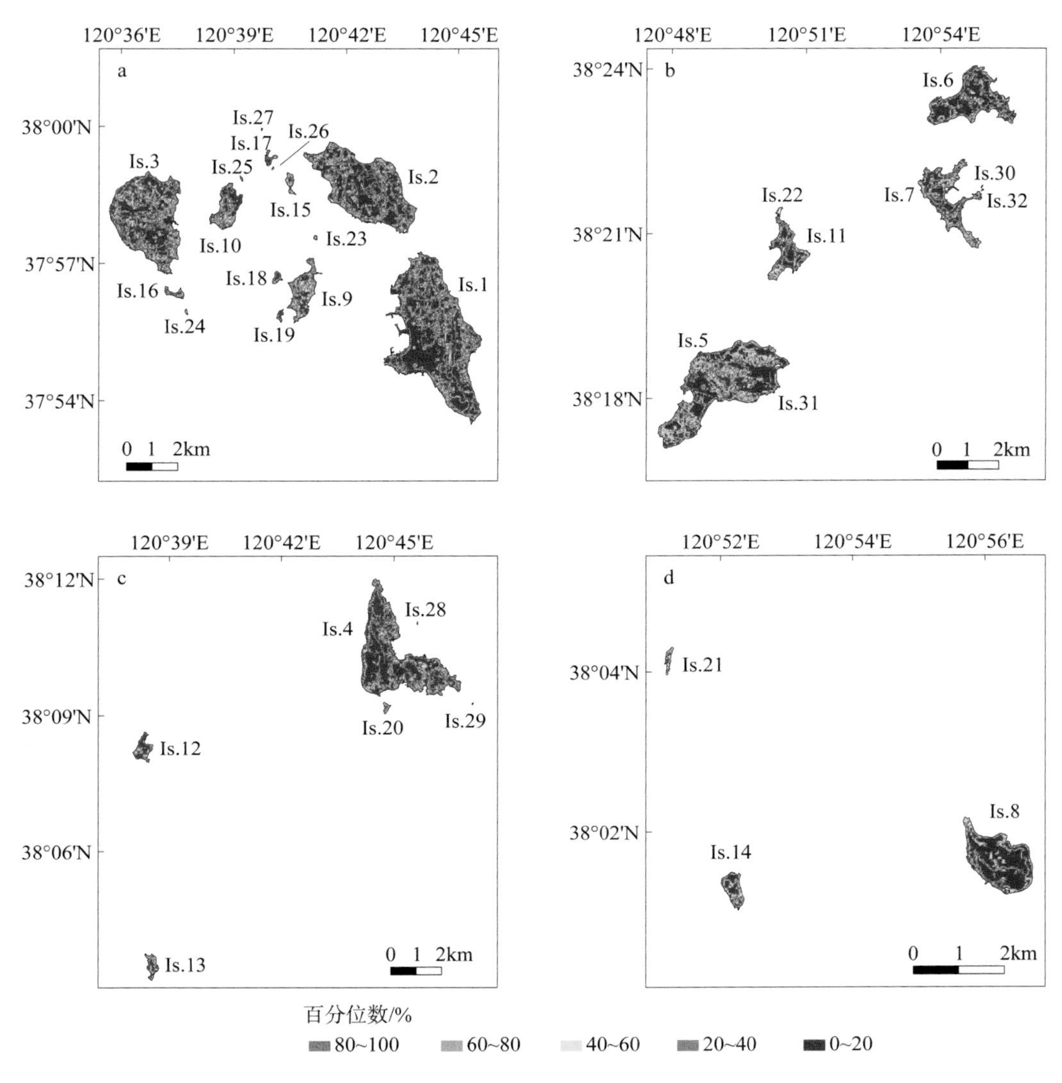

图 4.85　评价单元尺度上 LII 的空间特征

2.海岛尺度

海岛尺度上 NP、TE 和 LII 的空间特征如图 4.86 所示。三个指标的均值均为有居民海岛大于无居民海岛。就 NP 而言，烧饼岛（Is.23）、庙岛（Is.9）和犁犋把岛（Is.25）是均值最高的 3 个海岛，高山岛（Is.12）、大竹山岛（Is.8）和北隍城岛（Is.6）是均值最低的 3 个海岛；就 TE 而言，烧饼岛（Is.23）、庙岛（Is.9）和小黑山岛（Is.10）是均值最高的 3 个海岛，高山岛（Is.12）、大竹山岛（Is.8）和蝎岛（Is.26）是均值最低的 3 个海岛；就 LII 而言，犁犋把岛（Is.25）、牛砣子岛（Is.19）和挡浪岛（Is.17）是均值最高的 3 个海岛，高山岛（Is.12）、鱼鳞岛（Is.24）和蝎岛（Is.26）是均值最低的 3 个海岛。

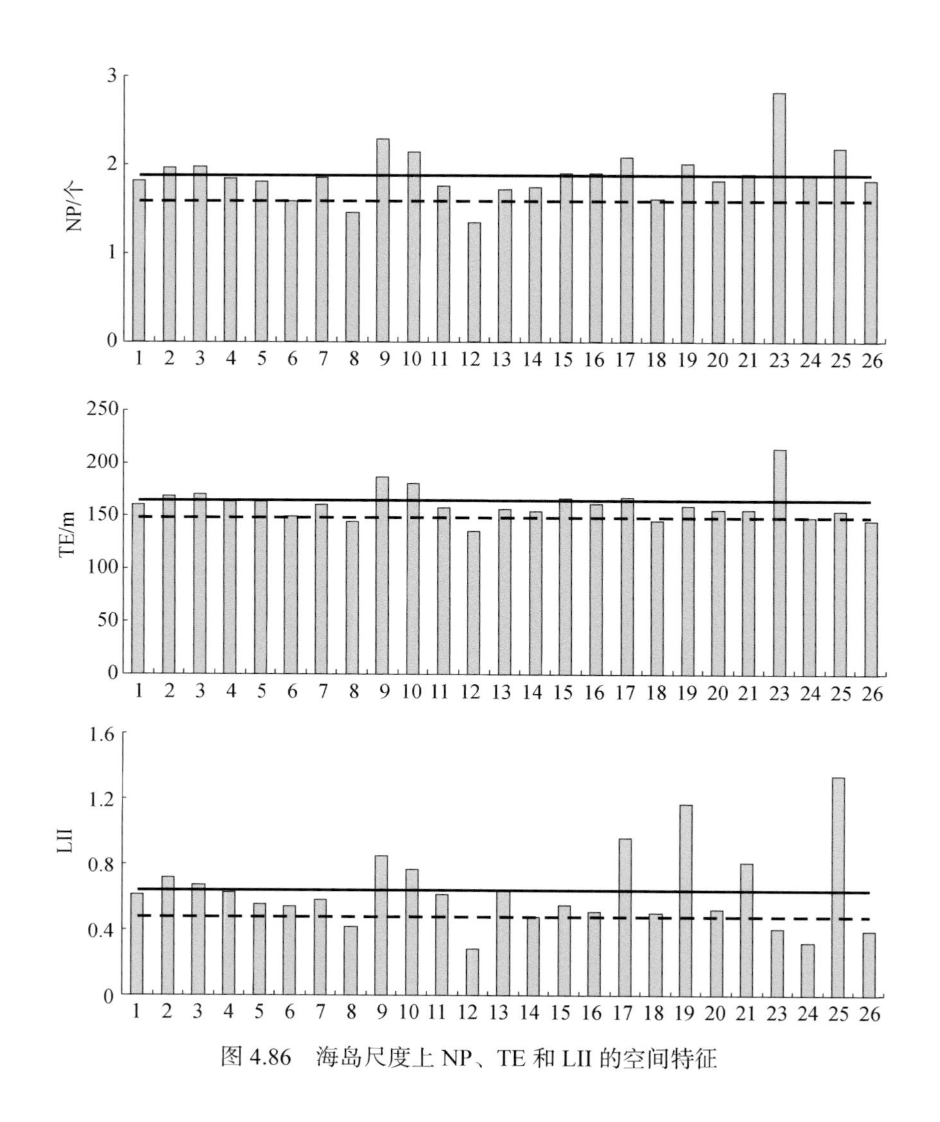

图 4.86 海岛尺度上 NP、TE 和 LII 的空间特征

第五节 海岛生态系统健康的空间异质性

基于海岛三个关键生态要素（植被、土壤和景观）及其空间特征，得到具有全面性和空间异质性的海岛生态系统健康综合评估结果。全面性表现在能够反映海岛生态系统各组分的实际特征和综合状况，空间异质性表现在评价结果可以在不同尺度上表现出空间分异，能够为海岛空间分区提供基础数据。同时，搭建的关键要素（植被、土壤和景观）和综合评估的技术框架具有明显的可推广性，所选取指标均可通过常规调查监测手段以及可重复的方法进行获取，能够广泛应用于不同区域海岛生态系统健康评估中。

一、海岛生态系统健康指数

（一）计算方法

1. 指标归一化和要素评估

根据上文，本研究在三个海岛关键生态要素中共挑选 12 个具代表性的评估指标（表 4.3）。

表 4.3　三个生态要素和 12 个评估指标一览表

要素	指标
植被	H'、E、NDVI、NPP
土壤	TOC、TN、AP、AK
景观	ILC、NP、TE、LII

注：H'. Shannon-Wiener index，Shannon-Wiener 指数（无量纲）；E. Pielou index，Pielou 指数（无量纲）；NDVI. normalized difference vegetation index，归一化植被指数（无量纲）；NPP. net primary productivity，净初级生产力（g C m^{-2} a^{-1}）；TOC. total organic carbon，总有机碳（g/kg）；TN. total nitrogen，总氮（g/kg）；AP. available phosphorus，有效磷（mg/kg）；AK. available potassium，速效钾（mg/kg）；ILC. important landscape coverage，重要景观覆盖率（%）；NP. number of patches，斑块数量（个）；TE. total edges，总边缘长度（m）；LII. landscape isolation index，景观隔离度指数（无量纲）；下同。

由于各因子量纲不同，无法在统一的标准下进行对比分析，因此需要将各指标进行归一化处理。首先，根据指标性质，12 个指标可分为正向指标和负向指标，其中 NP、TE 和 LII 为负向指标，其指标值越大，生态系统健康状况越差，其他 9 个指标为正向指标，其指标值越大，生态系统健康状况越好；进而，为了消除极值的影响，将某一指标的所有评价单元指标值的第 95 和第 5 百分位数作为该指标归一化的上限和下限；最后，采用下式对各指标进行归一化：

$$\mathrm{Re}_{\mathrm{fa}}=\begin{pmatrix} (V_x-V_{\min})/(V_{\max}-V_{\min}) & \text{正向指标} \\ (V_{\max}-V_x)/(V_{\max}-V_{\min}) & \text{负向指标} \end{pmatrix} \tag{4.25}$$

式中，$\mathrm{Re}_{\mathrm{fa}}$ 为某一指标的归一化值。若 $\mathrm{Re}_{\mathrm{fa}} > 1$，则 $\mathrm{Re}_{\mathrm{fa}} = 1$；若 $\mathrm{Re}_{\mathrm{fa}} < 1$，则 $\mathrm{Re}_{\mathrm{fa}} = 0$。$V_x$ 是该指标在评价单元 x 的指标值；$V_{\max}$ 和 $V_{\min}$ 分别为该指标的上限和下限。

基于各指标的归一化结果，采用下式计算三个关键要素的评估结果：

$$Cx=\frac{1}{n}\sum \mathrm{Re}_{\mathrm{fa}} \tag{4.26}$$

式中，Cx 为某一要素的评估结果，C1、C2 和 C3 分别指植被、土壤和景观的评估结果；$\mathrm{Re}_{\mathrm{fa}}$ 为该要素包含指标的归一化结果。

2. 海岛生态系统健康指数

构建涵盖各要素和指标的海岛生态系统健康指数（island ecosystem health index，IEHI）以全面反映海岛生态系统健康状况，计算公式如下：

$$\mathrm{IEHI}=\sum C_i \times w_i \tag{4.27}$$

式中，C_i 为要素 i 的评估结果；w_i 为要素 i 的权重，为了体现三个关键要素的同等重要性，本研究采取等权重方法。

采用上述方法计算各要素和 IEHI 在各评价单元的结果，得到评价单元尺度上各要素和 IEHI 的空间特征，基于评价单元结果得到海岛尺度上各要素和 IEHI 的空间特征。

（二）空间特征

1. 评价单元尺度

评价单元尺度上植被（C1）、土壤（C2）和景观（C3）三个关键生态要素的空间特征分别如图 4.87、图 4.88 和图 4.89 所示。三个要素在研究区均表现出显著的空间异质性。

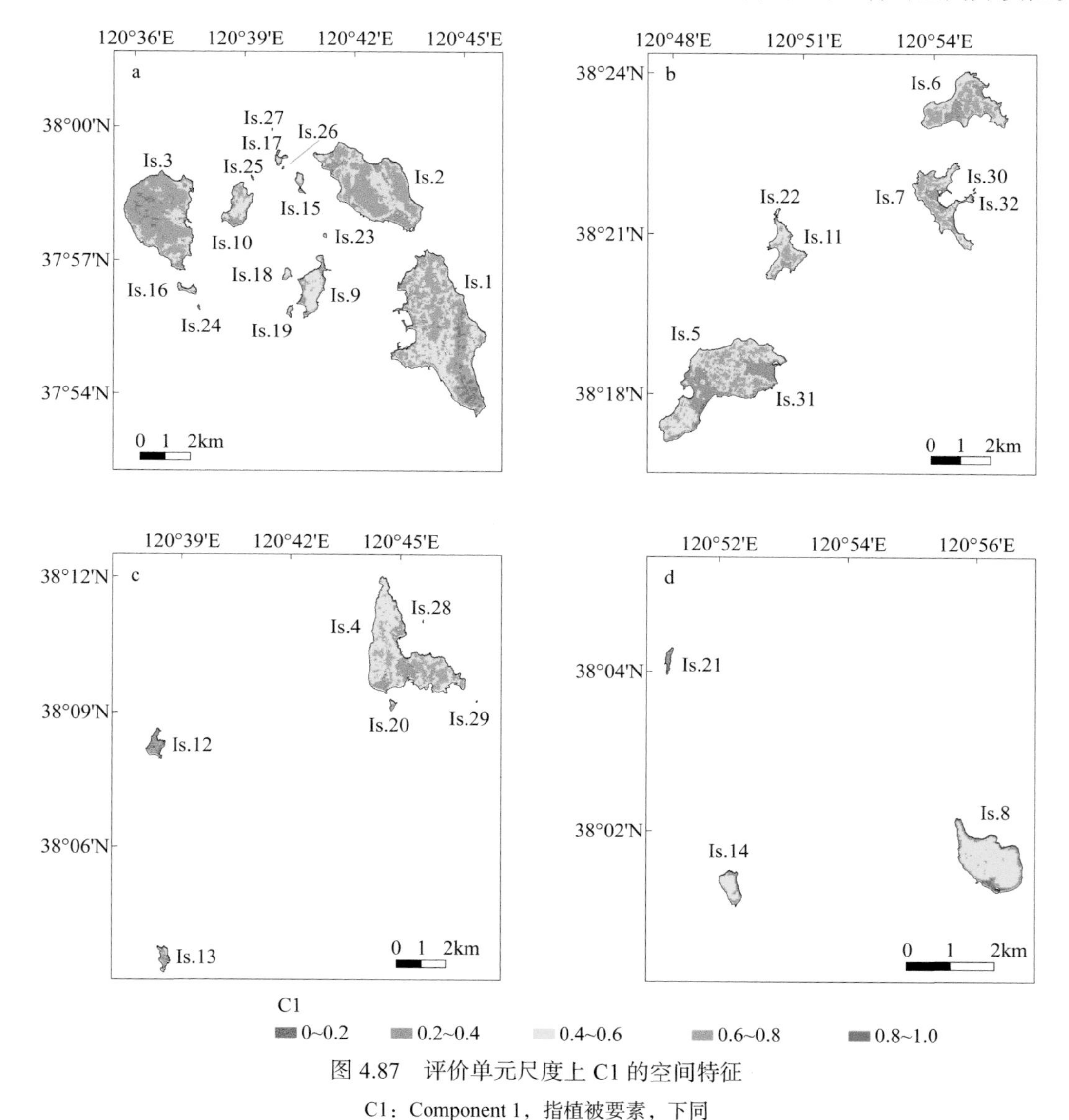

图 4.87　评价单元尺度上 C1 的空间特征

C1：Component 1，指植被要素，下同

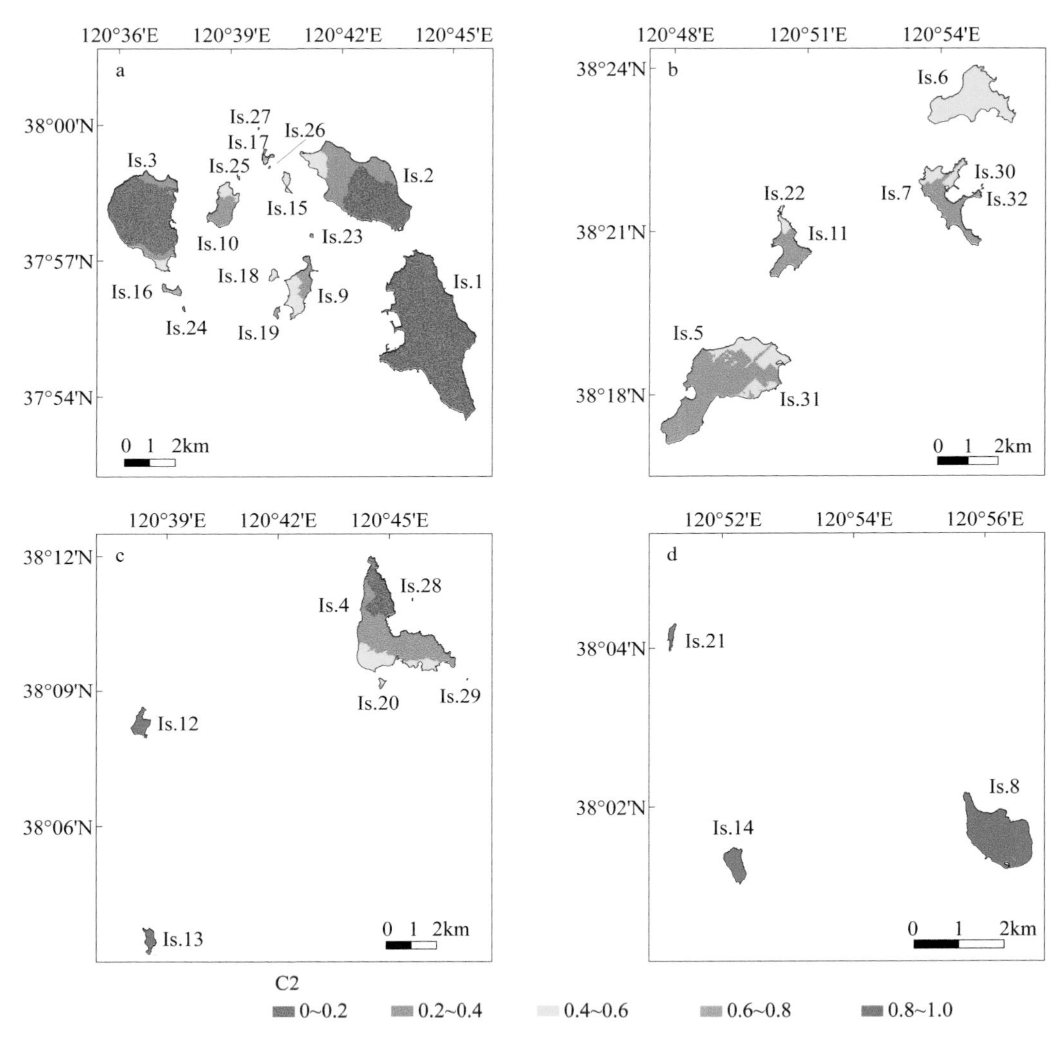

图 4.88 评价单元尺度上 C2 的空间特征

C2：Component 2，指土壤要素，下同

就植被而言，大岛内部 C1 的空间异质性明显高于小岛内部；与之相比，C2 在海岛之间的空间异质性大于海岛内部，C3 的空间异质性低于 C1 和 C2，但位于不同类型景观交接的部分区域仍表现出了较高的空间差异。

评价单元尺度上 IEHI 的空间特征如图 4.90 所示。可以发现，南五岛及附近海岛（图 4.90a）表现出的空间异质性高于其他区域海岛，大岛内部空间异质性高于小岛，且有居民海岛内部空间异质性高于无居民海岛。此外，低 IEHI 区域主要分布在有居民海岛。

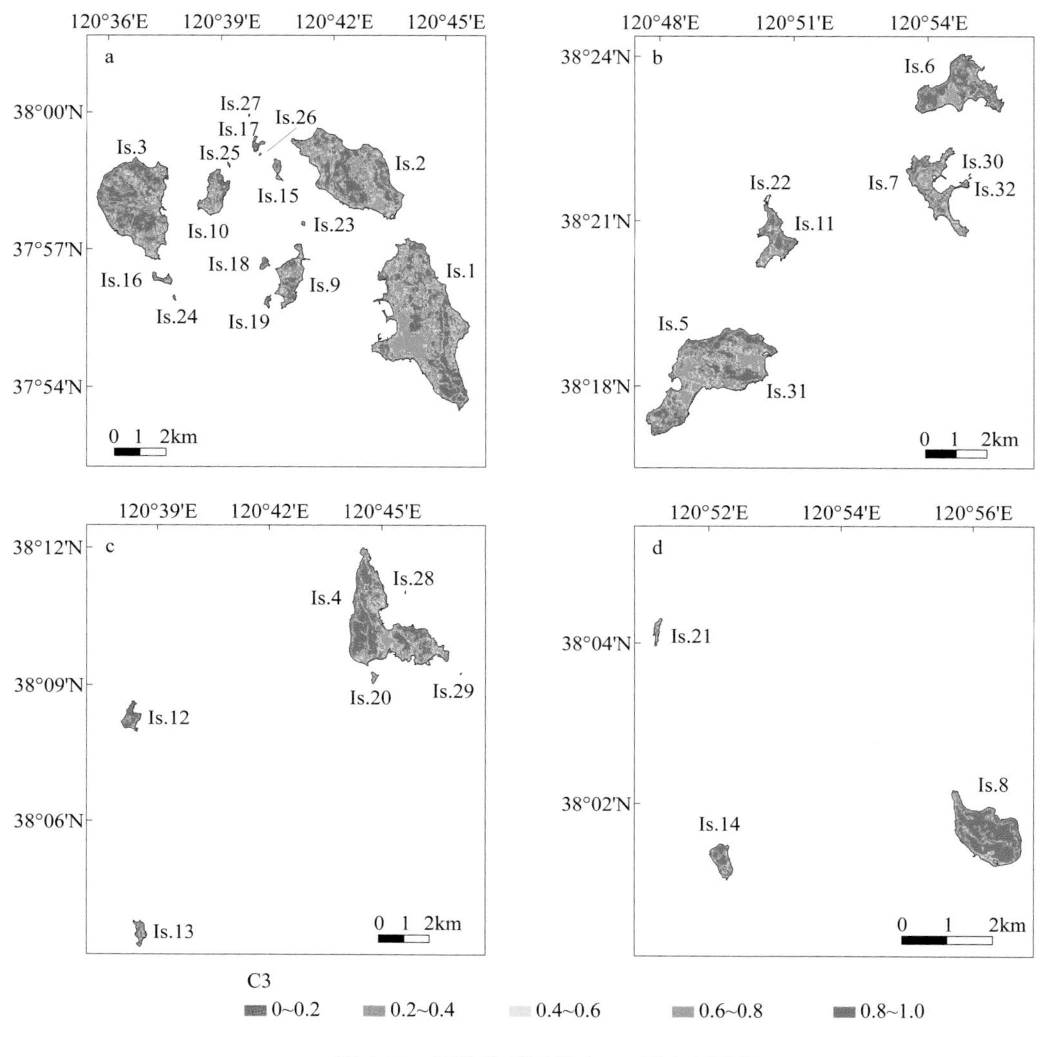

图 4.89 评价单元尺度上 C3 的空间特征

C3：Component 3，指景观要素，下同

2. 海岛尺度

海岛尺度上植被（C1）、土壤（C2）和景观（C3）三个关键生态要素的空间特征如图 4.91 所示。就植被而言，大岛的 C1 总体上高于小岛，有居民海岛的 C1 总体上高于无居民海岛；大黑山岛（Is.3）、南长山岛（Is.1）和北长山岛（Is.2）是 C1 最高的 3 个海岛，鱼鳞岛（Is.24）、车由岛（Is.21）和蝎岛（Is.26）是 C1 最低的 3 个海岛。就土壤而言，C2 在无居民海岛上的结果明显高于有居民海岛；小竹山岛（Is.14）、车由岛（Is.21）和猴矶岛（Is.13）是 C2 最高的 3 个海岛，南长山岛（Is.1）、大黑山岛（Is.3）和北长山岛（Is.2）是 C2 最低的 3 个海岛。就景观而言，各岛之间 C3 的差异没有 C1 和 C2 那么大，

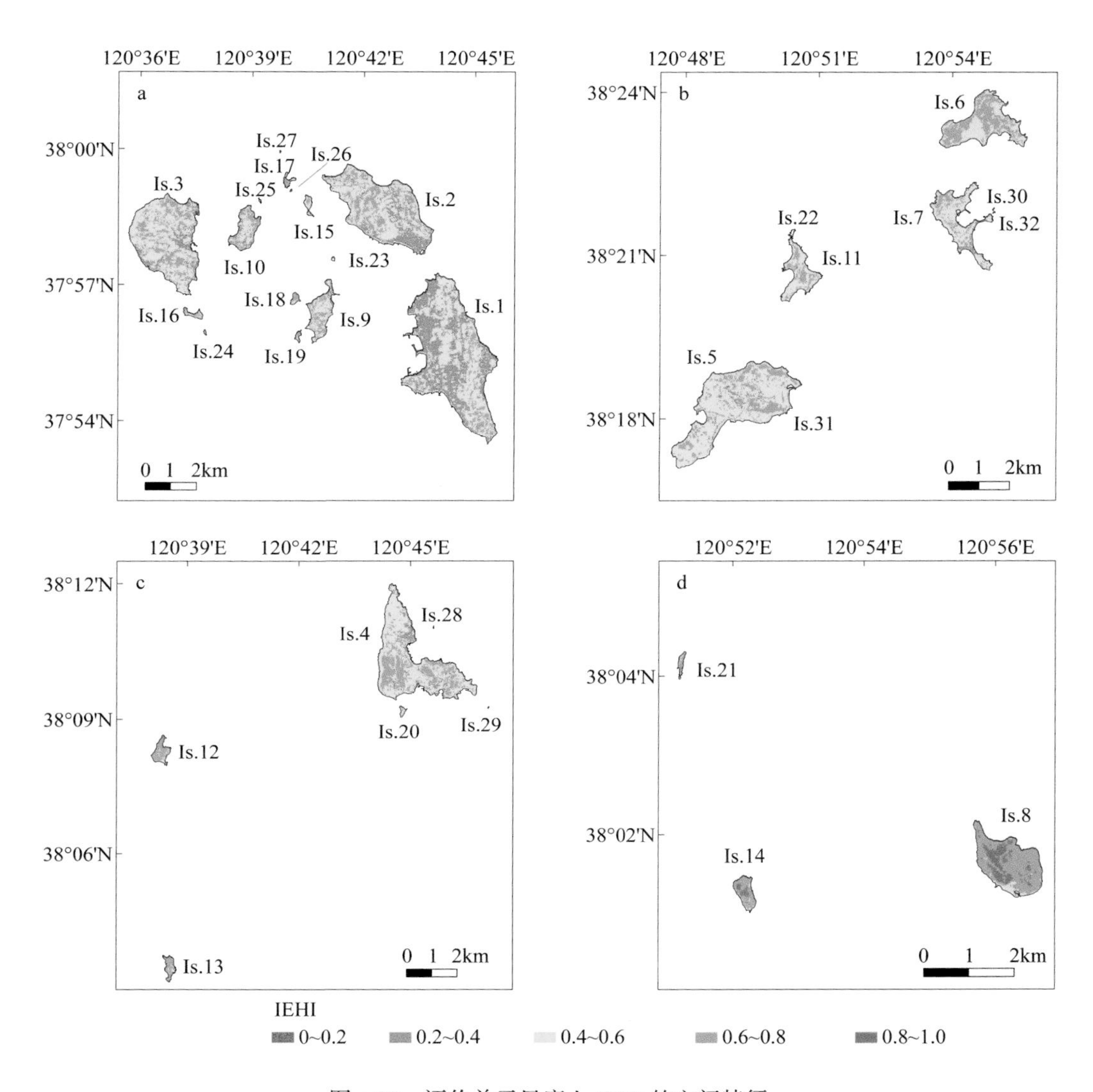

图 4.90　评价单元尺度上 IEHI 的空间特征

IEHI：island ecosystem health index，指海岛生态系统健康指数，下同

有居民海岛 C3 总体上略低于无居民海岛；大竹山岛（Is.8）、羊砣子岛（Is.18）和高山岛（Is.12）是 C3 最高的 3 个海岛，烧饼岛（Is.23）、犁犋把岛（Is.25）和庙岛（Is.9）是 C3 最低的 3 个海岛。

海岛尺度上 IEHI 的空间特征如图 4.92 所示。各岛之间的 IEHI 表现出了一定的差异，有居民海岛的 IEHI 明显低于无居民海岛。大竹山岛（Is.8）、小竹山岛（Is.14）和高山岛（Is.12）是 IEHI 最高的 3 个海岛，南长山岛（Is.1）、烧饼岛（Is.23）和北长山岛（Is.2）是 IEHI 最低的 3 个海岛。

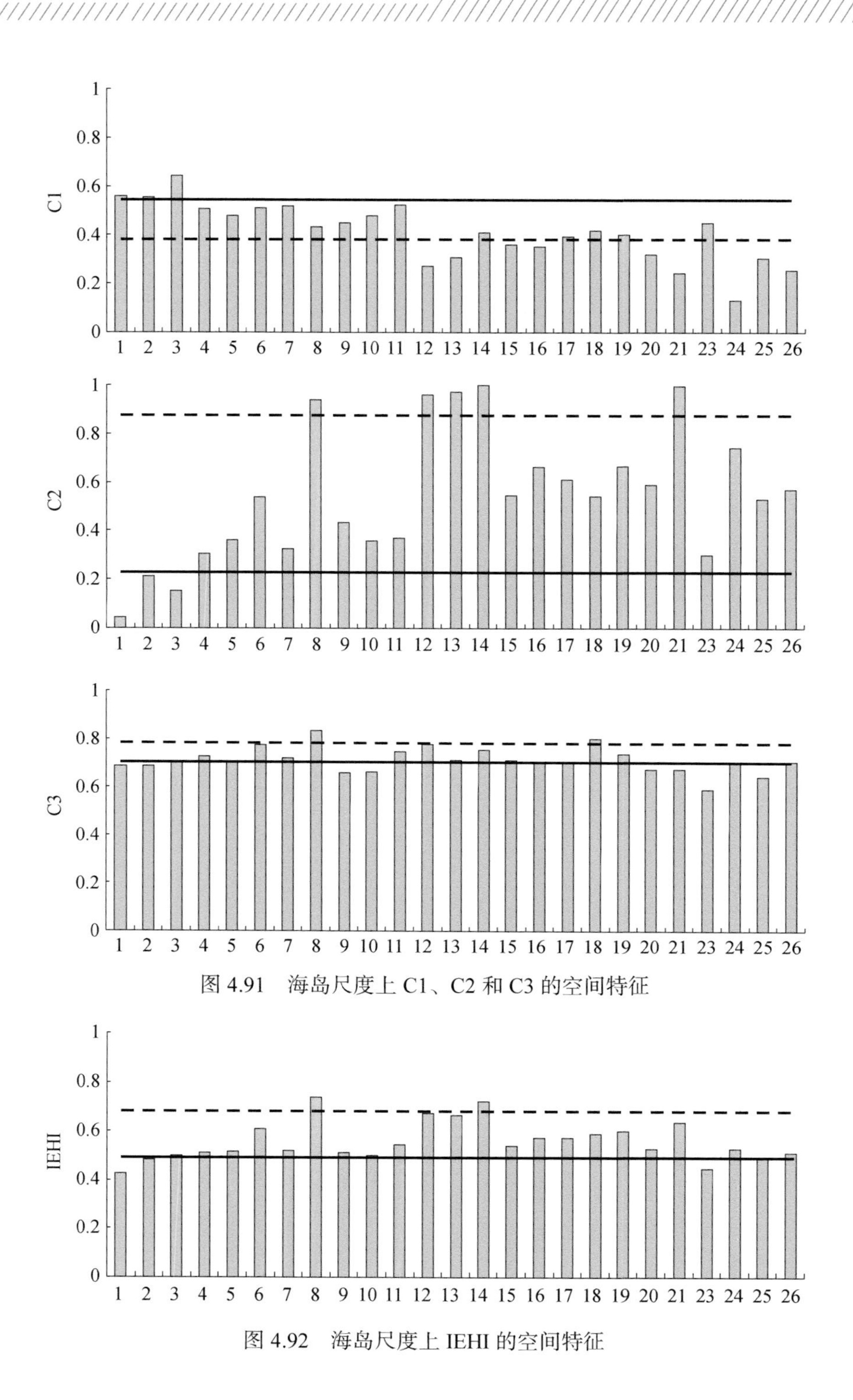

图 4.91　海岛尺度上 C1、C2 和 C3 的空间特征

图 4.92　海岛尺度上 IEHI 的空间特征

海岛尺度上不同等级 IEHI 的面积比例见表 4.4。就各有居民海岛而言，中间等级占据了除北隍城岛（Is.6）之外所有有居民海岛的大部分面积，北隍城岛（Is.6）则主要被

表 4.4　不同等级 IEHI 的面积比例　　单位：%

海岛编号	海岛名称	极低等级	低等级	中间等级	高等级	极高等级
Is.1	南长山岛	0.35	47.87	46.16	5.62	0
Is.2	北长山岛	0.35	24.69	54.32	20.64	0
Is.3	大黑山岛	0.16	16.84	61.70	21.30	0
Is.4	砣矶岛	0.02	14.18	61.84	23.95	0
Is.5	大钦岛	0	8.25	72.36	19.39	0
Is.6	北隍城岛	0	0.99	46.27	52.73	0
Is.7	南隍城岛	0	8.51	71.16	20.32	0
Is.8	大竹山岛	0	0	5.71	74.07	20.22
Is.9	庙岛	0	18.30	55.48	26.22	0
Is.10	小黑山岛	0	21.50	54.98	23.52	0
Is.11	小钦岛	0	4.82	68.86	26.32	0
Is.12	高山岛	0	0	12.48	87.52	0
Is.13	猴矶岛	0	0	15.79	84.21	0
Is.14	小竹山岛	0	0	4.54	78.52	16.94
Is.15	螳螂岛	0	6.54	75.73	17.73	0
Is.16	南砣子岛	0	0	65.99	34.01	0
Is.17	挡浪岛	0	2.56	63.18	34.26	0
Is.18	羊砣子岛	0	0	56.75	43.25	0
Is.19	牛砣子岛	0	1.45	47.66	50.89	0
Is.20	砣子岛	0	0	88.11	11.89	0
Is.21	车由岛	0	0	20.16	79.84	0
Is.23	烧饼岛	0	22.11	77.89	0.00	0
Is.24	鱼鳞岛	0	0	96.95	3.05	0
Is.25	犁棋把岛	0	10.26	89.74	0	0
Is.26	蝎岛	0	0	100	0	0
有居民海岛		0.17	23.41	57.24	19.18	0
无居民海岛		0	0.57	20.96	67.71	10.76
所有海岛		0.16	22.06	55.09	22.05	0.64

注：极低等级，IEHI 为 0~0.2；低等级，IEHI 为 0.2~0.4；中间等级，IEHI 为 0.4~0.6；高等级，IEHI 为 0.6~0.8；极高等级，IEHI 为 0.8~1。

高等级覆盖；就全部有居民海岛而言，中间等级占据了大部分面积，其次为低等级和高等级，极低等级和极高等级面积可以忽略不计。就各无居民海岛而言，高等级是大竹山岛（Is.8）、高山岛（Is.12）、猴矶岛（Is.13）、小竹山岛（Is.14）、牛砣子岛（Is.19）和车由岛（Is.21）的主要等级类型，其他无居民海岛均以中间等级为主；就所有无居民海岛而言，高等级占据了大部分面积，其次为中间等级和极高等级，其他两个等级的规模可忽略不计。就全部海岛而言，不同等级面积结构与有居民海岛相一致。

二、标准化的海岛生态系统健康指数

（一）计算方法

海岛生态系统健康受到多重因子的复杂影响，如何准确辨识和量化不同因子的影响具有较大难度，特别是如何区分自然和人为因子对海岛生态系统的影响尚无有效、统一的方法。本研究提出了标准化的海岛生态系统健康指数（standardized island ecosystem health index，S-IEHI）来代表海岛生态系统健康的基线，即剥离了自然因子影响后的海岛生态系统健康，一方面能够辨识不同自然因子对海岛生态系统健康的影响，另一方面可以作为判定不同人类活动影响的基准值。

1. 天然区域和自然影响因子

明确海岛的天然区域并辨识影响海岛生态系统健康空间分异的自然因子是测定S-IEHI的首要步骤。天然区域是指海岛上呈现天然状态的未被开发且基本不受人类活动影响的区域。在本研究区，天然区域包括自然植物群落和天然裸地：自然植物群落是指自然生长的灌木和草本区域，以较为分散的形式在有居民海岛上分布，以连续的形式在无居民海岛上分布；天然裸地包括位于岸线附近的裸岩和海岛内部的自然形成的未覆盖土地。考虑到人类活动不但会对其占用区域产生影响，还会对其周边区域造成一定干扰，将距离码头、道路和建筑30m以上的自然植物群落和天然裸地作为天然区域。天然区域内的海岛生态系统健康不受或受到极小的人类活动影响；然而，在自然影响因子的驱动下，该区域内部的海岛生态系统健康依然表现出了一定的空间异质性。

研究区拥有相对均质的地质背景和气候条件，这对研究区内部海岛生态系统健康的空间异质性基本不产生影响。海岛面积和与大陆距离是海岛的两个基本参数（Whittaker and Fernández-Palacios，2007；Weigelt et al.，2016），且这两个参数在研究区不同海岛之间存在显著差异。然而，这两个参数仅在海岛尺度而不在评价单元尺度对海岛生态系统产生影响，而本研究的海岛生态系统健康是基于评价单元计算的，因此也不作为直接影响海岛生态系统健康的自然影响因子。地形和海洋因子是研究区评价单元尺度上海岛生态系统健康空间分异性的主要影响因子。地形条件通过改变微气候、水分涵养（丁程锋等，2017）、重力作用和风化过程（Chi et al.，2019b）影响海岛生态系统健康。选择海拔（altitude，Al）、坡度（slope，Sl）和坡向（aspect，As）作为地形因子。其中，原始坡向值按0°~360°顺时针增大，0°为正北，180°为正南。以向阳性为原则，按照下式进行标准化：

$$SA_s=\frac{1+\mathrm{Cos}\left(\frac{A_s-180}{180}\times\pi\right)}{2} \tag{4.28}$$

式中，SA_s 为评价单元 s 标准化坡向值，A_s 为评价单元 s 原始坡向值。标准化坡向值越大，坡向越接近正南。海洋因子是指四面围绕海岛的海水造成海岛的特殊的自然环境，在这样的环境下，风暴潮、海水入侵和高强度海风时有发生（Teng et al.，2014；Kura et al.，2015），且这些影响随着与岸线距离（distance to the shoreline，DTS）的增大而减弱。因此，采用 DTS 来表征海洋因子。综上，Al、Sl、As 和 DTS 被选择作为海岛生态系统健康的自然影响因子。

2.标准化的海岛生态系统健康

首先，通过 IBM SPSS 分析三个关键生态要素和四个主要自然影响因子的内在相关性，以反映各自然影响因子对海岛生态系统健康的影响。其次，挑选出与某一要素具有显著相关性的自然影响因子，并将挑选的自然影响因子与该要素进行回归分析，生成该要素作为因变量、自然影响因子作为自变量的回归方程。采用该步骤逐个生成三个关键要素的回归方程。最后，通过将整个研究区设置同样的自然背景，即将 Al、Sl、As 和 DTS 均设置为 0，并根据回归方程得到各关键要素的标准化结果，公式如下：

$$\text{S-C}_{i,j}=C_{i,j}-f_i(\text{Al}_j, \text{Sl}_j, \text{As}_j, \text{DTS}_j) \tag{4.29}$$

式中，$C_{i,j}$ 和 $\text{S-C}_{i,j}$ 分别是评价单元 j 中要素 i 的结果和标准化结果；f_i 是要素 i 的回归方程；Al_j、Sl_j、As_j 和 DTS_j 分别是评价单元 j 中的 Al、Sl、As 和 DTS 值。

进而，S-IEHI 基于 S-C1、S-C2 和 S-C3 通过式（4.27）计算得到。采用上述方法计算 S-C1、S-C2、S-C3 和 S-IEHI 在各评价单元的结果，得到评价单元尺度上 S-C1、S-C2、S-C3 和 S-IEHI 的空间特征，基于评价单元结果得到海岛尺度上 S-C1、S-C2、S-C3 和 S-IEHI 的空间特征。

（二）空间特征

1. 评价单元尺度

评价单元尺度上 S-C1、S-C2 和 S-C3 的空间特征分别如图 4.93、图 4.94 和图 4.95 所示。可以发现，三个要素标准化结果与其原始结果（即图 4.87、图 4.88 和图 4.89）表现出总体一致的空间特征，但又有所不同。对植被而言，S-C1 比 C1 表现出更加明显的空间差异；就土壤而言，S-C2 与 C2 一样表现出岛间空间差异大于岛内空间差异的特征，但 S-C2 在大岛上又呈现出沿 DTS 的梯度性变化特征；就景观而言，S-C3 与 C3 空间特征基本一致，均表现出总体空间差异不明显、局部空间异质性较强的特征。

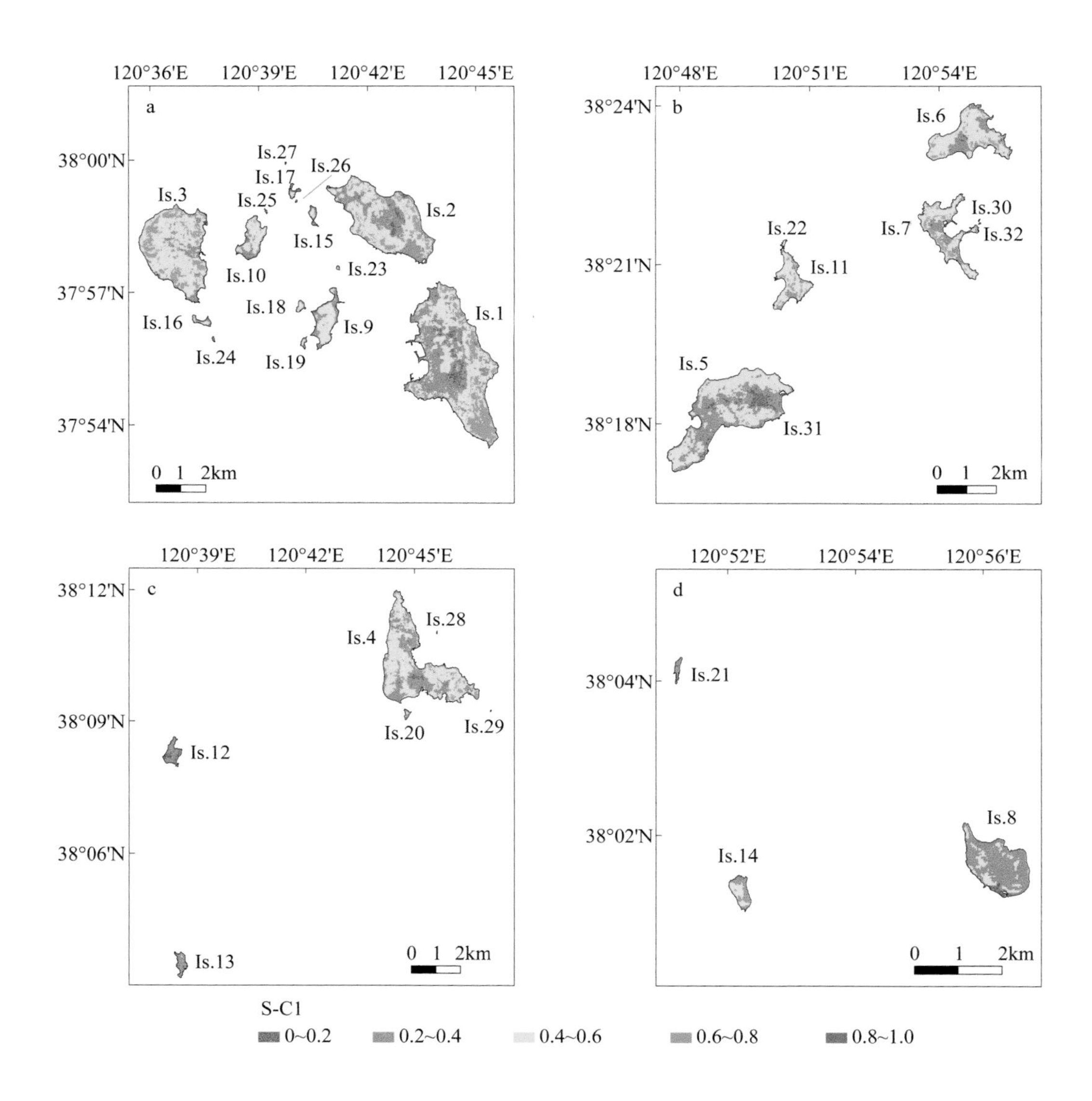

图 4.93 评价单元尺度上 S-C1 的空间特征

S-C1：standardized Component 1，指标准化的植被要素结果，下同

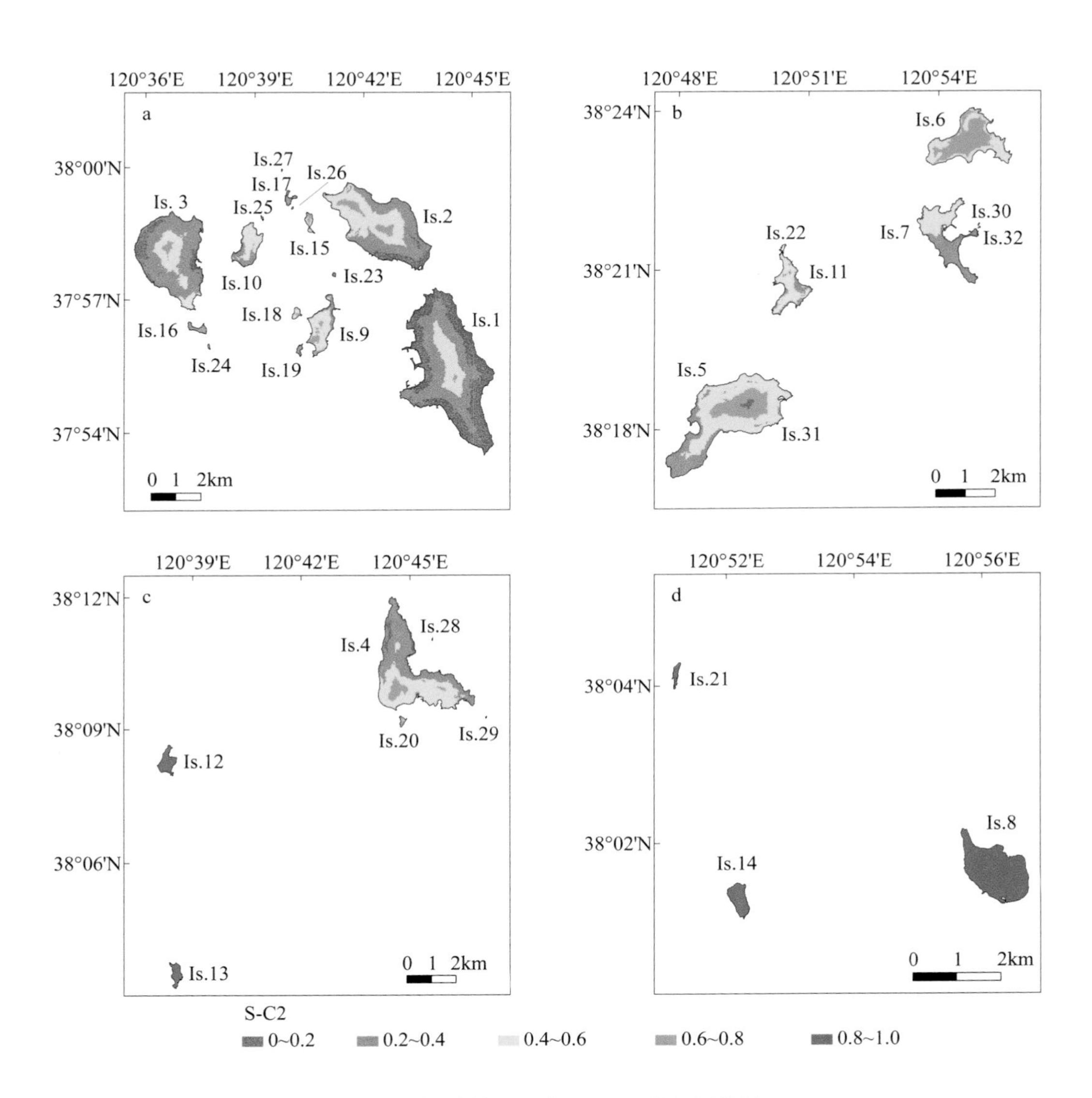

图 4.94　评价单元尺度上 S-C2 的空间特征

S-C2：standardized Component 2，指标准化的土壤要素结果，下同

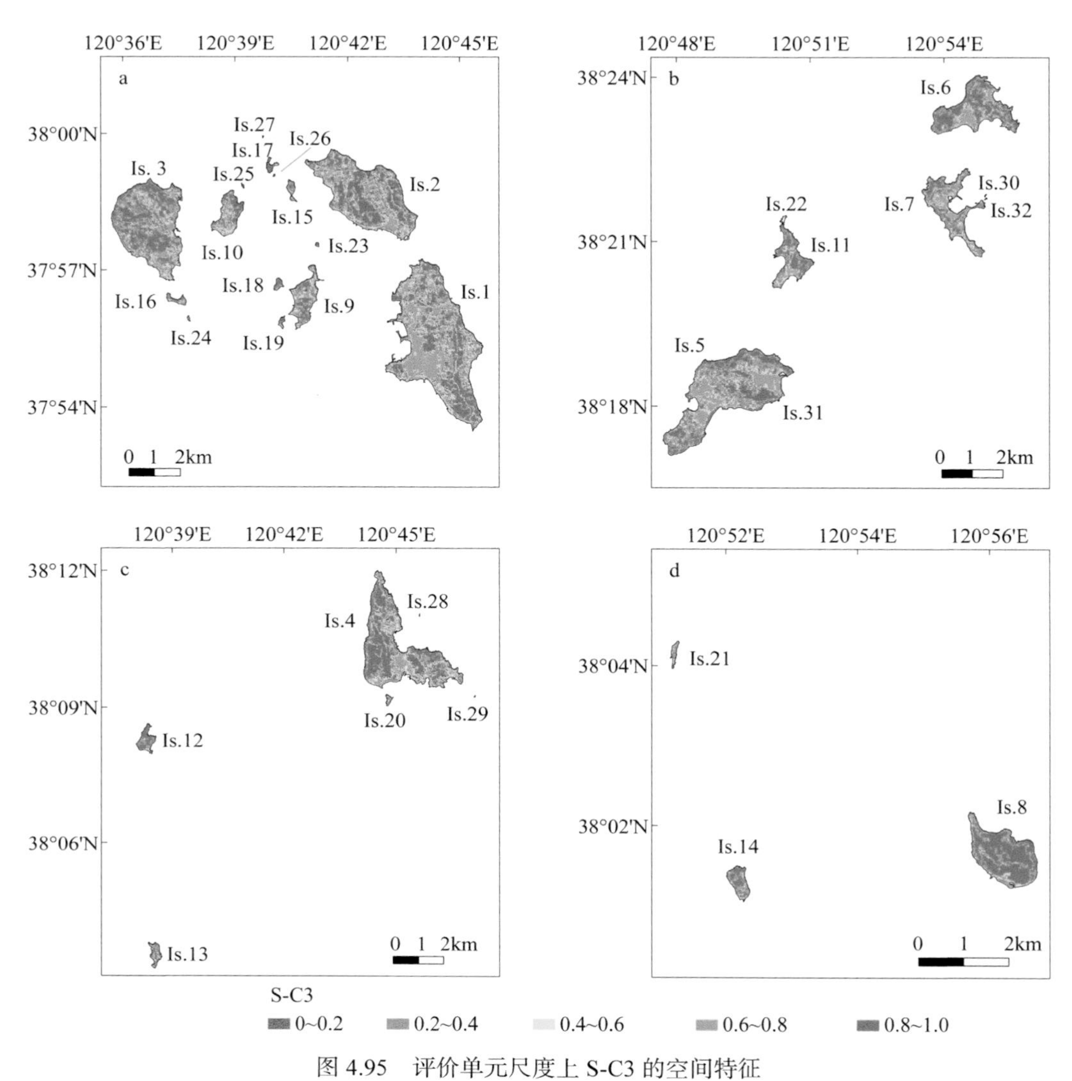

图 4.95　评价单元尺度上 S-C3 的空间特征

C3：standardized Component 3，指标准化的景观要素结果，下同

评价单元尺度上 S-IEHI 的空间特征如图 4.96 所示。S-IEHI 和 IEHI 表现出了类似的空间特征，即南五岛及附近海岛的空间异质性高于其他区域，大岛内部空间异质性高于小岛内部，且有居民海岛内部空间异质性高于无居民海岛内部。但二者又有所不同，主要表现在人类活动较为剧烈的区域，如南长山岛（Is.1）的西部和北长山岛（Is.2）的南部区域。

2. 海岛尺度

海岛尺度上 S-C1、S-C2 和 S-C3 的空间特征如图 4.97 所示。总体上，有居民海岛的 S-C1 高于无居民海岛，S-C2 远低于无居民海岛，S-C3 略低于无居民海岛，这与 C1、C2

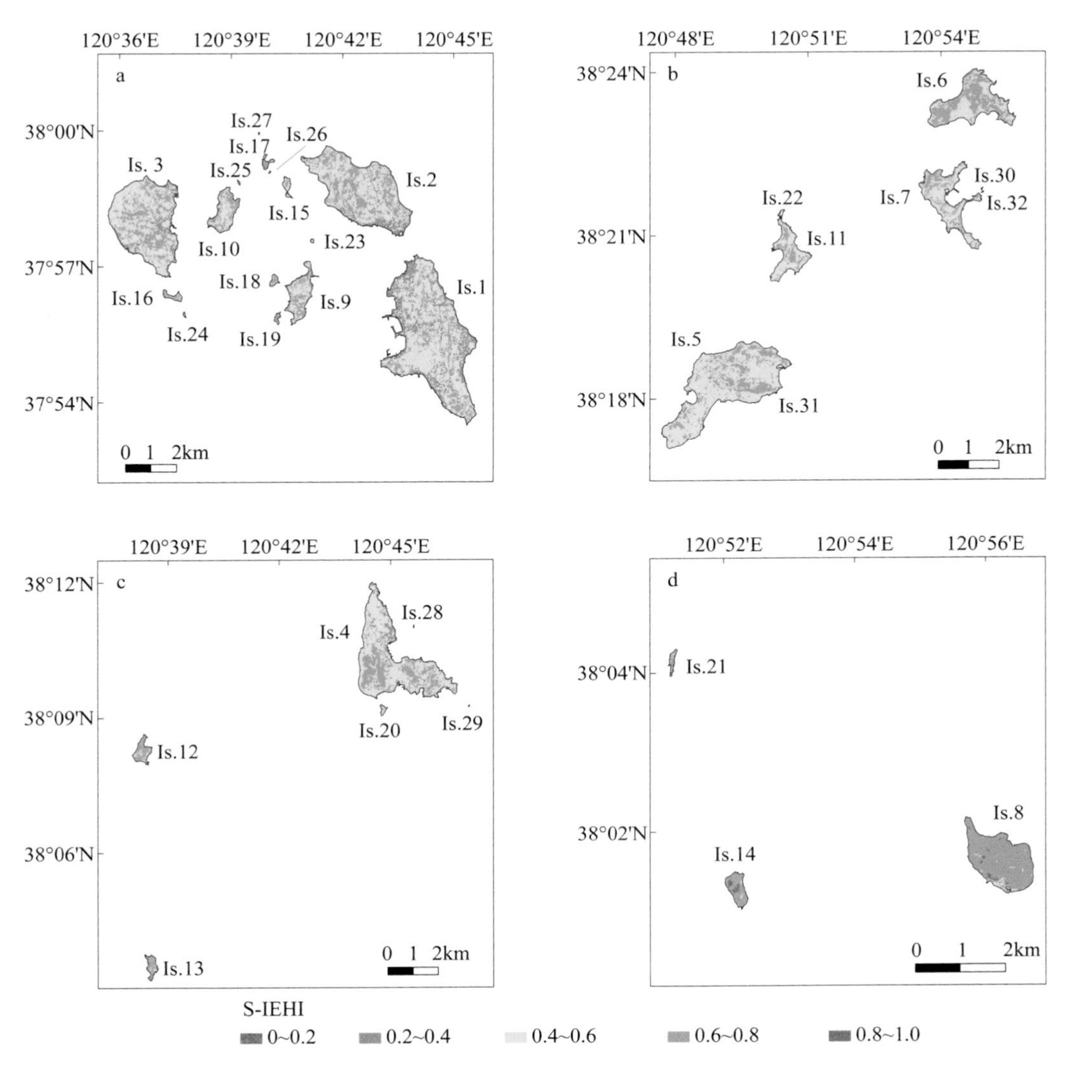

图 4.96　评价单元尺度上 S-IEHI 的空间特征

IEHI：standardized island ecosystem health index，指标准化的海岛生态系统健康指数，下同

和C3的结果一致。具体到各个海岛，标准化结果和原始结果表现出一定差异。就植被而言，大黑山岛（Is.3）、南隍城岛（Is.7）和小钦岛（Is.11）是 S-C1 最高的 3 个海岛，鱼鳞岛（Is.24）、高山岛（Is.12）和车由岛（Is.21）是 S-C1 最低的 3 个海岛；就土壤而言，小竹山岛（Is.14）、车由岛（Is.21）和猴矶岛（Is.13）是 S-C2 最高的 3 个海岛，南长山岛（Is.1）、烧饼岛（Is.23）和大黑山岛（Is.3）是 S-C2 最低的 3 个海岛；就景观而言，大竹山岛（Is.8）、羊砣子岛（Is.18）和高山岛（Is.12）是 S-C3 最高的 3 个海岛，烧饼岛（Is.23）、犁犋把岛（Is.25）和庙岛（Is.9）是 S-C3 最低的 3 个海岛。

海岛尺度上 S-IEHI 的空间特征如图 4.98 所示。同三个要素一样，S-IEHI 在总体上与 IEHI 表现出一致的特征，但在具体的海岛上有略微不同。有居民海岛 S-IEHI 总体上低于无居民海岛；大竹山岛（Is.8）、小竹山岛（Is.14）和猴矶岛（Is.13）是S-IEHI最高的3个海岛，南长山岛（Is.1）、烧饼岛（Is.23）和犁犋把岛（Is.25）是S-IEHI最低的3个海岛。

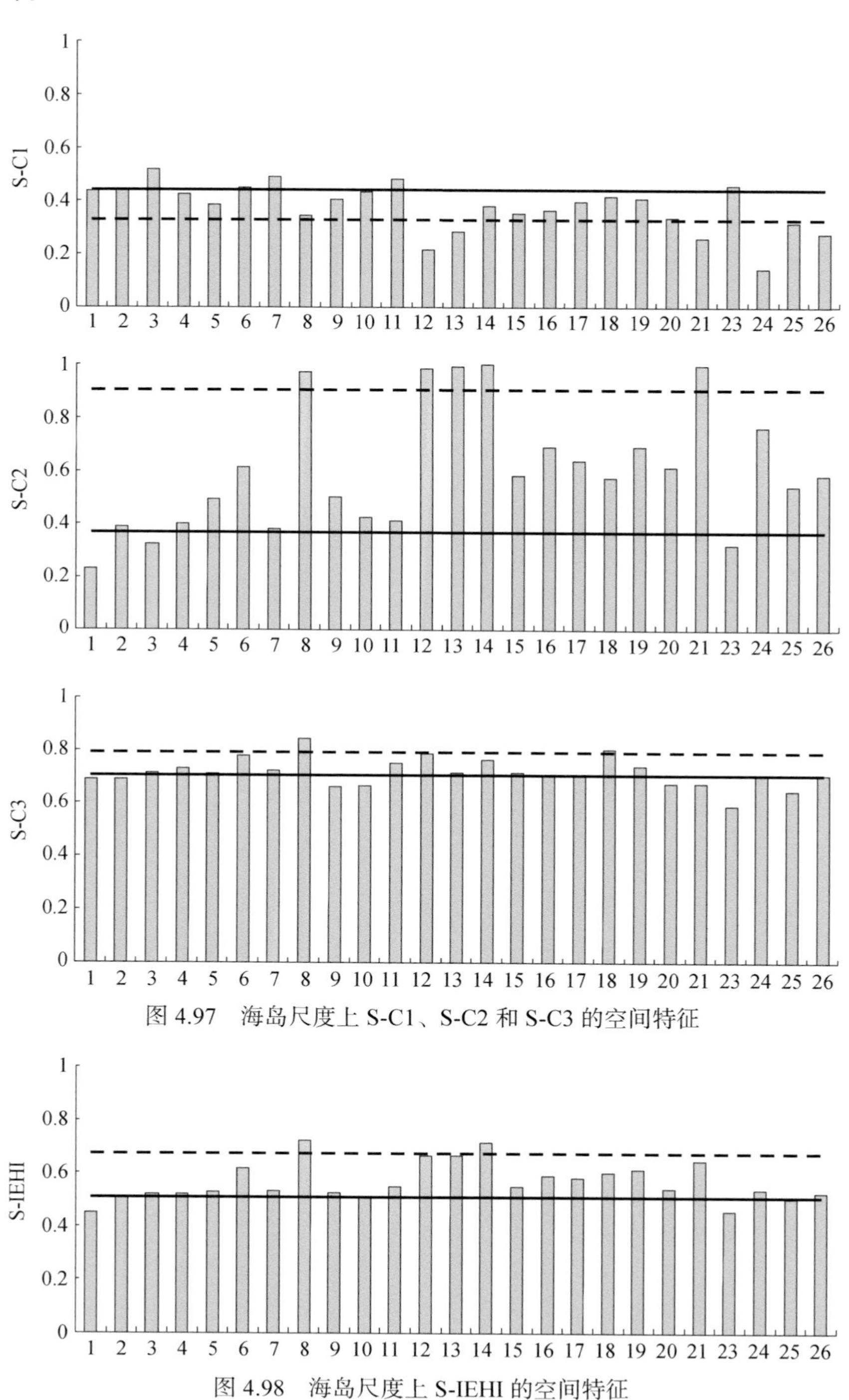

图4.97 海岛尺度上S-C1、S-C2和S-C3的空间特征

图4.98 海岛尺度上S-IEHI的空间特征

海岛尺度上不同等级 S-IEHI 的面积比例见表 4.5。不同等级 S-IEHI 在各岛上的比例也表现出了与 IEHI 一致的特征。

表 4.5 不同等级 S-IEHI 的面积比例 单位：%

海岛编号	海岛名称	极低等级	低等级	中间等级	高等级	极高等级
Is.1	南长山岛	0.15	29.79	59.20	10.86	0
Is.2	北长山岛	0.11	17.83	57.18	24.89	0
Is.3	大黑山岛	0.02	13.50	60.24	26.24	0
Is.4	砣矶岛	0.05	11.39	64.36	24.20	0
Is.5	大钦岛	0	4.63	73.85	21.51	0
Is.6	北隍城岛	0	0.63	45.34	54.03	0
Is.7	南隍城岛	0	6.07	71.26	22.68	0
Is.8	大竹山岛	0	0	5.24	92.82	1.93
Is.9	庙岛	0	15.58	56.37	28.06	0
Is.10	小黑山岛	0	17.12	57.92	24.96	0
Is.11	小钦岛	0	3.51	70.32	26.17	0
Is.12	高山岛	0	0	17.82	82.18	0
Is.13	猴矶岛	0	0	14.94	85.06	0
Is.14	小竹山岛	0	0	4.75	83.10	12.15
Is.15	螳螂岛	0	4.29	74.47	21.24	0
Is.16	南砣子岛	0	0	55.56	44.44	0
Is.17	挡浪岛	0	1.70	58.89	39.41	0
Is.18	羊砣子岛	0	0	52.83	47.17	0
Is.19	牛砣子岛	0	1.45	37.45	61.10	0
Is.20	砣子岛	0	0	82.83	17.17	0
Is.21	车由岛	0	0	20.16	79.84	0
Is.23	烧饼岛	0	22.11	72.06	5.83	0
Is.24	鱼鳞岛	0	0	96.82	3.18	0
Is.25	犁犋把岛	0	10.26	89.74	0	0
Is.26	蝎岛	0	0	85.84	14.16	0
有居民海岛		0.07	15.94	61.51	22.48	0
无居民海岛		0	0.43	20.27	77.46	1.84
所有海岛		0.06	15.02	59.07	25.74	0.11

注：极低等级，S-IEHI 为 0~0.2；低等级，S-IEHI 为 0.2~0.4；中间等级，S-IEHI 为 0.4~0.6；高等级，S-IEHI 为 0.6~0.8；极高等级，S-IEHI 为 0.8~1。

第六节 海岛生态系统健康的影响因子

海岛生态系统健康受到复杂的自然和人为因子的影响，如何量化不同因子的实际影响对于掌握海岛生态系统变化规律、有效维护海岛生态系统健康具有重要意义。基于IEHI和S-IEHI的结果，判断三个关键要素和12个评估指标对于IEHI和S-IEHI空间分异的贡献率，分析评价单元尺度上四个主要自然因子（Al、Sl、As和DTS）和海岛尺度上两个海岛基本参数（海岛面积和与大陆距离）的影响，并量化四种典型人类活动（城镇建设、交通发展、农田开垦和人工林种植）对海岛生态系统的影响。

一、评估要素和指标的贡献率

通过相关分析来测定三个关键要素和12个评估指标对海岛生态系统健康空间分异的贡献率，IEHI和S-IEHI与各评估指标和要素的相关系数见表4.6。根据相关系数大小来判断各指标和要素的贡献率。所有的相关性均显著（$P < 0.01$），且IEHI和S-IEHI表现出的相关性基本一致，即IEHI和S-IEHI与E、NP、TE和LII呈负相关，与其他指标呈正相关。NP、TE和LII为负向因子，可以解释这些指标表现出的负相关性；E是所有正向指标中唯一一个呈现负相关的指标，说明了该指标的空间特征与其他正向指标呈现出相反的特征。就植被要素中的4个指标而言，NDVI表现出了比NPP更高的相关系数，这与Chi等（2020d）的研究结果相一致。考虑到NDVI简便的计算方法和稳定的数据来源，该指标可作为海岛植被时空监测的一个常规指示因子。此外，NPP也表现出了较高的相关系数，在数据齐备的情况下是一个能够反映不同植被类型差异的有效因子。H'较低的相关系数和E的负相关说明了植物多样性对海岛生态系统健康空间分异的影响较小。土壤要素中的4个指标表现出了不同的相关系数，TOC和TN的相关系数高于AP和AK。在景观要素中，ILC和NP表现出了比TE和LII更高的相关性。就所有12个评估指标而言，ILC、NP和NDVI是相关性最高的三个指标。就三个关键要素而言，C3与IEHI和S-IEHI的相关性明显高于C1和C2，表现出了景

表4.6 评价单元尺度上IEHI和S-IEHI与各评估指标和要素的相关系数

评估指标/要素	IEHI	S-IEHI	评估指标/要素	IEHI	S-IEHI	评估指标/要素	IEHI	S-IEHI
H'	0.115	0.083	TN	0.517	0.482	TE	−0.482	−0.494
E	−0.466	−0.420	AP	0.298	0.285	LII	−0.282	−0.293
NDVI	0.527	0.520	AK	0.439	0.408	C1	0.401	0.377
NPP	0.477	0.495	ILC	0.667	0.635	C2	0.553	0.554
TOC	0.508	0.477	NP	−0.573	−0.591	C3	0.804	0.808

观要素在海岛生态系统健康空间分异中的主导作用。在实际工作中，海岛现场调查的高难度和高成本限制了植被和土壤要素中指标数据的获取，特别是在较大空间尺度上（Chi et al.，2019b；Avelar et al.，2020）。景观要素的数据主要来自遥感影像，且计算方法简便清晰，在数据有限的条件下，可用来反映大尺度下海岛生态系统的空间变化特征。

二、自然影响因子

1. 评价单元尺度

在评价单元尺度上，三个关键生态要素和四个主要自然因子（Al、Sl、As 和 DTS）的相关系数见表 4.7。C1 与 Al、Sl 和 DTS 呈显著正相关关系，与 As 呈显著负相关关系；C2 与 Al、Sl 和 DTS 呈显著负相关关系，与 As 无显著相关关系；C3 仅与 Sl 呈显著相关关系（负相关）。可以发现，不同要素对不同的自然因子表现出不同的空间分布倾向。植被要素在 Al、Sl 和 DTS 较大，或 As 较小的位置具有较好的结果，土壤要素在 Al、Sl 和 DTS 较小的位置具有较好的结果，而景观要素在 Sl 较小的位置具有较好的结果。Al、Sl 和 DTS 对海岛生态系统健康的影响比 As 更加明显，其中 Sl 对三个要素均产生了明显影响。

表 4.7　评价单元尺度上三个关键生态要素与主要自然影响因子的相关系数

要素	Al	Sl	As	DTS
C1	0.304**	0.265**	−0.091**	0.322**
C2	−0.040**	−0.032**	−0.012	−0.177**
C3	0.021	−0.049**	−0.007	−0.006

注：** 代表 $P < 0.01$，下同。

2. 海岛尺度

在海岛尺度上，两个海岛基本参数与 IEHI 和 S-IEHI 的散点图如图 4.99 所示。采用线性回归方程和决定系数（R^2）来判断两个参数与海岛生态系统健康的关系。可以发现，IEHI 和 S-IEHI 与海岛基本参数的关系表现出了一致的特征，为避免歧义，本段以下仅描述 IEHI。随着海岛面积的增加，IEHI 在有居民海岛和无居民海岛上分别呈现明显的减小和增大特征；在所有海岛上，IEHI 呈现出减小的特征，但其 R^2 明显小于在有居民海岛和无居民海岛上。这表明面积较小的有居民海岛和面积较大的无居民海岛往往拥有较好的生态系统健康状况。面积较大的有居民海岛，如南长山岛（Is.1）和北长山岛（Is.2）被较大规模和较高强度的人类活动占用，海岛生态系统健康不可避免地遭到损害；面积较小的无居民海岛，有限的资源条件和恶劣的生境条件限制了其生态系统健康（Lagerström et al.，2013；Nogué et al.，2013）。就与大陆距离而言，IEHI

在有居民海岛上随着其增大而明显增大，但该特征在无居民海岛和所有海岛上均不明显。在本研究区，南五岛与大陆距离明显小于北五岛，且南五岛与邻近大陆上蓬莱港的通勤船舶频次要远高于北五岛，导致有居民海岛中南五岛和北五岛的隔离度具有显著差异。因此，与大陆较近的南五岛可达性相对较好，吸引了较多的人类开发利用活动，从而降低了海岛生态系统健康。相对而言，无居民海岛并无通勤船舶与大陆和有居民海岛相连，且不同无居民海岛之间与大陆距离的差异也没有大洋中的海岛之间那么大。因此，不同无居民海岛之间的隔离度并没有足够大的差异，使得无居民海岛生态系统健康和与大陆距离之间的关系不明显。

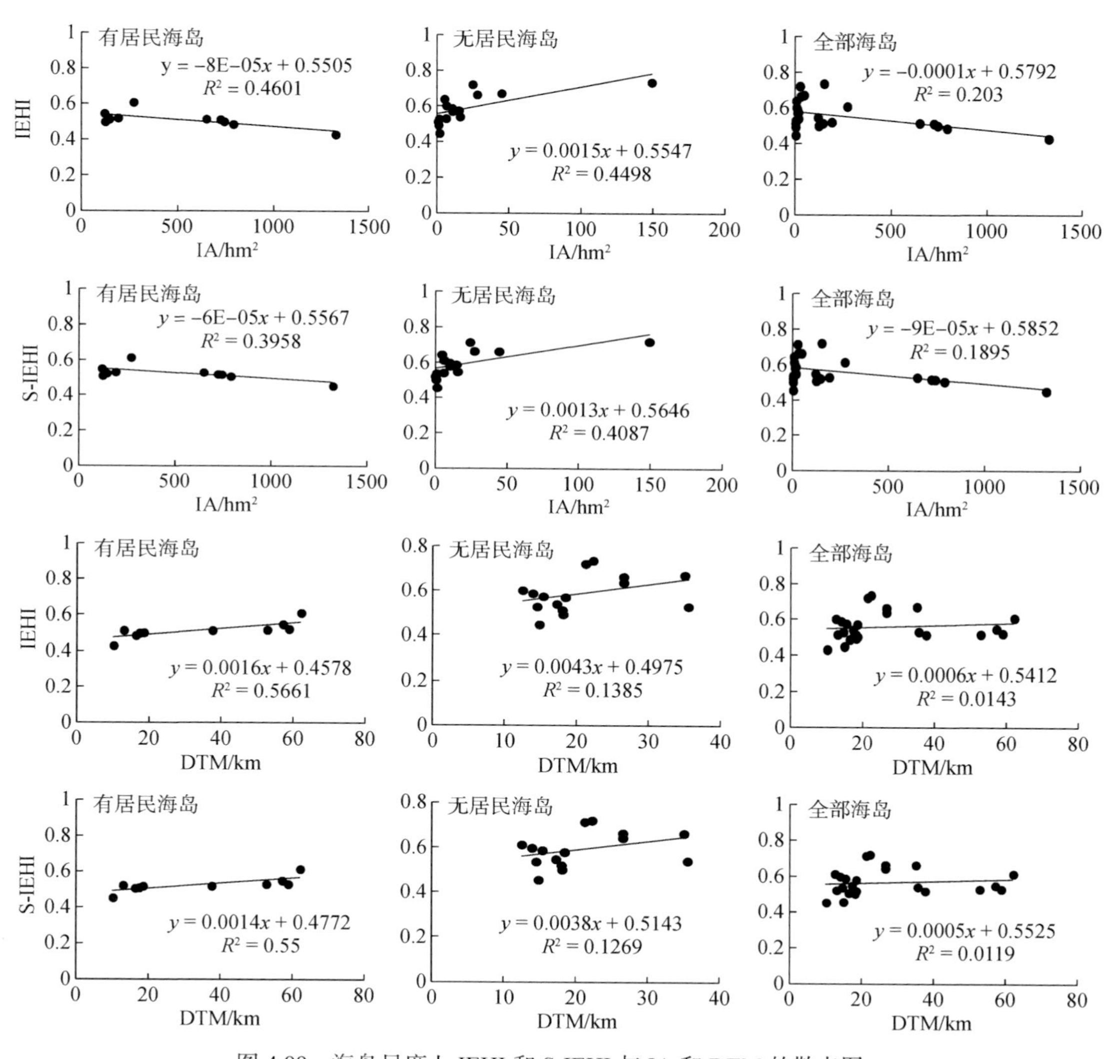

图 4.99　海岛尺度上 IEHI 和 S-IEHI 与 IA 和 DTM 的散点图

R^2. 决定系数；IA. island area，海岛面积；DTM. distance to the mainland，与大陆距离

三、人为影响因子

1.计算方法

1）典型人类活动类型

城镇建设、交通发展、农田开垦和人工林种植是海岛上典型的四种人类活动类型。

城镇建设是指各种形式的以居住和公共服务为目的的建筑和基础设施建设，是有居民海岛上最常见的人类活动类型（Xie et al.，2018；Chi et al.，2018a，2020a）。在本研究中，城镇建设对应着地表覆盖类型中的建筑用地。城镇建设对海岛生态系统可能产生的影响包括：通过生成不透水面占用自然生境（Xu et al.，2016）、加剧景观人工化和破碎化（Gonzalezabraham et al.，2007）、改变地形地貌（Chi et al.，2020a）、产生各类污染物（Chi et al.，2018a），进而对海岛生态系统健康产生威胁。同时，合理的规划、有序的开发建设和生态网络的构建都能够减少城镇建设对海岛生态系统的负面影响（Chi et al.，2020a）。在无居民海岛上依然可以发现在特定区域的小规模的城镇建设，主要用来作为养殖看护房、旅游建设和其他特殊用途（Chi et al.，2019b）。

交通发展包括位于海岸的码头和位于海岛内部的道路，分别用作对外和对内交通。在本研究中，交通发展对应着地表覆盖类型中的交通用地。码头对于海岛与外界的社会经济沟通联系至关重要，在所有有居民海岛和部分无居民海岛均有分布（Chi et al.，2018a，2019b）；道路服务于海岛内部不同区域的沟通联系，并主要分布于有居民海岛（Xie et al.，2018；Chi et al.，2020a）。交通发展对海岛生态系统的负面影响与城镇建设类似，但可能比城镇建设的影响程度更大，且对周边区域可能产生缓冲区效应（Lee and Ryu，2008；Jacquelinel et al.，2008）。

农田开垦是有居民海岛常见的人类活动类型。在我国的许多河口泥沙海岛上，如长江口崇明岛（Huang et al.，2008）和瓯江口灵昆岛（Chi et al.，2020a），由于肥沃的土地和平坦的地形，农田开垦是占地面积最大的人类活动类型。在一些较大的基岩岛上，农田开垦也较为常见，主要分布于地势平坦且离岸较远的位置（Chi et al.，2018a）。在本研究中，农田开垦对应着地表覆盖类型中的农地。农田开垦将海岛的自然群落替换为特定的各类农作物，会对海岛生物群落结构和多样性造成一定影响（Swift and Anderson，1993）；同时，在部分区域也可能产生农业非点源污染（Xu et al.，2016）。然而，在一些海岛上，农田能够一定程度地维护和提升生态系统生产力（池源等，2015c）和土壤碳氮储量（Chi et al.，2019e）。中国北方大部分基岩海岛上的农田均是旱地，且面积较小。在本研究区，农田占据研究区总面积的6.05%，以玉米、大豆和花生等为主要作物。

20世纪50年代以来，在我国海岛上开展了广泛的人工防护林建设，特别是在原生林木发育不良的基岩海岛上，以黑松、刺槐（Chi et al.，2018a）、木麻黄（Chi et al.，2020a）等耐旱树种为主要树种。在本研究中，人工林种植对应着地表覆盖类型中的林地。人工林建设提升了海岛的森林覆盖率，增强了海岛生态系统的稳定性。不过，人工林可能会通过改变生境条件来影响林下的生物多样性，而该影响是正面的还是负面的在不同案例中有所争议（Allen et al.，1995；Michelsen et al.，2014）。本研究区目前森林覆盖率大于 40%，在所有有居民海岛和面积较大的无居民海岛上分布广泛，以黑松为主要优势种，刺槐和侧柏也是主要人工林树种。

海水养殖和旅游同样是海岛上重要的人类活动类型。在本研究区，海水养殖主要以海岛周边海域为依托进行开放式养殖，并对海水环境产生潜在负面影响（Tovar et al.，2000）。该类活动及其产生的影响并不在海岛的范围内，即该类型并不直接占用和影响海岛。然而，海水养殖通过不同方式间接对海岛生态系统产生影响。岛民以海岛为平台和核心在周边海域开展养殖活动。养殖活动为岛民提供食物和经济来源，海岛为岛民提供空间来居住和生活。因此，养殖活动一定程度地驱动了城镇建设和交通发展。在一些海岛 [如大钦岛（Is.5）]，周边海域开展了大规模的海带养殖，相应地，海岛上开辟了较多的海带晒场（图 4.11）。在许多无居民海岛上，较小规模的建筑均为了作为养殖看护房而建设，用来居住临时工作人员以方便管理海岛周边的海水养殖区域。因此，海岛周边海域的养殖活动促进了岛上的各类开发活动，从而对海岛生态系统产生间接影响。同理，旅游活动也是通过促进海岛城镇建设和交通发展进而产生间接影响（王新越，2014）。这类间接影响已经被考虑在上述四种典型人类活动类型中，故不再单独计算。

有居民海岛比无居民海岛拥有更多的人类活动类型、更大的规模和更高的强度。在有居民海岛中，南长山岛（Is.1）、北长山岛（Is.2）、大黑山岛（Is.3）、砣矶岛（Is.4）、大钦岛（Is.5）、庙岛（Is.9）和小黑山岛（Is.10）拥有全部四种人类活动类型，其余有居民海岛拥有除了农田外的三种人类活动类型。

2）*人类活动影响量化方法*

人类活动影响的量化分为两个方面：各类人类活动的单独影响和所有人类活动的叠加影响。

对各类人类活动的影响而言，将某一海岛上自然区域的 S-C1、S-C2、S-C3 和 S-IEHI 作为该岛生态系统健康的基线，各类人类活动的影响采用以下方法进行量化：

$$\text{HAI-1}=\text{S-C1t}/\text{S-C1n} \tag{4.30}$$

$$\text{HAI-2}=\text{S-C2t}/\text{S-C2n} \tag{4.31}$$

$$\text{HAI-3}=\text{S-C3t}/\text{S-C3n} \tag{4.32}$$

$$\text{HAII}=\text{S-IEHIt}/\text{S-IEHIn} \tag{4.33}$$

式中，HAI-1、HAI-2 和 HAI-3 分别为某海岛上某类人类活动对植被、土壤和景观的影响；S-C1t、S-C2t 和 S-C3t 分别是该岛上该类人类活动区域的 S-C1、S-C2 和 S-C3；S-C1n、S-C2n 和 S-C3n 分别是该岛上自然区域的 S-C1、S-C2 和 S-C3。HAII 是提出的人类活动影响指数（human activity influence index），用以测度该类人类活动对海岛生态系统健康的影响；S-IEHIt 和 S-IEHIn 分别为该岛上该类人类活动区域和自然区域的 S-IEHI。

在上述工作的基础上，采用以下方法计算所有人类活动的叠加影响：

$$\text{HAI-1c}=\sum \text{HAI-1}_x \times w_x \quad (4.34)$$

$$\text{HAI-2c}=\sum \text{HAI-2}_x \times w_x \quad (4.35)$$

$$\text{HAI-3c}=\sum \text{HAI-3}_x \times w_x \quad (4.36)$$

$$\text{HAIIc}=\sum \text{HAII}_x \times w_x \quad (4.37)$$

式中，HAI-1c、HAI-2c、HAI-3c 和 HAIIc 分别指某海岛上所有人类活动对植被、土壤、景观和海岛生态系统健康的叠加影响；HAI-1*x*、HAI-2*x*、HAI-3*x* 和 HAII*x* 分别是该岛上人类活动类型 *x* 的 HAI-1、HAI-2、HAI-3 和 HAII；w_x 是该岛上人类活动类型 *x* 的权重，由该岛上人类活动类型 *x* 的面积与所有人类活动总面积的比例决定。

2. 各类人类活动对海岛生态系统健康的影响

各类人类活动对海岛三个关键生态要素的影响见表 4.8。可以发现，不同人类活动对不同关键要素的影响具有较为显著的差异。根据表中影响值的大小，可将人类活动影响分为正面影响（影响值＞1）和负面影响（影响值＜1）。影响值越大，正面影响越大；影响值越小，负面影响越大。

城镇建设总体上对三个关键要素产生负面影响，该结果也与以往的人类活动影响研究结论相一致（Vimal et al.，2012；Wang et al.，2020）。单位面积的负面影响在无居民海岛上比在有居民海岛上更加明显。在无居民海岛上，房屋、码头和道路建设规模总体较小，且处于初级阶段，开发建设缺少相应规划和生态保护措施。相对而言，有居民海岛上的城镇建设已具备一定规模，且近年来愈加重视合理规划及绿色空间建设，因此造成的负面影响比在无居民海岛上要小。

与城镇建设相似，交通发展总体上也表现出了负面影响，且对植被和土壤要素的影响在无居民海岛上比在有居民海岛上更加明显，对景观要素的影响则呈现相反的特征。交通发展包括码头和道路建设两个部分。码头位于岸线区域，呈现小斑块状态，分布在全部有居民海岛和大部分无居民海岛上；道路位于海岛内部，呈线状，主要位于有居民海岛上。道路比码头更能加剧景观破碎化和隔离度（Liu et al.，2014；Karlson and Mörtberg，2015），对于景观要素的负面影响明显大于码头，因此使得交通建设对有居民海岛景观要素的负面影响大于无居民海岛。在一些海岛上，城镇建设和交通发展的结果表现出了正面影响，这是由混合像元效应导致（Chen et al.，2018）。具体来说，某种人类活动类型的一个斑块范围不可能与评价单元的边界完全重合，使得一个评价单元中可能包含多种人类活动类型。该情形在空间模拟和评价研究中往往不可避免但对总体结果不产生明显影响（Chi et al.，2018a，2020a）。在本研究区，面积较小的建筑斑块和宽度较小的道路斑块可能与人工林位于同一评价单元，而人工林本身往往带来正面影响，使得该评价单元的结果是正向的，因此可能会导致某些海岛上的城镇建设和交通发展呈现正面影响。

表 4.8 各类人类活动对海岛三个关键生态要素的影响

海岛编号	海岛名称	城镇建设			交通发展			农田开垦			人工林种植		
		HAI-1	HAI-2	HAI-3	HAI-1	HAI-2	HAI-3	HAI-1	HAI-2	HAI-3	HAI-1	HAI-2	HAI-3
Is.1	南长山岛	0.91	1.17	0.83	1.16	0.79	0.68	1.16	1.95	0.77	1.59	1.50	1.07
Is.2	北长山岛	0.84	0.81	0.75	1.07	0.74	0.52	1.02	1.36	0.77	1.42	1.26	1.11
Is.3	大黑山岛	0.70	0.87	0.66	0.85	0.94	0.53	0.91	1.28	0.72	1.05	1.48	1.08
Is.4	砣矶岛	0.71	1.08	0.76	0.97	0.92	0.64	0.96	1.14	0.64	1.12	1.34	1.12
Is.5	大钦岛	0.66	0.92	0.80	0.85	0.90	0.62	0.87	0.95	0.69	1.19	1.28	1.02
Is.6	北隍城岛	0.66	0.80	0.79	1.08	0.74	0.62	—	—	—	1.23	1.15	1.07
Is.7	南隍城岛	0.66	0.70	0.83	0.87	0.64	0.82	—	—	—	1.17	1.14	1.04
Is.8	大竹山岛	0.54	0.62	0.75	0.83	0.61	0.76	—	—	—	1.11	1.01	1.16
Is.9	庙岛	0.76	0.64	0.61	0.80	0.53	0.61	0.99	0.99	0.67	1.22	1.10	1.08
Is.10	小黑山岛	0.66	0.46	0.66	0.94	0.59	0.55	0.96	0.86	0.77	1.16	1.05	1.03
Is.11	小钦岛	0.83	0.65	0.79	1.09	0.61	0.72	—	—	—	1.26	1.03	1.09
Is.12	高山岛	0.47	0.60	0.55	0.76	0.59	0.67	—	—	—	0.89	1.01	0.92
Is.13	猴矶岛	0.66	0.60	0.72	0.79	0.59	0.57	—	—	—	1.27	1.01	1.01
Is.14	小竹山岛	0.96	0.60	0.71	0.91	0.60	0.88	—	—	—	1.20	1.00	1.09
Is.15	螳螂岛	0.58	0.55	0.68	—	—	—	—	—	—	1.56	1.06	1.09
Is.16	南砣子岛	1.06	0.61	0.77	—	—	—	—	—	—	1.56	1.00	0.98
Is.17	挡浪岛	0.90	0.58	0.53	1.45	0.50	0.91	—	—	—	1.48	1.01	1.09
Is.18	羊砣子岛	1.31	0.65	0.63	0.97	0.60	0.51	—	—	—	1.60	1.06	1.01
Is.19	牛砣子岛	1.08	0.62	0.52	—	—	—	—	—	—	1.42	1.04	1.03
Is.20	砣子岛	—	—	—	0.60	0.53	0.90	—	—	—	1.10	0.98	0.72
Is.21	车由岛	0.86	0.60	0.71	0.99	0.60	0.85	—	—	—	—	—	—
Is.23	烧饼岛	1.01	0.64	0.20	1.23	0.62	0.72	—	—	—	1.25	1.05	0.86
Is.24	鱼鳞岛	—	—	—	—	—	—	—	—	—	—	—	—
Is.25	犁犋把岛	—	—	—	1.22	0.53	0.98	—	—	—	—	—	—
Is.26	蝎岛	—	—	—	—	—	—	—	—	—	—	—	—
II		0.80	1.01	0.79	1.05	0.80	0.64	1.03	1.49	0.75	1.28	1.34	1.08
UI		0.68	0.61	0.72	0.77	0.59	0.79	—	—	—	1.19	1.01	1.10
EI		0.80	1.004	0.79	1.04	0.79	0.64	1.03	1.49	0.75	1.28	1.32	1.08

注：HAI. human activity influence，人类活动影响；HAI-1、HAI-2 和 HAI-3 分别指人类活动对植被、土壤和景观的影响；II. inhabited islands，有居民海岛；UI. uninhabited islands，无居民海岛；EI. entire islands，全部海岛；下同。

农田开垦仅在部分有居民海岛上可见，对植被、土壤和景观要素分别表现出了轻微的正面影响、明显的正面影响和一定的负面影响。农田开垦破坏了原有的自然植物群落，但在合理的耕作制度下农作物可能表现出较高的生态系统生产力（Chi et al.，2018a）；此外，秸秆还田、有机肥施用等耕作制度也会带来土壤要素的质量提升（Qin and Huang，2010；Minasny et al.，2017）。

人工林种植对三个关键要素均表现出了明显的正面影响，不仅提升了生态系统生产力，维护了生物多样性（Chi et al.，2016），还改善了土壤质量，美化了海岛景观（Chi et al.，2020a）。在本研究区，人工林广泛分布于有居民海岛，并占据了有居民海岛的大部分面积；而在无居民海岛上，人工林建设难度增加，且生境条件更加恶劣，人工林比例相对较小，在一些海岛上多以小斑块的形态分散分布。因此，在有居民海岛上人工林种植对三个要素的正面影响大于在无居民海岛上。

各类人类活动对海岛生态系统健康的影响（HAII）如图 4.100 所示。城镇建设、交

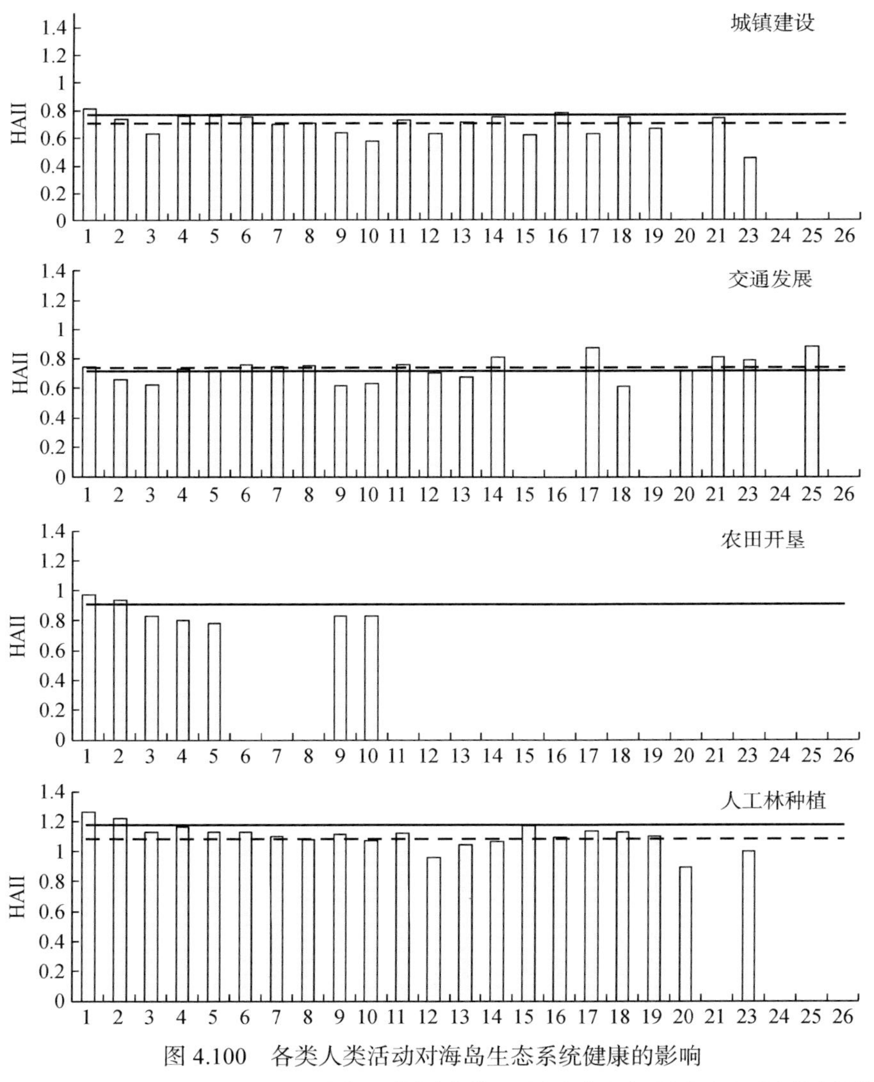

图 4.100　各类人类活动对海岛生态系统健康的影响

HAII：human activity influence index，人类活动影响指数，反映人类活动对海岛生态系统健康的影响

通发展和农田开垦的 HAII 在所有海岛上均小于 1。就城镇建设而言，有居民海岛 HAII 高于无居民海岛；南长山岛（Is.1）、南砣子岛（Is.16）和大钦岛（Is.5）是 HAII 最高的 3 个海岛，烧饼岛（Is.23）、小黑山岛（Is.10）和螳螂岛（Is.15）是 HAII 最低的 3 个海岛。就交通发展而言，有居民海岛 HAII 略低于无居民海岛；犁犋把岛（Is.25）、挡浪岛（Is.17）和车由岛（Is.21）是 HAII 最高的 3 个海岛，羊砣子岛（Is.18）、庙岛（Is.9）和大黑山岛（Is.3）是 HAII 最低的 3 个海岛。就农田开垦而言，其仅分布于部分有居民海岛，南长山岛（Is.1）和大钦岛（Is.5）分别拥有最高和最低的 HAII。人工林种植在大部分海岛上的 HAII 均大于 1，南长山岛（Is.1）、北长山岛（Is.2）和螳螂岛（Is.15）是 HAII 最高的 3 个海岛，仅有高山岛（Is.12）和砣子岛（Is.20）的 HAII 小于 1；有居民海岛的 HAII 高于无居民海岛。对比四类人类活动的 HAII，有居民海岛的 HAII 由高到低依次为人工林种植、农田开垦、城镇建设和交通发展；无居民海岛的 HAII 由高到低依次为人工林种植、城镇建设和交通发展。

总体来看，交通发展、城镇建设和农田开垦产生了负面影响，单位面积分别将海岛生态系统健康降低了 28.56%、23.38% 和 9.31%；人工林种植产生了正面影响，单位面积将海岛生态系统健康提升了 17.14%。该结果可为海岛人类活动影响评估提供统一的测算标准，为海岛资源环境承载能力和开发利用适宜性评价提供参考。

3. 所有人类活动对海岛生态系统健康的叠加影响

所有人类活动对海岛三个关键生态要素和生态系统健康的叠加影响如图 4.101 所示。就植被要素而言，有居民海岛和无居民海岛的 HAI-1 基本一致；大部分海岛的 HAI-1 均大于 1，且螳螂岛（Is.15）、南砣子岛（Is.16）、挡浪岛（Is.17）、羊砣子岛（Is.18）和牛砣子岛（Is.19）的 HAI-1 明显大于其他海岛。就土壤要素而言，有居民海岛的 HAI-2 大多大于 1，而无居民海岛的 HAI-2 大多小于 1。就景观要素而言，有居民海岛的 HAI-3 总体上小于无居民海岛。对于反映所有人类活动对海岛生态系统健康的叠加影响的 HAII，有居民海岛和无居民海岛总体上 HAII 均大于 1，且无居民海岛的 HAII 略高于有居民海岛；螳螂岛（Is.15）、挡浪岛（Is.17）和羊砣子岛（Is.18）是 HAII 最高的 3 个海岛，砣子岛（Is.20）、车由岛（Is.21）和高山岛（Is.12）是 HAII 最低的 3 个海岛，上述 6 个海岛均为无居民海岛。

所有人类活动的叠加影响反映了人类活动对海岛生态系统的最终影响。在本研究区的有居民海岛上，人类活动最终提升了植被和土壤质量，降低了景观质量；在无居民海岛上，人类活动提升了植被和景观质量，但降低了土壤质量。总体上，人类活动提升了有居民海岛和无居民海岛的生态系统健康，且分别提升了 2.74% 和 5.91%。此外，无居民海岛之间的生态系统健康差异比较大，拥有着极高和极低的 HAII，这说明无居民海岛对人类活动的响应比有居民海岛更加灵敏。有居民海岛和无居民海岛自然属性上最显著的差异为海岛面积和隔离度，有居民海岛比无居民海岛往往拥有更大的面积和更低的隔离度（Nam et al.，2010；Chi et al.，2019b）。本研究证明了面积较小、隔离度较高的海岛对于人类活动的响应更加灵敏，该结果也丰富了全球变化背景下岛屿生物地理学的研究（Helmus et al.，2014）。

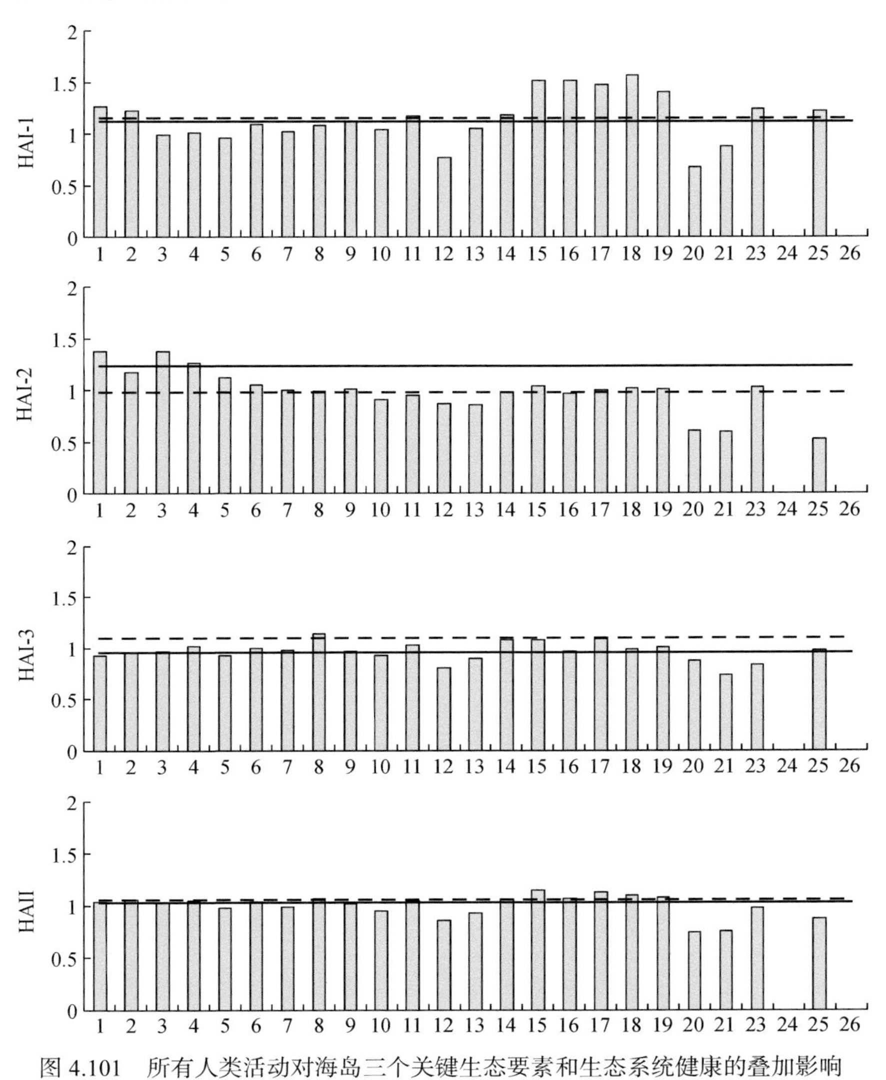

图 4.101　所有人类活动对海岛三个关键生态要素和生态系统健康的叠加影响

第五章

岛群生境适宜性评估

岛群生境适宜性是指岛群作为栖息地对于物种生存、生长和途经停留的适宜性，是开展岛群生态网络构建的基础性工作。本章基于第四章海岛生态系统健康及其影响因子结果，判断影响岛群生境适宜性的关键因子，提出“形态—结构—功能—干扰”的岛群生境适宜性评估指标体系和评估方法，并在海岛尺度和评价单元尺度上评估岛群生境适宜性的空间特征。

第一节　岛群生境适宜性评估模型

一、岛群生境适宜性的影响因子

1. 影响因子梳理

本研究区作为国家级自然保护区，鸟类是最重要的保护物种。在国外相关研究中，土地利用 / 覆盖及其变化往往作为鸟类的关键生境要素，植被规模和结构、景观格局、植被生长状况、食物供给等对鸟类生境适宜性具有直接的影响（Tattoni et al.，2012；Porzig et al.，2014；Cardador et al.，2014）。另外，人类活动也经常被视为生境适宜性的重要干扰因子（Shealer and Alexander，2013）。除了土地利用 / 覆盖这种具有长期性的影响要素之外，具有短期多变性的天气状况也是影响鸟类行为的重要因子（Miller et al.，2016）。在数据获取和分析方法上，除了现场调查观测之外，3S 技术和最大熵模型（MaxEnt model）也得到了越来越多的应用（Tattoni et al.，2012；Shealer and Alexander，2013；Cardador et al.，2014）。总体来看，国外的研究以长期的现场调查和观测数据为基础，通过各种技术方法，对鸟类与生境因子的关系进行定量研究。国内的相关研究中，植被类型和植被生长状况也被看作是鸟类群落结构的重要影响因子（李健和王文，2010；刘澈等，2014）。此外，地形因子（海拔）、景观格局（斑块密度、景观多样性等）和人为干扰（交通、居民地、旅游人次、建堤围垦、放牧捕捞等）也是研究者广泛关注的影响因子（田波等，2008；袁玉洁等，2013；任璘婧等，2014）。国内学者在研究方法上更加偏重鸟类生境适宜性指标体系的构建，探讨多种环境因子对鸟类生境适宜性的综合影响，并特别关注鸟类生境因子的空间表达和人类活动影响下鸟类生境适宜性的变化规律。

根据第四章海岛生态系统健康综合评估及影响因子分析结果，植被、土壤和景观三个关键要素均对海岛生态系统健康具有重要意义，其中景观要素对海岛生态系统的空间分异起到主导性作用。在植被要素中，反映植被生产力的 NDVI 和 NPP 均对海岛生态系统健康的空间分异产生了较为明显的影响，前者的相关系数更高，后者考虑到了不同植被类型之间光能利用率的差异；反映植物多样性的 H' 和 E 产生的影响总体较小。在土壤要素中，反映土壤碳储量的 TOC 和反映土壤养分的 TN、AP 及 AK 均产生了不同程度的影响。在景观要素中，反映景观组成的 ILC 产生了明显影响，取得了各指标中最高的相关系数；反映景观布局的 NP、TE 和 LII 中，NP 产生了更加明显的影响。在影响海岛生态系统健康的主要自然因子中，Al、Sl 和 DTS 在评价单元尺度上产生了比 As 更加明显的影响，其中 Sl 的影响最为显著；海岛面积和与大陆距离是海岛尺度上的基本参数，并均对海岛生态系统健康产生一定的影响。在影响海岛生态系统健康的主要人为因子中，城镇建设、交通发展和农田开垦对海岛生态系统健康造成了损害，人工林种植则在一定程度上提升了海岛生态系统健康。

2. 关键影响因子

考虑到鸟类生境适宜性的特征，上述梳理的主要影响因子并非全部对鸟类生境适宜性产生实际影响，而一些影响因子虽然与海岛生态系统健康的空间分异没有太明显的相关性，但可能对岛群生境适宜性具有重要影响。对于本研究区而言，土壤要素对鸟类的生境适宜性不会产生直接的明显影响，而植物多样性则是鸟类生境适宜性的一个重要指标。此外，对于内涵有一定重复的多个指标，取其一，如 NDVI 和 NPP 均反映了植被生长状况和生产力，虽然 NDVI 与海岛生态系统健康表现出了更高的相关性，但 NPP 考虑到了植被类型的差异，故选择后者；如景观要素中的 ILC 和人为影响因子均基于不同地表覆盖类型的面积及其对生态系统的影响计算获得，将这两方面合成一个统一考虑。

综上，在海岛生态系统各要素和指标中，选择植被要素中的 NPP 和景观要素中的 NP；在主要自然影响因子中，选择评价单元尺度上的 Sl 以及海岛尺度上的海岛面积和位置；在人为因子中，考虑到不同人类活动类型的面积及其对自然生态系统的影响，重点考虑其负面影响。

二、岛群生境适宜性评估指标体系

在上述影响因子分析的技术上，结合岛群生境适宜性的实际特征，构建“形态—结构—功能—干扰”的评估指标体系（图 5.1）。

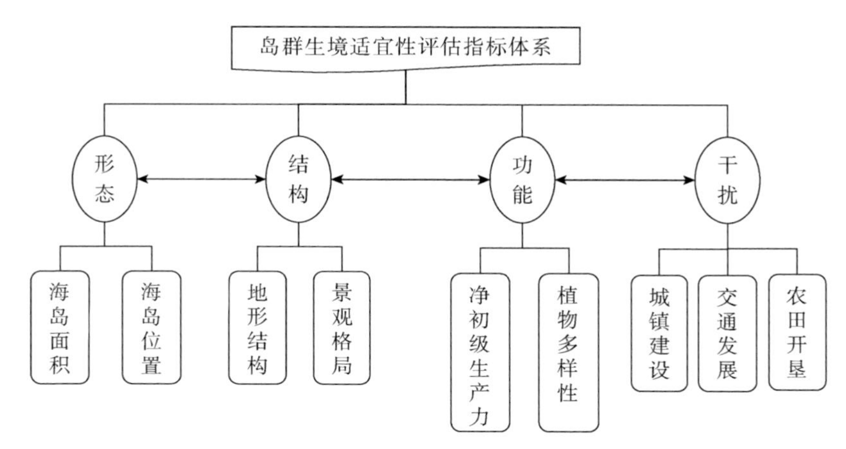

图 5.1 岛群生境适宜性评估指标体系

1. 形态

形态即海岛面积和位置。海岛面积和位置是海岛的两个基本因子，也是岛群生境适宜性的关键因子。面积较大的海岛往往能够容纳更多的物种种类和个体，也代表着更多的鸟类生境空间；海岛的特殊地理位置是其作为鸟类迁徙节点的关键因素，岛群中某一海岛的位置决定了该岛与岛群中其他海岛连接的难易程度，进而影响了海岛生境适宜性。此外，形状也是海岛形态的指示因子，但前期研究显示海岛形状与海岛生态系统状况并无明显关系，不作为本次评估指标。因此，挑选海岛面积和位置作为形态的评估指标。其中，海岛位置用某一海岛与岛群内其他所有海岛的距离之和来表征。

2. 结构

结构即景观格局和地形结构。结构包含着水平梯度和垂直结构两个方面。在水平梯度上，景观格局是最具有代表性的表征因子，对物种迁移过程具有重要影响，选择景观要素中的 NP 进行表示；在垂直结构上，地形因子往往具有重要作用，选择自然影响因子中的 Sl 来表示。

3. 功能

功能即生态功能。生态功能主要由植被要素体现，选择植被要素中的 NPP 和 H' 分别代表生态系统生产力和植物多样性。前者反映了生态系统服务中的供给（食物供给）、支持（初级生产力）和调节（气候调节、水源涵养）功能，后者反映了生态系统服务中的供给（遗传基因库）和支持（生物多样性维持）功能。

4. 干扰

干扰即人类干扰。根据第四章的结论，城镇建设、交通发展和农田开垦会给海岛生态系统带来干扰，且干扰的程度互不相同。总体而言，道路改变海岛地表形态，破坏生物栖息地，割裂自然景观，并通过车辆运输等方式产生持续的影响，其影响程度较高、影响范围较大；建筑用地同样具有上述影响，但其往往连片分布，形状规整，影响次之；农田开垦的影响主要表现在改变群落结构，影响相对较小。提出人类干扰指数（human interference index，HII）代表干扰，基于各类型的面积、影响系数和缓冲区效应（最大影响距离 100m）计算得到。

三、岛群生境适宜性评估方法

通过 ArcGIS 平台，基于各个海岛和前文已确定的 30m × 30m 评价单元，采用岛群生境适宜性评估指标体系在海岛尺度和评价单元尺度上来测度岛群生境适宜性空间特征。

首先，各指标量纲不一，采用相应的评估标准计算各指标的评估结果，方法如下：

$$\mathrm{RI}_{i,x}=\begin{cases}(I_{i,x}-I_{i,\min})/(I_{i,\max}-I_{i,\min})\times 100 & \text{正向指标}\\(I_{i,\max}-I_{i,x})/(I_{i,\max}-I_{i,\min})\times 100 & \text{负向指标}\end{cases} \tag{5.1}$$

式中，$\mathrm{RI}_{i,x}$ 是指标 i 在海岛 / 评价单元 x 的评价结果；若 $\mathrm{RI}_{i,x}>100$，则 $\mathrm{RI}_{i,x}$ 为 100；若 $\mathrm{RI}_{i,x}<0$，则 $\mathrm{RI}_{i,x}$ 为 0；$I_{i,x}$ 为指标 i 在海岛 / 评价单元 x 的原始值；$I_{i,\max}$ 和 $I_{i,\min}$ 分别是指标 i 评估标准的上限和下限（表 5.1）。

表 5.1　岛群生境适宜性指标体系的评估标准

指标体系	指标	指标类型	评估标准		说明
			上限	下限	
形态	海岛面积	+	1321.48 hm^2	0.17 hm^2	分别取研究区各岛的最大值和最小值作为上限和下限
	海岛位置	−	1144.19 km	581.80 km	
结构	NP	−	1.99 个	0.66 个	分别取研究区平均值的 1.5 倍和 0.5 倍作为上限和下限
	SI	−	22.5°	7.5°	分别取 15° 的 1.5 倍和 0.5 倍作为上限和下限
功能	NPP	+	486 g/（m^2 • a）（以碳计）	162 g/（m^2 • a）（以碳计）	分别取区域平均值的 1.5 倍和 0.5 倍作为上限和下限（朱文泉等，2007；梁军等，2011）
	H'	+	3.09（无量纲）	1.03（无量纲）	
干扰	HII	−	0.4（无量纲）	0.1（无量纲）	基于相关研究（池源等，2017a；Chi et al.，2017b，2018a）

注：+ 代表正向指标；− 代表负向指标。

然后，基于各指标的评价结果，计算获得形态、结构、功能和干扰的评估结果，方法如下：

$$\mathrm{RE}=\sum_{i=1}^{n}\mathrm{RI}_i\times w_i \tag{5.2}$$

式中，RE 是形态、结构、功能或干扰的评估结果，RI_i 和 w_i 是其中指标 i 的评估结果和权重。同样地，采用等权重的方法进行计算。

最后，提出融合形态、结构、功能和干扰的生境适宜性指数（habitat suitability index，HSI），该指数同时考虑了平均值和短板效应，计算方法如下：

$$HSI=\sqrt{(RE_{aver}^2+RE_{min}^2)/2} \tag{5.3}$$

式中，RE_{aver} 和 RE_{min} 分别是形态、结构、功能和干扰结果的平均值和其中的最小值。HSI 的范围为 0~100；根据 HSI，可将研究区生境适宜性划分为较差适宜性（HSI ≤ 25）、一般适宜性（25 < HSI ≤ 50）、较好适宜性（50 < HSI ≤ 75）和极好适宜性（HSI > 75）。根据计算得到的海岛尺度和评价单元尺度上的评价结果，生成两个尺度上形态、结构、功能和干扰以及 HSI 的空间分布图（形态仅在海岛尺度上显示结果）。

第二节　岛群生境适宜性空间特征

一、形态—结构—功能—干扰的空间特征

1. 形态

海岛尺度上形态评估结果的空间特征如图 5.2 所示。各岛之间表现出了明显的差异，评估结果由南至北总体上呈减小趋势，且大岛总体上拥有较高的评估结果值。南长山岛（Is.1）、北长山岛（Is.2）和砣矶岛（Is.4）是评估结果值最大的 3 个海岛，北隍城岛（Is.6）、坡礁岛（Is.30）和官财石岛（Is.32）是评估结果值最小的 3 个海岛。

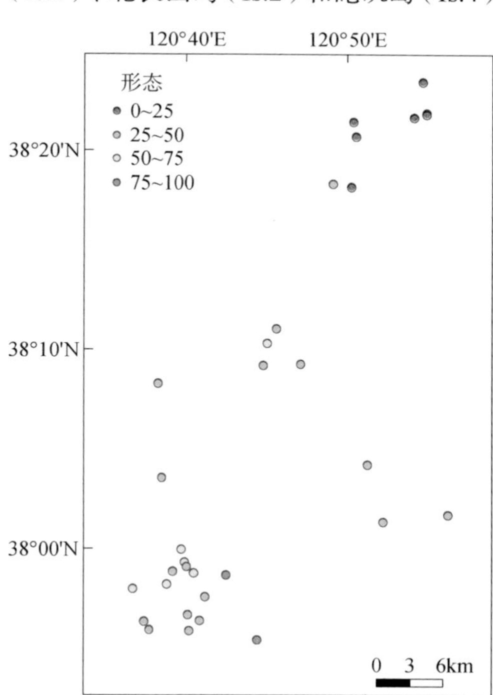

图 5.2　海岛尺度上形态的评估结果

2. 结构

海岛和评价单元尺度上结构评估结果的空间特征如图 5.3 所示。在海岛尺度上，结构评估结果由南至北总体呈增大趋势；南隍城岛（Is.7）、砣子岛（Is.20）和螳螂岛（Is.15）是评估结果值最大的 3 个海岛，庙岛（Is.9）、牛砣子岛（Is.19）和烧饼岛（Is.23）是评估结果值最小的 3 个海岛。在评价单元尺度上，评估结果值在地形和景观特征复杂区域较低，如城乡接合处和森林边缘；相对而言，在地势平坦区域和同一景观的内部区域，评估结果值较高。

3. 功能

海岛和评价单元尺度上功能评估结果的空

间特征如图 5.4 所示。在海岛尺度上，面积极大和极小海岛的功能评估结果值小于面积中等海岛的评估结果值；牛砣子岛（Is.19）、大竹山岛（Is.8）和大黑山岛（Is.3）是评

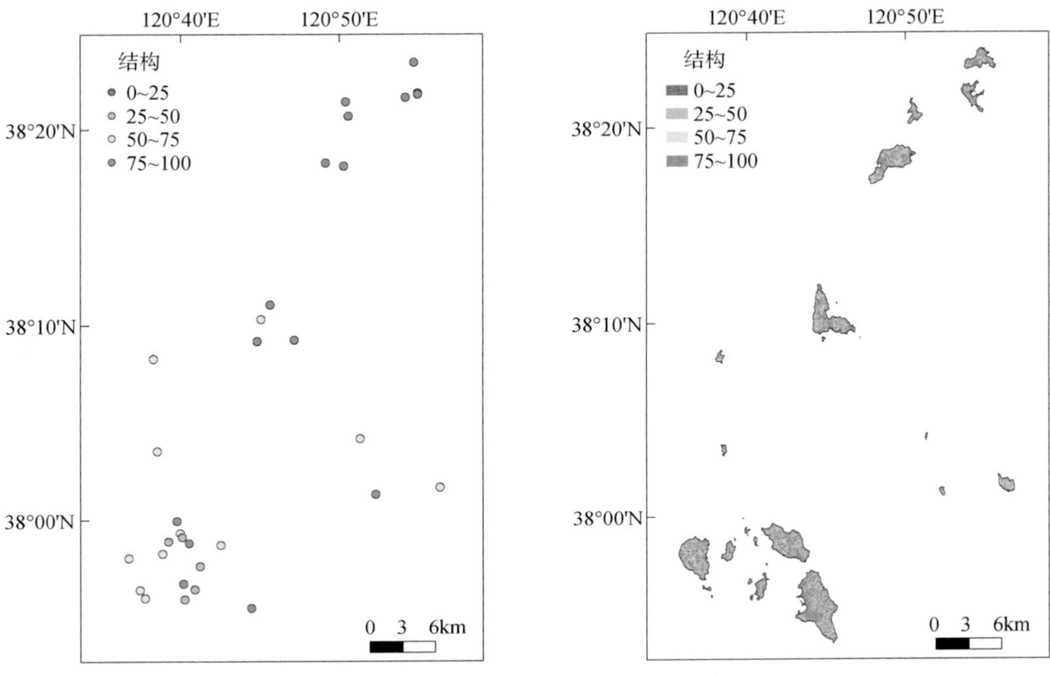

图 5.3　海岛（左）和评价单元（右）尺度上结构的评估结果

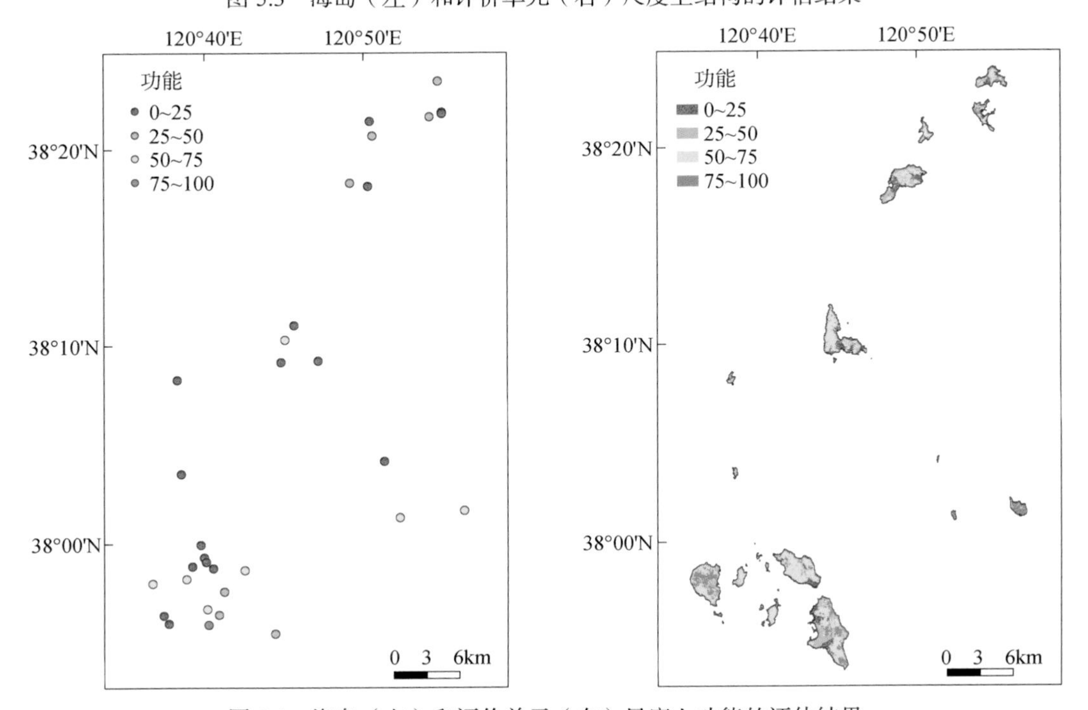

图 5.4　海岛（左）和评价单元（右）尺度上功能的评估结果

估结果值最大的 3 个海岛，砣子岛（Is.20）、车由岛（Is.21）、鳖盖山岛（Is.22）、鱼鳞岛（Is.24）、犁犋把岛（Is.25）、蝎岛（Is.26）、马枪石岛（Is.27）、山嘴石岛（Is.28）、东咀石岛（Is.29）、坡礁岛（Is.30）、东海红岛（Is.31）和官财石岛（Is.32）的评价结果值均为 0。在评价单元尺度上，不透水地面和裸地的评估结果值较低，人工林地和天然草地评估结果值较高。

4. 干扰

海岛和评价单元尺度上干扰评估结果的空间特征如图 5.5 所示。与功能评价结果相似的是，面积极大海岛和不透水面区域的评估结果值较低，不同的是面积较小海岛和裸地区域的评价结果较高。一共有 12 个海岛的评价结果值为 100，其 HII 值均小于 0.1，南长山岛（Is.1）、小黑山岛（Is.10）和砣矶岛（Is.4）是评估结果值最低的 3 个海岛。

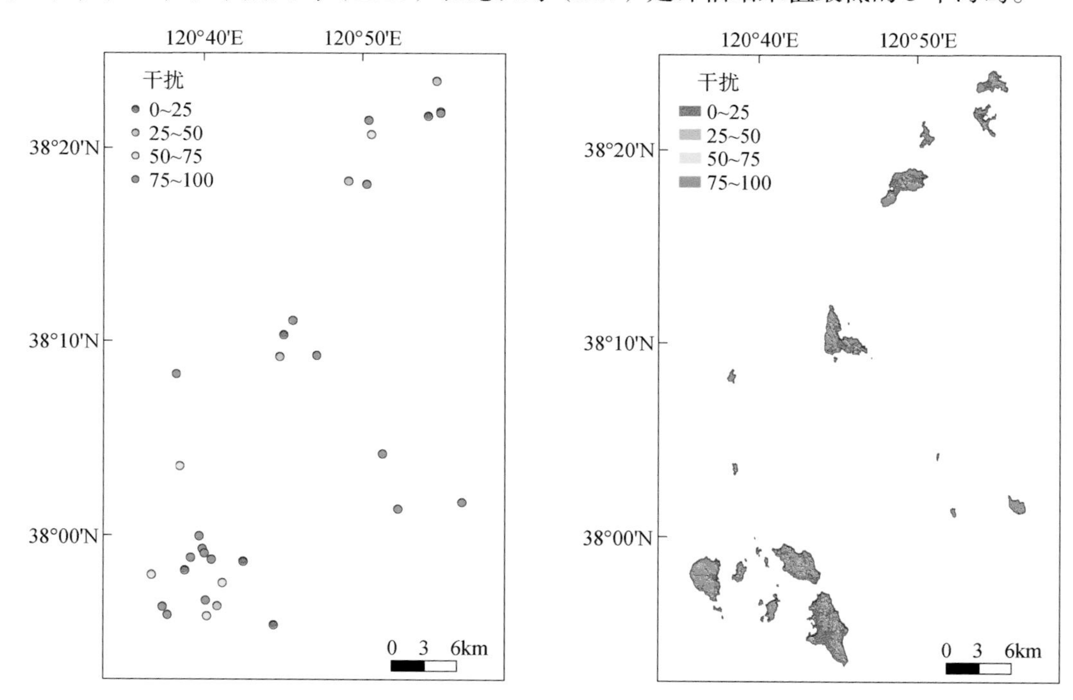

图 5.5　海岛（左）和评价单元（右）尺度上干扰的评估结果

二、岛群生境适宜性的空间特征

1. 不同尺度下岛群生境适宜性的空间特征

海岛和评价单元尺度上 HSI 的空间特征如图 5.6 所示，不同等级适宜性的面积比例见表 5.2。在海岛尺度上，HSI 范围为 29.55~58.43；各岛处于一般适宜性或较好适宜性的等级，其中 5 个海岛为较好适宜性，27 个海岛为一般适宜性。羊砣子岛（Is.18）、大黑山岛（Is.3）和小竹山岛（Is.14）是 HSI 最高的 3 个海岛，小黑山岛（Is.10）、车由岛（Is.21）

和砣子岛（Is.20）是 HSI 最低的 3 个海岛。在评价单元尺度上，HSI 范围为 6.83~87.73，不同等级面积由大到小依次为一般适宜性、较好适宜性、较差适宜性和极好适宜性。

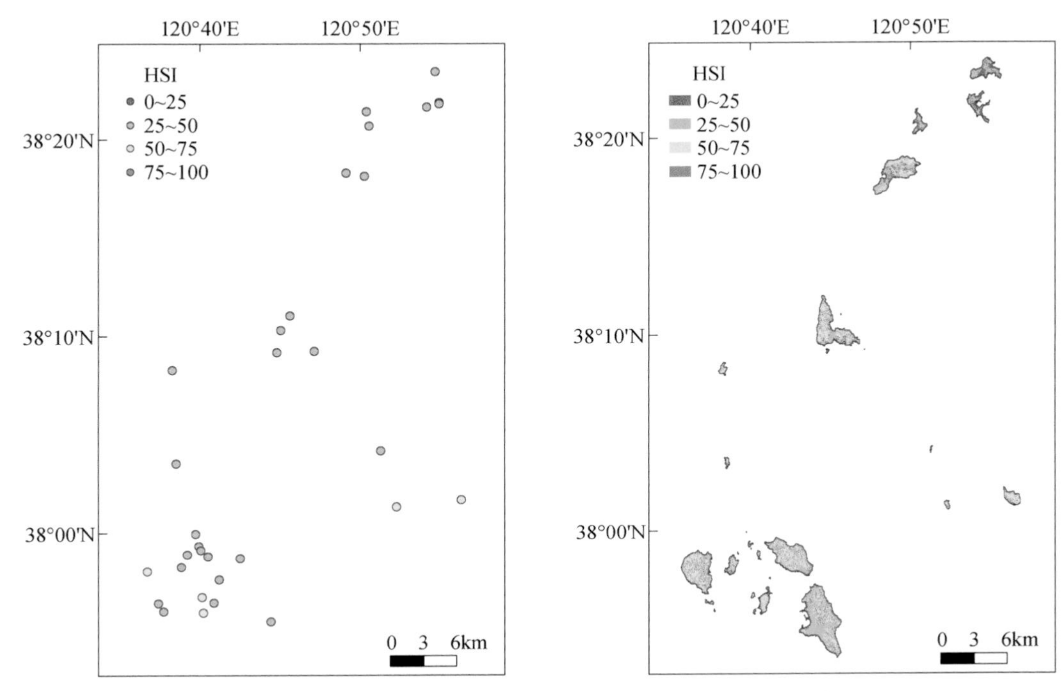

图 5.6　海岛（左）和评价单元（右）尺度上 HSI 的空间特征

表 5.2　岛群生境适宜性不同等级的面积比例　　单位：%

等级	海岛尺度	评价单元尺度
较差适宜性	0	7.7
一般适宜性	15.6	54.6
较好适宜性	84.4	33.9
极好适宜性	0	3.8

2. 各组分对岛群生境适宜性空间分异的贡献

HSI 与形态、结构、功能和干扰评估结果的相关系数见表 5.3。在海岛尺度上，形态与结构和干扰呈显著负相关关系；功能与干扰呈显著负相关关系，与 HSI 呈显著正相关关系；其他的相关性均不显著。海岛面积以及可达性的增大一定程度上提升了开发利用的便利度，从而造成景观格局的复杂化；功能与干扰的负相关性主要是由于部分面积较小海岛由基岩构成，功能评估结果较低，而干扰评估结果较高。在评价单元尺度上，由于样本数量巨大，所有的相关性均显著。形态与结构和干扰呈显著负相关关系，这与海岛尺度上的结果相一致，且形态与功能呈显著正相关关系；干扰与结构呈显著负相关关系，与功能呈显著正相关关系，这与海岛尺度上的结果不一致。这是由于在评价单元尺度上干扰评估结果较低的区域往往由不透水面或裸地覆盖，其功能评估结果也较低。HSI与形态、结构、功能和干扰均呈显著正相关关系，其中与干扰的相关系数最高，这说明人类活动干扰已经成为影响岛群生境适宜性空间分布的关键因子，同时也呼应了第四章中景观要素在海岛生态系统健康空间分异性的主导作用。

表 5.3　HSI 与形态、结构、功能和干扰评估结果的相关性系数

项目		形态	结构	功能	干扰	HSI
海岛尺度	形态	1	−0.403*	0.283	−0.400*	0.278
	结构	−0.403*	1	−0.214	0.021	−0.112
	功能	0.283	−0.214	1	−0.576**	0.584**
	干扰	−0.400*	0.021	−0.576**	1	0.186
	HSI	0.278	−0.112	0.584**	0.186	1
评价单元尺度	形态	1	−0.035**	0.113**	−0.202**	0.249**
	结构	−0.035**	1	−0.275**	−0.087**	0.213**
	功能	0.113**	−0.275**	1	0.346**	0.582**
	干扰	−0.202**	−0.087**	0.346**	1	0.752**
	HSI	0.249**	0.213**	0.582**	0.752**	1

注：** 代表 $P < 0.01$；* 代表 $P < 0.05$。

第六章

双重空间尺度下岛群生态网络的构建

双重空间尺度下的岛群生态网络的构建是实现生态网络在岛群空间内全连通性的必要途径。本章根据岛群生境适宜性的评估结果确定景观阻力，进而采用欧氏距离法和最小阻力距离法分别构建岛群和岛内尺度的生态网络；前者由海岛平台和飞行路线构成，后者由生态源地和生态廊道构成；最终实现生态网络在双重空间尺度的全连通性。

第一节　景观阻力确定

景观阻力是构建生态网络的基础，代表物种在景观斑块内生存和在不同景观斑块之间迁移的难易程度（Dauber et al.，2003；Kong et al.，2010；Moraes et al.，2018）。在本研究中，景观阻力是双重空间尺度下甄别海岛平台和生态源地、生成飞行路线和生态廊道、评价生态网络各组分生态重要值的基础数据。基于岛群生境适宜性评估结果，获取景观阻力值（landscape resistance value，LRV）。由前文可知，岛群生境适宜性基于形态、结构、功能和干扰进行评估，全面考虑了可能影响景观阻力的各类潜在影响因子。LRV 的计算方法如下：

$$\mathrm{LRV}=100-\mathrm{HSI} \tag{6.1}$$

式中，HSI 为生境适宜性指数，在海岛尺度和评价单元尺度上具有空间显示，其取值范围为 0~100。因此，LRV 的取值范围也为 0~100；LRV 越大，景观阻力越大。海岛尺度和评价单元尺度上 LRV 的空间特征如图 6.1 所示。

进而，开展双重空间尺度下岛群生态网络的构建工作。岛群生态网络主要包括 4 个组分，即岛群尺度上的海岛平台和飞行路线，以及岛内尺度上的生态源地和生态廊道。在岛群生态网络中，鸟类可通过飞行和步行两种方式进行迁移（吴未等，2016）：在岛群尺度上，可由飞行路线通过飞行方式抵达各海岛平台；在岛内尺度，可由生态廊道通过飞行或步行方式抵达各生态源地。

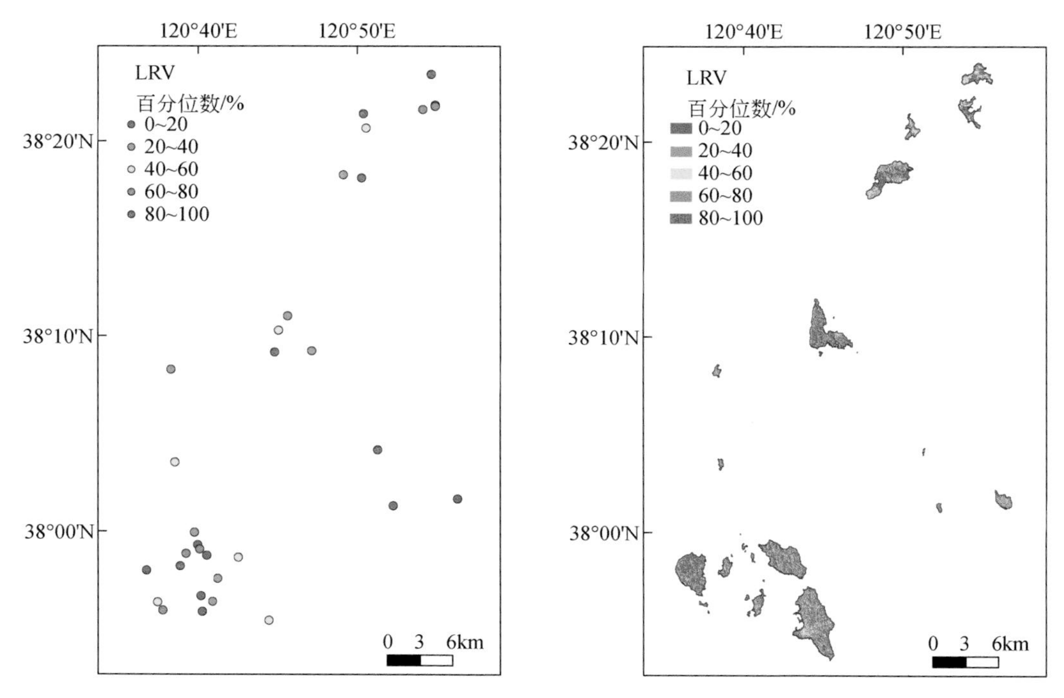

图 6.1 海岛（左）尺度和评价单元（右）尺度上 LRV 的空间特征

第二节 岛群尺度上生态网络的构建

一、构建过程

在岛群尺度上，海岛平台指的是岛群中鸟类迁徙的关键节点，本研究的 32 个海岛均作为海岛平台，并以各岛海岛重心作为节点（图 6.2，表 6.1）。飞行路线是指岛群尺度上连接各海岛平台的直线型飞行线路，采用 ArcGIS 中的 *Euclidean Distance* 工具生成连接任意两个海岛平台的潜在飞行路线，共计 496 条（图 6.2）。

在所有潜在飞行路线中，不同的飞行路线生态效率不一，没有必要将所有的飞行路线均作为生态网络的组成部分，需要筛选出具有高生态效率的飞行路线组成岛群尺度上的生态网络。基于重力模型，采用生态重要值（ecological importance value，EIV）来代表各飞行路线的生态效率，方法如下（Kong et al.，2010）：

$$\mathrm{EIV}_{a\text{-}b}=\frac{N_a\times N_b}{(D_{a\text{-}b})^2} \tag{6.2}$$

$$N_i=\frac{1}{P_i}\times \ln(S_i) \tag{6.3}$$

$$D_{a\text{-}b}=\frac{L_{a\text{-}b}}{L_{\max}} \tag{6.4}$$

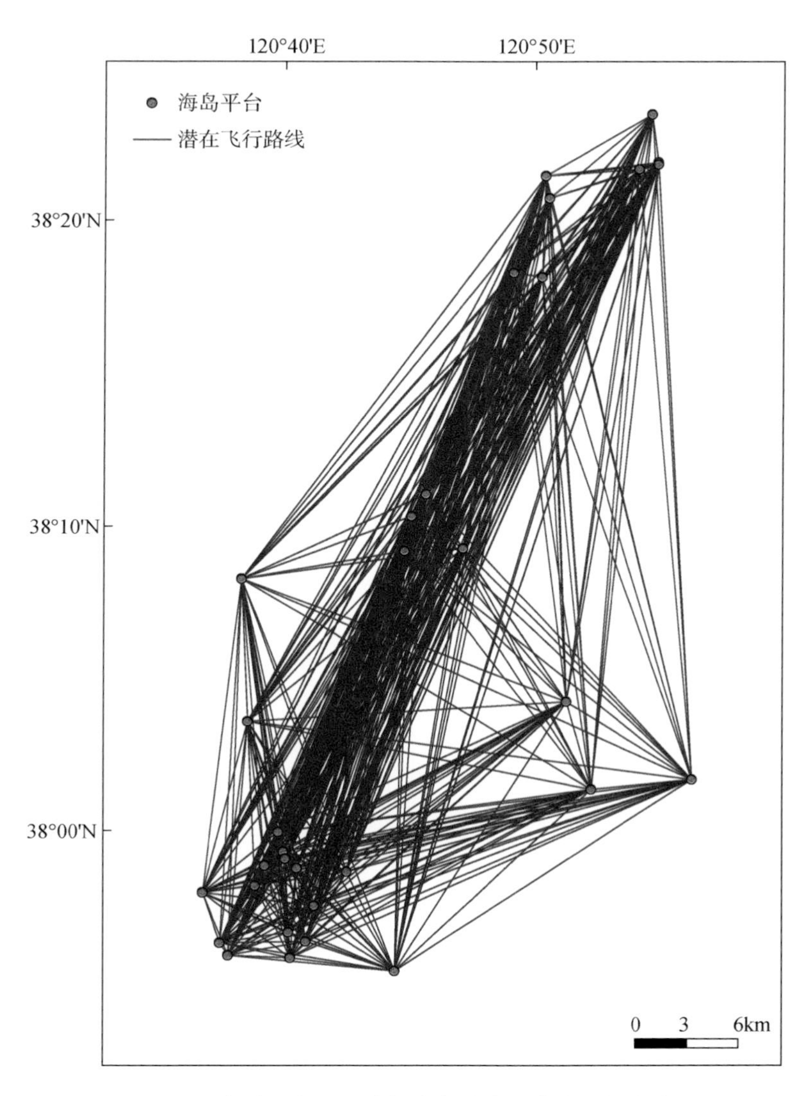

图 6.2 岛群尺度上连接各海岛平台的潜在飞行路线

式中，$EIV_{a\text{-}b}$ 是 $R_{a\text{-}b}$ 的 EIV；$R_{a\text{-}b}$ 是海岛平台 a 和海岛平台 b 之间的飞行路线；N_a 和 N_b 分别是海岛平台 a 和海岛平台 b 的重力值；$D_{a\text{-}b}$ 是 $R_{a\text{-}b}$ 的标准距离；P_i 和 S_i 分别是海岛平台 i 的 LRV 和面积；$L_{a\text{-}b}$ 是 $R_{a\text{-}b}$ 的欧氏距离，L_{max} 是所有飞行路线中最大的欧氏距离。

进而，将经过同一海岛平台的夹角≤ 15° 的飞行路线删除至只保留 EIV 最高的一条。根据各飞行路线 EIV 的大小，筛选出重要飞行路线（$0.1 \leqslant EIV < 1$）和核心飞行路线（$EIV \geqslant 1$）。此外，为保证全连通性，任一海岛平台均不能被孤立，所有海岛平台均须通过飞行路线互相连接。因此，挑选了部分 $EIV < 0.1$ 的可以填补全连通性“缺口”的飞行路线进入生态网络，并将其归为重要飞行路线。

表 6.1 岛群尺度上各海岛平台的景观阻力和生态重要值

海岛编号	海岛名称	LRV	EIV	海岛编号	海岛名称	LRV	EIV
Is.1	南长山岛	62.62	2.23	Is.17	挡浪岛	57.45	122.10
Is.2	北长山岛	60.40	8.50	Is.18	羊砣子岛	41.57	56.08
Is.3	大黑山岛	43.09	12.20	Is.19	牛砣子岛	48.16	36.86
Is.4	砣矶岛	60.97	14.80	Is.20	砣子岛	67.74	5.92
Is.5	大钦岛	59.82	8.00	Is.21	车由岛	67.83	1.22
Is.6	北隍城岛	67.74	4.38	Is.22	鳌盖山岛	66.19	11.00
Is.7	南隍城岛	65.51	15.40	Is.23	烧饼岛	58.92	21.82
Is.8	大竹山岛	49.51	1.38	Is.24	鱼鳞岛	63.73	27.32
Is.9	庙岛	59.97	48.60	Is.25	犁犋把岛	64.91	40.21
Is.10	小黑山岛	70.45	24.15	Is.26	蝎岛	64.68	133.85
Is.11	小钦岛	60.15	13.01	Is.27	马枪石岛	58.05	20.66
Is.12	高山岛	59.51	0.51	Is.28	山嘴石岛	59.22	9.34
Is.13	猴矶岛	63.56	1.68	Is.29	东咀石岛	58.82	3.99
Is.14	小竹山岛	46.51	2.32	Is.30	坡礁岛	65.78	865.34
Is.15	螳螂岛	50.59	50.71	Is.31	东海红岛	66.76	7.52
Is.16	南砣子岛	60.74	29.70	Is.32	官财石岛	65.75	875.23

注：LRV. landscape resistance value，景观阻力值；EIV. ecological importance value，生态重要值，下同。

筛选完所有重要和核心飞行路线后，将经过某一海岛平台的所有飞行路线 EIV 之和作为该海岛平台的 EIV，并根据表 6.2 将海岛平台划分为不同等级。

表 6.2 不同等级海岛平台和生态源地划分标准

等级	EIV	等级	EIV
一级海岛平台	≥ 100	一级生态源地	≥ 10
二级海岛平台	10~100	二级生态源地	1~10
三级海岛平台	＜ 10	三级生态源地	＜ 1

二、构建结果

岛群尺度上的生态网络如图 6.3 所示，包括 32 个海岛平台和 81 条飞行路线。在海岛平台中，一级、二级和三级海岛平台的数量分别为 4、15 和 13 个，面积分别为 11.28hm^2、2086.95hm^2 和 3285.91hm^2。官财石岛（Is.32）、坡礁岛（Is.30）和蝎岛（Is.26）是 EIV 最高的 3 个海岛平台，高山岛（Is.12）、车由岛（Is.21）和大竹山岛（Is.8）是 EIV 最低的 3 个海岛平台（表 6.1）。在飞行路线中，重要和核心飞行路线的数量分别为 32 和 49 条，长度分别为 288.05km 和 137.52km。R_{32-30}、R_{26-17} 和 R_{15-26} 是 EIV 最高的 3 条飞行路线，R_{18-14}、R_{28-5} 和 R_{15-14} 是 EIV 最低的 3 条飞行路线（表 6.3）。

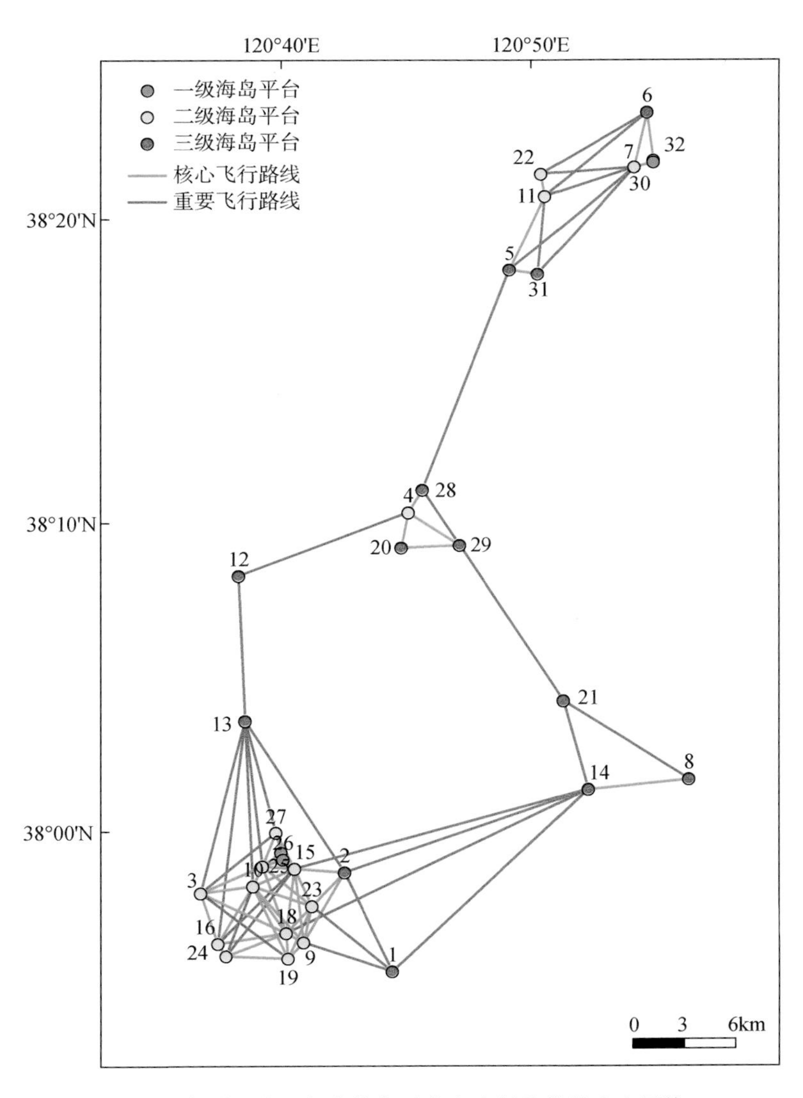

图 6.3　岛群尺度上包含海岛平台和飞行路线的生态网络

表 6.3 岛群尺度上飞行路线的长度和生态重要值

飞行路线	长度 /km	EIV	飞行路线	长度 /km	EIV	飞行路线	长度 /km	EIV
R_{32-30}	0.11	863.48*	R_{18-10}	3.42	2.38*	R_{14-21}	5.49	0.78
R_{26-17}	0.41	100.15*	R_{18-15}	3.88	2.37*	R_{11-7}	5.51	0.76
R_{15-26}	0.88	25.78*	R_{19-23}	3.44	1.97*	R_{31-11}	4.78	0.75
R_{9-18}	1.18	23.81*	R_{30-6}	2.93	1.86*	R_{1-2}	6.57	0.63
R_{24-16}	0.88	22.63*	R_{16-18}	4.02	1.83*	R_{16-15}	6.34	0.62
R_{19-9}	1.32	16.05*	R_{7-6}	3.40	1.82*	R_{22-7}	5.47	0.61
R_{19-18}	1.54	15.23*	R_{3-25}	3.95	1.82*	R_{1-23}	6.12	0.60
R_{17-27}	1.23	12.49*	R_{24-18}	3.78	1.77*	R_{24-15}	6.61	0.49
R_{7-32}	1.18	11.74*	R_{29-4}	3.56	1.64*	R_{27-13}	6.91	0.37
R_{11-22}	1.39	10.06*	R_{19-24}	3.65	1.60*	R_{11-6}	7.85	0.37
R_{10-25}	1.30	9.55*	R_{18-3}	5.55	1.58*	R_{22-6}	7.24	0.34
R_{25-17}	1.37	9.46*	R_{9-15}	4.45	1.39*	R_{8-21}	8.67	0.32
R_{4-28}	1.59	8.32*	R_{18-25}	4.23	1.36*	R_{3-13}	10.61	0.29
R_{25-26}	1.30	7.92*	R_{23-10}	3.66	1.36*	R_{13-12}	8.75	0.28
R_{31-5}	1.68	6.56*	R_{20-29}	3.37	1.31*	R_{5-7}	9.60	0.27
R_{15-25}	1.90	5.64*	R_{16-10}	4.00	1.21*	R_{12-4}	10.55	0.23
R_{18-23}	2.21	5.63*	R_{9-2}	4.84	1.13*	R_{25-13}	8.74	0.22
R_{20-4}	2.12	4.61*	R_{23-25}	3.75	1.11*	R_{31-7}	8.61	0.22
R_{9-23}	2.24	4.30*	R_{5-11}	4.95	1.08*	R_{2-13}	10.74	0.20
R_{23-15}	2.44	3.88*	R_{14-8}	5.90	1.06*	R_{10-13}	9.87	0.19
R_{15-27}	2.42	3.73*	R_{9-10}	4.50	1.05*	R_{2-14}	15.02	0.14
R_{2-15}	2.92	3.42*	R_{19-10}	4.82	1.02*	R_{1-14}	15.78	0.13
R_{16-3}	3.20	3.30*	R_{19-3}	6.47	0.99	R_{21-29}	11.16	0.12
R_{10-15}	2.66	3.29*	R_{3-27}	5.69	0.94	R_{16-13}	13.40	0.11
R_{3-10}	3.09	3.28*	R_{29-28}	3.94	0.92	R_{15-14}	17.73	0.11
R_{25-27}	2.15	3.12*	R_{1-9}	5.46	0.87	R_{28-5}	14.30	0.10
R_{23-2}	2.78	2.97*	R_{24-10}	4.49	0.83	R_{18-14}	19.58	0.10

注：R_{a-b}. 连接海岛 a 和海岛 b 的飞行路线；*. 核心飞行路线，其他为重要飞行路线。

第三节　岛内尺度上生态网络的构建

一、构建过程

在岛内尺度上，生态源地是指特定海岛上具有重要生境质量的斑块，高度适宜作为物种生存区和迁徙停歇地，在景观连通性中具有重要地位（吴健生等，2013）。生态源地的辨识对于生态网络构建至关重要，以往研究中往往根据物种丰富度、生态系统服务重要值、景观类型和斑块面积等来确定生态源地（Teng et al.，2011；吴健生等，2013；池源等，2015b；胡炳旭等，2018）。本研究基于景观斑块的 LRV 和面积判断生态源地，将 LRV ≤ 25 且面积≥ $1hm^2$、LRV ≤ 50 且面积≥ $10hm^2$ 的景观斑块作为生态源地，共辨识出 47 个生态源地（图 6.4、表 6.4）。许多海岛内部没有生态源地或只有 1 个生态源地，无须开展岛内尺度的生态网络构建。选择拥有 2 个及以上生态源地的海岛进行生态网络构建，包括南长山岛（Is.1）、北长山岛（Is.2）、大黑山岛（Is.3）、砣矶岛（Is.4）和大钦岛（Is.5），分别拥有 16、11、4、8 和 3 个生态源地。因此，共选择 42 个生态源地进行岛内尺度生态网络的构建。采用最小阻力距离法，通过 ArcGIS 中的 *Cost Distance* 工具模拟连接各生态源地的生态廊道，共获得 633 条连接海岛内部任意两个生态源地的潜在生态廊道（图 6.4）。

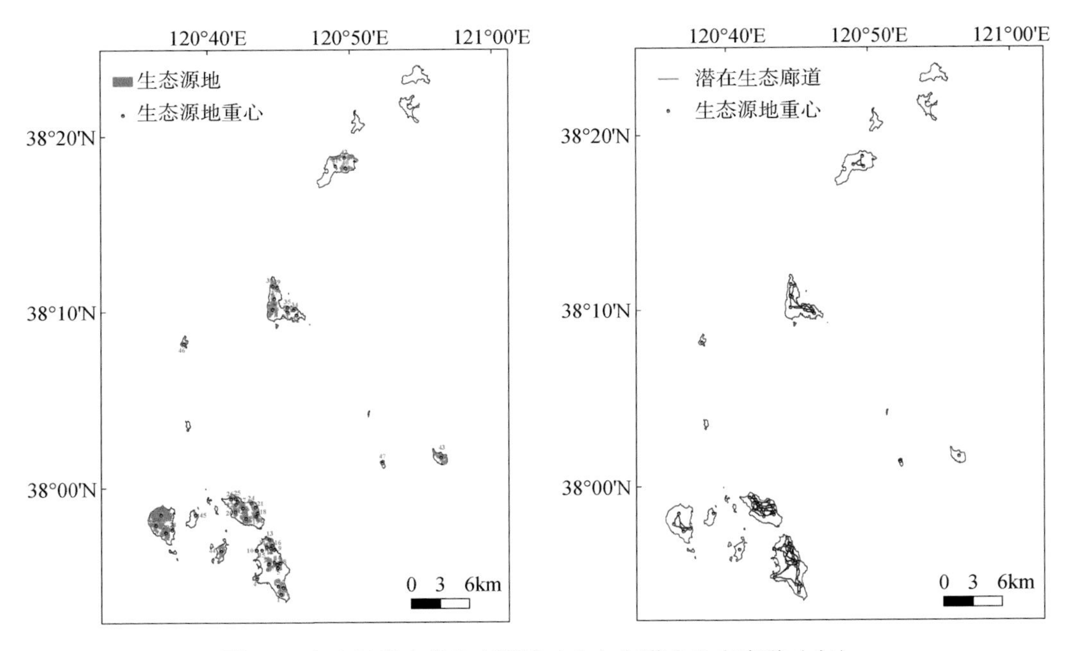

图 6.4　岛内尺度上的生态源地（左）和潜在生态廊道（右）

表 6.4 岛内尺度上各生态源地的景观阻力和生态重要值

生态源地	海岛	面积 /hm^2	LRV	EIV	生态源地	海岛	面积 /hm^2	LRV	EIV
So.1	Is.1	20.72	29.65	3.77	So.25	Is.2	13.24	34.42	4.59
So.2	Is.1	44.73	37.12	5.07	So.26	Is.2	15.13	36.06	2.46
So.3	Is.1	35.76	35.17	5.38	So.27	Is.2	1.17	22.20	5.92
So.4	Is.1	12.28	36.61	0.79	So.28	Is.3	10.02	37.46	0.24
So.5	Is.1	18.01	38.22	14.98	So.29	Is.3	95.66	34.97	0.28
So.6	Is.1	66.83	33.94	7.54	So.30	Is.3	87.42	37.86	0.17
So.7	Is.1	18.64	37.83	12.66	So.31	Is.3	244.99	34.93	0.12
So.8	Is.1	22.48	37.75	11.82	So.32	Is.4	11.17	40.48	0.93
So.9	Is.1	11.71	34.56	11.63	So.33	Is.4	20.00	37.27	2.50
So.10	Is.1	12.05	43.82	3.11	So.34	Is.4	16.02	41.86	1.90
So.11	Is.1	21.62	35.69	14.95	So.35	Is.4	12.88	38.92	2.35
So.12	Is.1	28.82	37.82	19.02	So.36	Is.4	116.64	33.73	1.19
So.13	Is.1	17.54	35.38	7.11	So.37	Is.4	21.44	36.78	1.27
So.14	Is.1	1.53	19.85	26.04	So.38	Is.4	28.81	36.48	2.62
So.15	Is.1	1.89	20.97	9.80	So.39	Is.4	18.51	35.10	2.60
So.16	Is.1	1.08	18.86	20.47	So.40	Is.5	42.72	42.01	0.50
So.17	Is.2	71.88	36.70	0.91	So.41	Is.5	12.52	44.08	0.41
So.18	Is.2	20.62	37.22	2.28	So.42	Is.5	76.30	43.00	0.38
So.19	Is.2	52.06	38.63	2.00	So.43	Is.8	70.69	44.54	—
So.20	Is.2	35.13	34.68	1.58	So.44	Is.9	48.91	41.90	—
So.21	Is.2	11.36	35.64	1.57	So.45	Is.10	15.83	40.79	—
So.22	Is.2	15.31	37.47	3.36	So.46	Is.12	10.90	43.74	—
So.23	Is.2	67.91	38.82	1.50	So.47	Is.14	12.34	42.33	—
So.24	Is.2	16.83	38.14	1.13					

注：So. *x*，ecological source *x*，生态源地 *x*。

同样地，为了同时确保生态网络的全连通性和高生态效率，需要筛选出具有高 EIV 的生态廊道。根据式 6.2~6.4，式中，$EIV_{a\text{-}b}$ 是 $C_{a\text{-}b}$ 的 EIV；$C_{a\text{-}b}$ 是生态源地 *a* 和生态源地 *b* 之间的生态廊道；N_a 和 N_b 分别是生态源地 *a* 和生态源地 *b* 的重力值；$D_{a\text{-}b}$ 是 $C_{a\text{-}b}$ 的标准距离；P_i 和 S_i 分别是生态源地 *i* 的 LRV 和面积；$L_{a\text{-}b}$ 是 $C_{a\text{-}b}$ 的阻力距离，L_{max} 是所有

生态廊道中最大的阻力距离。

进而，将经过同一生态源地的相互距离≤ 100m 的生态廊道删除至只保留 EIV 最高的一条。根据各生态廊道 EIV 的大小，筛选出重要生态廊道（0.1 ≤ EIV ＜ 1）和核心生态廊道（EIV ≥ 1）。此外，为保证全连通性，各岛内任一生态源地均不能被孤立，所有生态源地均须通过生态廊道互相连接。因此，挑选了部分 EIV ＜ 0.1 的可以填补全连通性“缺口”的生态廊道进入生态网络，并将其归为重要生态廊道。

筛选完所有重要和核心生态廊道后，将经过某一生态源地的所有生态廊道 EIV 之和作为该生态源地的 EIV，并根据表 6.2 将生态源地划分为不同等级。

二、构建结果

岛内尺度上的生态网络如图 6.5 和图 6.6 所示，包括 42 个生态源地和 76 条生态廊道。在生态源地中，一级、二级和三级生态源地的数量分别为 8、24 和 10 个，面积分别为 123.90hm^2、682.58hm^2 和 664.94hm^2。So.14、So.16 和 So.12 是 EIV 最高的 3 个生态源地，So.31、So.30 和 So.28 是 EIV 最低的 3 个生态源地（表 6.4）。在生态廊道中，重要和核心生态廊道的数量分别为 51 和 25 条，长度分别为 51.71km 和 13.37km。$C_{5\text{-}14}$、$C_{12\text{-}16}$ 和 $C_{8\text{-}14}$ 是 EIV 最高的 3 条生态廊道，$C_{29\text{-}30}$、$C_{30\text{-}31}$ 和 $C_{4\text{-}6}$ 是 EIV 最低的 3 条生态廊道（表 6.5）。

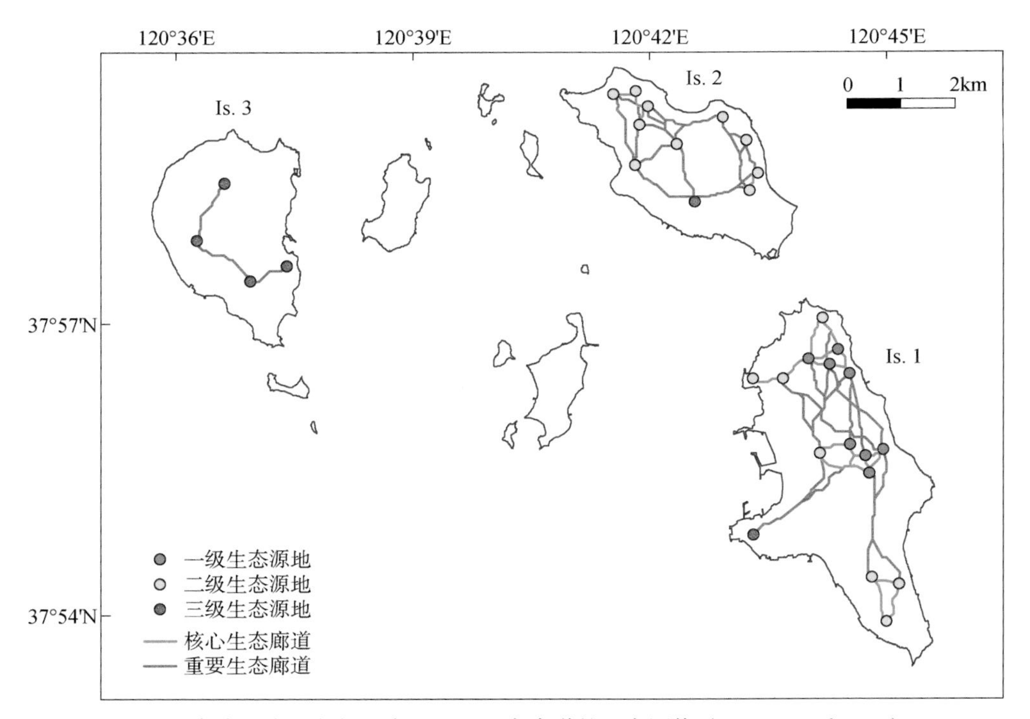

图 6.5　岛内尺度上包括生态源地和生态廊道的生态网络（Is.1、Is.2 和 Is.3）

Is.1：南长山岛；Is.2：北长山岛；Is.3：大黑山岛

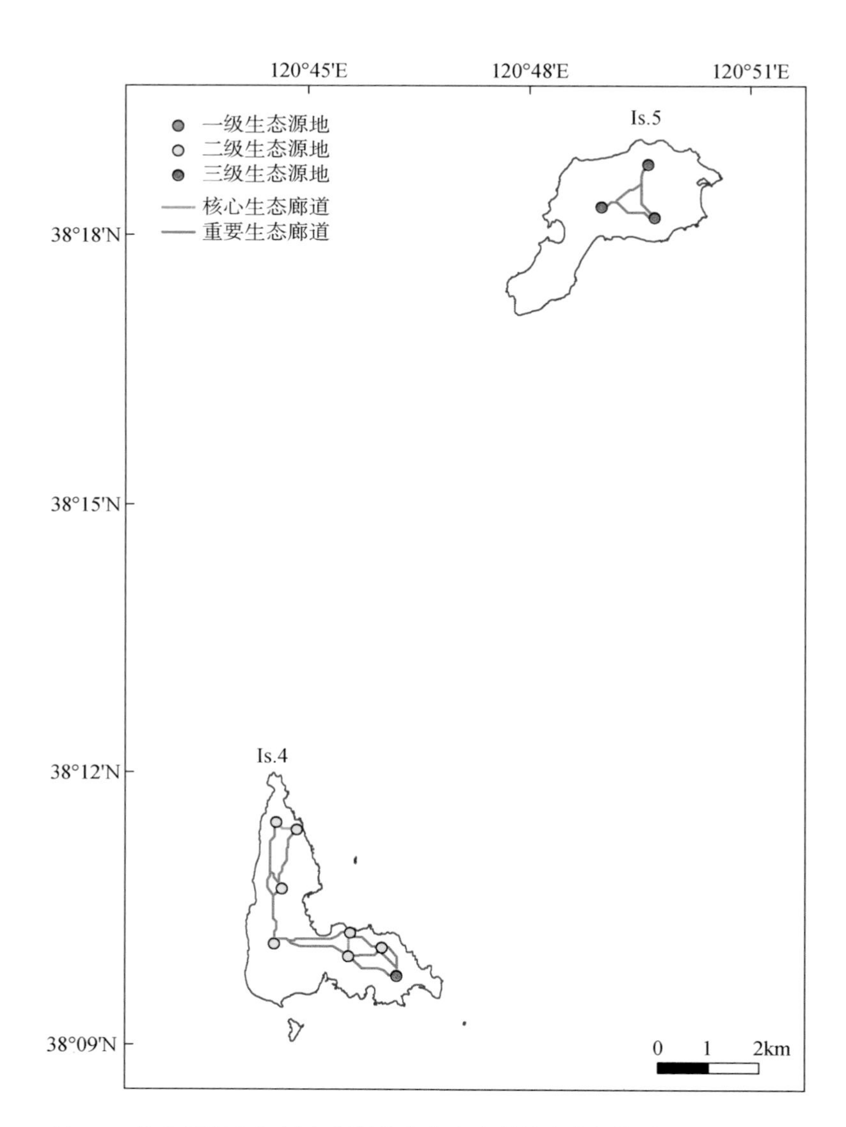

图 6.6　岛内尺度上包括生态源地和生态廊道的生态网络（Is.4 和 Is.5）

Is.4：砣矶岛；Is.5：大钦岛

表 6.5 岛内尺度上生态廊道的长度和生态重要值

生态廊道	长度 /km	EIV	生态廊道	长度 /km	EIV	生态廊道	长度 /km	EIV
C_{5-14}	0.26	8.83*	C_{33-34}	0.74	0.68	C_{28-29}	0.78	0.19
C_{12-16}	0.22	6.92*	C_{34-35}	0.14	0.61	C_{8-9}	1.69	0.18
C_{8-14}	0.39	6.80*	C_{36-37}	1.24	0.58	C_{2-14}	1.07	0.17
C_{7-14}	0.22	6.40*	C_{18-21}	0.71	0.56	C_{32-35}	1.22	0.15
C_{11-12}	0.42	5.13*	C_{20-22}	0.85	0.52	C_{17-19}	1.15	0.15
C_{9-16}	0.54	4.30*	C_{32-34}	0.75	0.46	C_{33-36}	1.63	0.15
C_{9-12}	0.30	3.58*	C_{22-25}	0.29	0.44	C_{3-5}	0.11	0.15
C_{11-16}	0.61	3.17*	C_{21-24}	0.35	0.43	C_{41-42}	0.65	0.14
C_{13-16}	0.69	3.12*	C_{9-14}	0.92	0.33	C_{35-36}	1.34	0.14
C_{11-15}	0.64	3.11*	C_{23-27}	0.63	0.32	C_{8-15}	2.64	0.13
C_{2-3}	0.47	2.82*	C_{6-12}	0.65	0.30	C_{17-20}	1.44	0.13
C_{25-27}	0.47	2.52*	C_{7-9}	1.21	0.30	C_{8-12}	1.07	0.12
C_{5-8}	0.45	2.40*	C_{6-9}	1.36	0.27	C_{23-25}	0.54	0.12
C_{38-39}	0.48	2.17*	C_{40-41}	1.22	0.27	C_{20-26}	1.38	0.12
C_{6-7}	0.69	2.12*	C_{19-21}	1.06	0.25	C_{23-24}	1.21	0.12
C_{6-14}	1.14	1.77*	C_{7-15}	1.16	0.24	C_{4-14}	2.22	0.11
C_{22-27}	0.43	1.74*	C_{40-42}	1.25	0.24	C_{36-38}	1.60	0.11
C_{1-3}	0.93	1.63*	C_{6-11}	0.76	0.23	C_{3-8}	1.01	0.11
C_{10-15}	0.60	1.60*	C_{22-23}	0.75	0.23	C_{24-27}	0.39	0.10
C_{5-7}	0.39	1.52*	C_{37-38}	0.31	0.23	C_{17-18}	0.49	0.10
C_{1-2}	0.83	1.43*	C_{20-23}	0.92	0.22	C_{19-24}	0.79	0.10
C_{33-35}	0.49	1.30*	C_{22-26}	0.41	0.22	C_{4-6}	0.99	0.10
C_{18-19}	0.40	1.28*	C_{37-39}	1.33	0.21	C_{30-31}	1.28	0.07
C_{11-13}	0.88	1.22*	C_{32-33}	1.10	0.21	C_{29-30}	1.39	0.07
C_{25-26}	0.43	1.21*	C_{17-23}	1.09	0.20			
C_{12-13}	0.44	0.88	C_{3-14}	1.98	0.19			

注：C_{a-b}. 连接生态源地 a 和生态源地 b 的生态廊道；*. 核心生态廊道，其他为重要生态廊道。

第四节　双重空间尺度下岛群生态网络的全连通性

双重空间尺度下岛群生态系统的全连通性包含以下4个方面含义：①在岛群尺度上，各海岛平台之间可由高效率的飞行路线互相连接；②在岛内尺度上，海岛内部各生态源地可由高效率的生态廊道互相连接；③岛群内所有的海岛平台和生态源可以跨越双重空间尺度互相抵达；④岛群生态系统的效率和成本可以实现良好的协调和平衡。

本研究构建的岛群生态网络可以满足上述条件。在岛群尺度上，由于每个海岛都有自己的独特性，32个海岛均为海岛平台；所有海岛平台由81条飞行路线互相连接，鸟类可通过这些飞行路线往返于任意一个海岛平台。在岛内尺度上，基于景观阻力和规模辨识生态源地，5个海岛的42个生态源地可由76条生态廊道连接，物种可通过步行或飞行的方式经由生态廊道往返于同一海岛内部的任意一个生态源地。在双重空间尺度下，所有的海岛平台和生态源地均由飞行路线和生态廊道互相连接，物种可以沿着飞行路线和生态廊道在所有的海岛平台和生态源地之间迁移（飞行或步行）（图6.7）。采用EIV对各飞行路线和生态廊道的生态效率进行评估，所选择的81条飞行路线和76条生态廊道均具有较高的生态效率。本研究所有496条潜在飞行路线总长度为11 824.42km，所选择的81条飞行路线极大程度地剔除了不必要的、低效率的部分，长度缩减至425.59km；所有的633条潜在生态廊道长度共计为94.18km，所选择的76条生态廊道将长度缩减至65.07km。这些均明显降低了岛群生态网络构建的成本，实现了效率和成本的平衡。

海岛平台、飞行路线、生态源地和生态廊道的不同等级代表着其在岛群生态网络中的不同地位。EIV确定着各组分的等级，根据各海岛平台（生态源地）的LRV和面积以及飞行路线（生态廊道）的标准距离进行计算。标准距离对于飞行路线和生态廊道而言分别指欧氏距离和阻力距离。

在岛群尺度上，不同海岛在研究区内呈现不均匀的分布状况。在南部区域（南五岛及周边无居民海岛）呈现集中分布状况，在中部区域（砣矶岛及其附属海岛、高山岛、猴矶岛、大竹山岛、小竹山岛和车由岛）呈现分散分布状况，在北部区域（大钦岛、小钦岛、南隍城岛、北隍城岛以及这些海岛的附属海岛）的分布状况介于上述二者之间。一级海岛平台数量较少，这些海岛平台大多拥有较小的面积和与其他海岛较高的邻近度。二级和三级平台数量相仿，但后者往往具有较大的面积。大岛的EIV总体上低于小岛，这是由于大岛主要为有居民海岛，人类活动规模较大、强度较高，降低了海岛的生境适宜性，增大了海岛的LRV。此外，部分拥有较低EIV的海岛，如北隍城岛（Is.6）、大竹山岛（Is.8）、高山岛（Is.12）和猴矶岛（Is.13），位于整个岛群的边缘位置，距离其他海岛较远。这说明了海岛的LRV和相互距离，相比海岛面积，对海岛平台等级具有更加重要的作用。核心飞行路线比重要飞行路线拥有更多的数量和更短的长度，这一定程度说明较短的飞行路线拥有较高的EIV。核心飞行路线主要位于南部区域，其余部分则位于距离较近的海岛平台之间。连接不同区域（南部、中部和北部区域）之间的飞行路

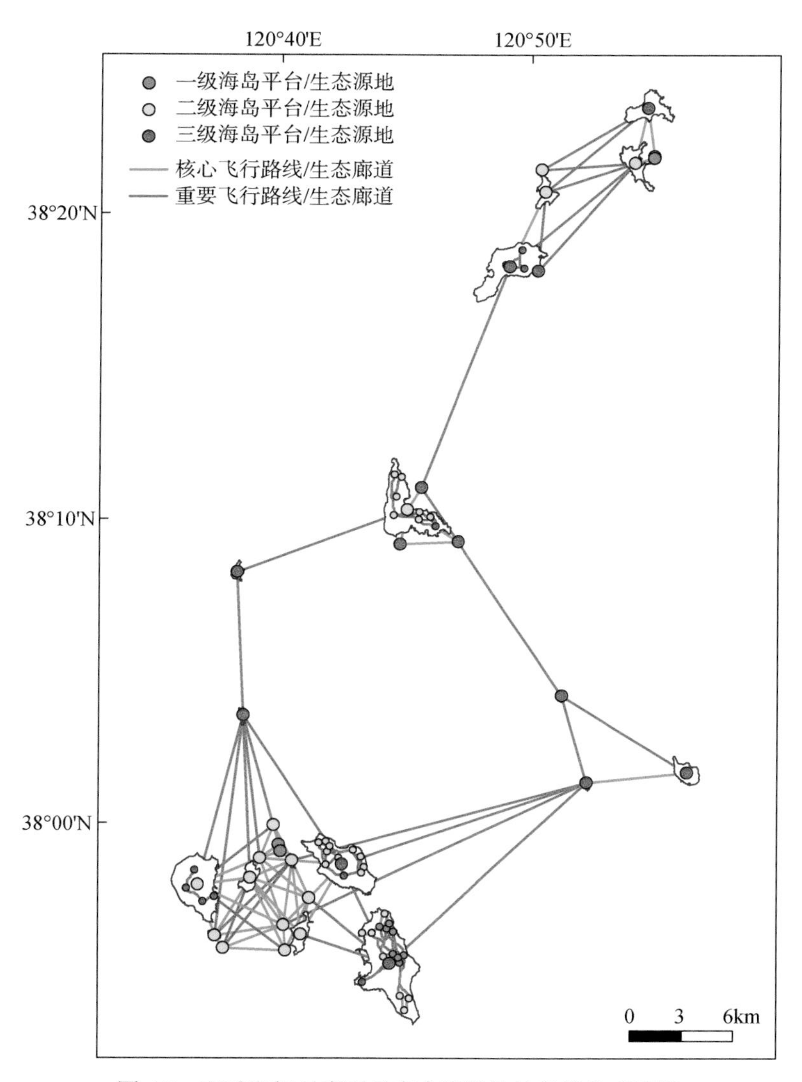

图 6.7　双重空间尺度下具有全连通性的岛群生态网络

线均为长度较长的重要飞行路线。

在岛内尺度上，一级生态源地集中分布于南长山岛（Is.1）的中部和北部位置，且这些生态源地之间面积和 LRV 具有明显差异；二级生态源地在所有生态源地中数量最多，主要位于南长山岛（Is.1）、北长山岛（Is.2）和砣矶岛（Is.4）；三级生态源地主要位于大黑山岛（Is.3）和大钦岛（Is.5），这两个海岛生态源地数量较少。核心生态廊道数量较少，长度较短，主要位于南长山岛（Is.1）；重要生态廊道占生态廊道的大多数。海岛内部生态源地的数量和空间分布以及生态廊道的景观组成决定了该尺度上生态网络各组分的等级。

本研究中岛群生态网络的构建是基于岛群生境适宜性的空间特征开展，岛群生境适宜性基于形态、结构、功能和干扰指标体系进行评估，所采用的数据来自常规现场调查和遥感影像，方法简便清晰且可重复性强，保证了模型的适用性（Chi et al.，2017b）。在岛群生态网络构建的过程中，欧氏距离法和最小阻力距离法为主要的技术手段，这两种方法同样具有简便的操作，且在以往研究中被广泛运用（Kong et al.，2010；池源等，2015b；Liu et al.，2015；吴未等，2016；胡炳旭等，2018）。本研究融合两种方法实现了双重空间尺度下的具有全连通性的岛群生态网络。因此，本研究提出的岛群生态网络构建可以在我国其他区域的沿岸岛群生态系统中广泛开展，也可在其他的具有重要生态功能和明显外界干扰的岛群中推广应用。

第七章

岛群生态系统的保护策略

根据海岛生态系统健康评估和岛群生态网络构建结果，提出岛群生态系统的保护策略。一方面，根据海岛生态系统健康评估结果，采用情景分析法，分析不同情景下海岛生态系统健康的变化特征，提出海岛生态系统健康的提升措施；另一方面，根据岛群生态网络构建结果，通过分析生态网络内海岛平台、生态源地和生态廊道的景观结构，提出岛群生态网络的优化策略。

第一节　不同情景下海岛生态系统健康的提升措施

一、情景分析

情景分析法是为实现可持续发展提供对策建议的常用方法（Kašanin-Grubin et al.，2019；Chi et al.，2020a）。从规模调整和质量提升两个方面设计不同人类活动情景。

规模调整指的是提升具有正面生态效应的人类活动类型的规模，降低具有负面生态效应的人类活动类型的规模；具有正面生态效应的人类活动是指人工林种植，具有负面生态效应的人类活动包括城镇建设、交通发展和农田开垦。在规模调整的情景分析中，设定提升人工林的面积，降低城镇建设和农田开垦的面积；交通发展由于规模较小，且对海岛外部和内部交通至关重要，故不纳入需要降低规模的人类活动中。在规模调整方面设计以下 3 个情景（情景 1~3）：情景 1，将各岛自然区域的规模降低 20%，将降低的部分转换为人工林；情景 2，将各岛城镇建设和农田开垦的规模降低 20%，将降低的部分转换为自然区域；情景 3，将各岛城镇建设和农田开垦的规模降低 20%，将降低的部分转换为人工林。

质量提升指的是提升各类人类活动类型的生态系统健康，降低单位面积人类活动对海岛生态系统的负面影响，提升单位面积人类活动对海岛生态系统的正面影响。各岛同一人类活动类型内部之间的生态系统健康有明显差异，质量提升即为将各岛某一人类活动类型内部生态系统健康较低区域的生态系统健康提升至和该类型内部生态系统健康较高区域相一致。在质量提升方面设计以下 3 个情景（情景 4~6）：情景 4，若某海岛某一人类活动类型中部分区域的生态系统健康值（S-IEHI）低于该岛该类型 S-IEHI 的中位数，则将该区域的 S-IEHI 提升至该中位数；情景 5，若某海岛某一人类活动类型中部分区域的 S-IEHI 低于该岛该类型 S-IEHI 的第 75 百分位数，则将该区域的 S-IEHI 提升至该岛该类型 S-IEHI 的第 75 百分位数；情景 6，若某海岛某一人类活动类型中部分区域的 S-IEHI 低于该岛该类型 S-IEHI 的第 95 百分位数，则将该区域的 S-IEHI 提升至该岛该类型 S-IEHI 的第 95 百分位数。这 3 个情景中上述步骤运用于各岛各人类活动类型。

此外，结合规模调整和质量提升，设计以下 3 个情景（情景 7~9）：情景 7 为情景 3 和情景 4 的组合；情景 8 为情景 1 和情景 6 的组合；情景 9 为情景 3 和情景 6 的组合。

不同情景下海岛生态系统健康的变化率采用下式进行计算：

$$R_x = \frac{\text{S-IEHI}_x - \text{S-IEHI}}{\text{S-IEHI}} \tag{7.1}$$

式中，R_x 和 S-IEHI_x 分别为情景 x 中的生态系统健康变化率和 S-IEHI。

不同情景下海岛生态系统健康变化率见表 7.1。在规模调整的 3 个情景中，有居民海岛和全部海岛的生态系统健康变化率由情景 1 至情景 3 逐渐增大，无居民海岛的生态系统健康变化率在情景 1 中大于在情景 2 和情景 3 中；在质量提升的 3 个情景中，有居民海岛、无居民海岛和全部海岛的生态系统健康变化率均由情景 4 至情景 6 逐渐增大；在融合了规模调整和质量提升的 3 个情景中，情景 7 的生态系统健康变化率高于情景 1~4 但小于情景 5 和情景 6；情景 8 和情景 9 取得了最高的生态系统健康变化率，前者在无居民海岛和全部海岛中最高，后者在有居民海岛中最高。

二、海岛生态系统健康提升措施

上述结果显示，无论是在有居民海岛还是无居民海岛上，质量提升远比规模调整对提升海岛生态系统健康具有更重要的作用。

在有居民海岛上，人类开发利用规模总体较大，较难调整，高成本和低效率使得采用规模调整的方案不够经济和科学。因此，应当循序渐进地提升各类人类活动的质量，并伴随着特定区域小规模的规模调整，例如可将小面积的、呈破碎化分布的废弃建筑恢复为自然区域，将生态系统健康状况较差的自然区域开辟种植人工林。

在无居民海岛上，由于人类活动规模较小，在各情景下生态系统健康的提升均低于同一情景的有居民海岛。同样地，已有人类活动类型的质量应当得到提升，城镇建设和交通发展应当更加有序，且应进行合理的海岛保护与利用规划。此外，情景 8 中的海岛生态系统健康变化率明显高于其他情景，这说明在无居民海岛上开展持续的人工林种植对维护海岛生态系统健康具有重要作用，应当在进一步的调查和论证后在适宜的自然区域开展人工林种植。

表 7.1　不同情景下海岛生态系统健康的变化率　　单位：%

海岛编号	海岛名称	情景 1	情景 2	情景 3	情景 4	情景 5	情景 6	情景 7	情景 8	情景 9
Is.1	南长山岛	+0.94	+1.14	+3.07	+7.03	+14.49	+20.16	+10.50	+22.33	+24.39
Is.2	北长山岛	+1.12	+0.83	+1.93	+6.21	+11.36	+17.19	+8.37	+19.69	+19.37
Is.3	大黑山岛	+0.72	+0.92	+1.42	+5.67	+10.98	+16.09	+7.17	+18.11	+17.64
Is.4	砣矶岛	+0.88	+0.83	+1.41	+6.18	+11.45	+18.25	+7.77	+20.73	+20.11
Is.5	大钦岛	+0.87	+1.26	+1.95	+3.85	+8.10	+14.76	+5.97	+17.55	+17.45
Is.6	北隍城岛	+0.79	+0.77	+1.18	+4.29	+7.97	+11.24	+5.58	+13.13	+12.54
Is.7	南隍城岛	+0.79	+0.91	+1.22	+3.71	+8.01	+14.35	+5.04	+17.29	+15.99
Is.8	大竹山岛	+0.41	+0.15	+0.19	+3.41	+4.99	+6.55	+3.61	+7.40	+6.73
Is.9	庙岛	+0.76	+0.84	+1.18	+5.67	+11.40	+17.64	+7.01	+20.20	+19.09
Is.10	小黑山岛	+0.53	+1.25	+1.53	+5.09	+11.54	+17.76	+6.77	+20.42	+19.81
Is.11	小钦岛	+1.00	+0.53	+0.77	+3.25	+8.33	+11.16	+4.05	+14.01	+12.10
Is.12	高山岛	−0.78	+0.07	+0.06	+0.11	+0.20	+0.47	+0.17	+2.46	+0.54
Is.13	猴矶岛	+0.81	+0.22	+0.25	+0.50	+0.88	+1.84	+0.76	+5.51	+2.14
Is.14	小竹山岛	+0.76	+0.05	+0.07	+1.47	+4.25	+5.09	+1.54	+7.39	+5.16
Is.15	螳螂岛	+2.28	+0.10	+0.14	+1.44	+3.30	+6.97	+1.58	+12.49	+7.13
Is.16	南砣子岛	+1.41	+0.07	+0.10	+1.25	+1.79	+4.69	+1.36	+9.69	+4.85
Is.17	挡浪岛	+1.31	+0.02	+0.02	+4.02	+10.91	+13.10	+4.04	+17.15	+13.13
Is.18	羊砣子岛	+0.78	+0.27	+0.40	+3.55	+7.64	+10.04	+3.97	+11.80	+10.46
Is.19	牛砣子岛	+0.75	+0.17	+0.22	+4.49	+11.12	+12.98	+4.74	+15.42	+13.26
Is.20	砣子岛	−1.74	—	—	+0.53	+1.20	+2.35	+0.53	+2.35	+2.35
Is.21	车由岛	—	—	—	+0.13	+0.23	+0.36	+0.11	+0.36	+0.30
Is.23	烧饼岛	+0.01	+0.18	+0.18	+2.41	+5.97	+15.20	+2.59	+18.40	+15.46
Is.24	鱼鳞岛	—	—	—	—	—	—	—	—	—
Is.25	犁犋把岛	—	—	—	+0.04	+0.06	+0.08	+0.04	+0.08	+0.08
Is.26	蝎岛	—	—	—	—	—	—	—	—	—
有居民海岛		+0.89	+0.97	+1.91	+5.66	+11.19	+16.93	+7.78	+19.31	+19.38
无居民海岛		+0.42	+0.13	+0.16	+2.31	+3.92	+5.36	+2.47	+7.20	+5.52
全部海岛		+0.85	+0.91	+1.77	+5.40	+10.63	+16.03	+7.37	+18.37	+18.31

第二节　岛群生态网络的景观结构分析

一、景观结构分析过程

生境质量和生态连通性是岛群生态网络的关键指标，关系着生态网络的实际效率和实践价值。生境质量和生态连通性受到生态网络各组分景观结构的影响（Tattoni et al.，2012；Chi et al.，2017b）。

根据研究区景观（地表覆盖）类型特征，林地、草地和农田是由植被覆盖的区域，为鸟类提供了必要的生境空间和食物来源，故将其看作适宜景观（Michel et al.，2010；Porzig et al.，2014；Cardador et al.，2015）。裸地缺乏与鸟类群落密切相关的植被覆盖，但可以为鸟类栖息和迁移提供停歇地，故将其看作中性景观（Selwood et al.，2018）。建筑用地和交通用地均为人为主导的景观类型，破坏了海岛地形地貌，占用了原生植物群落，增加了景观破碎化程度，并产生了各类污染物，这均会对鸟类生境造成干扰，故将其看作不适宜景观（Tattoni et al.，2012；Shealer and Alexander，2013；Chi et al.，2017b）。

分别在岛群和岛内尺度上分析各海岛平台和生态源地的景观结构。此外，岛内尺度上的生态廊道并非理论上的一条线，而是具有实际宽度的、落地在海岛上的一个生态区域。合适的生态廊道宽度应当由保护目标、植被情况、周围土地利用、廊道长度等多个因素决定（朱强等，2005）。总体来看，廊道宽度过小会使其生态连接效果降低，并增加边缘效应的影响；廊道宽度的增大会提升廊道的生态功能，但也增加了生态网络的构建成本（Smith and Hellmund，1993；朱强等，2005；池源等，2015b）。根据以往的相关研究结果，50~200m 是不同区域、不同种类鸟类所需要的生境宽度（Smith and Hellmund，1993；池源等，2015b）。考虑到海岛是面积较小的地域单元，且不同廊道之间距离较近，选择 10m、20m、30m、40m、50m、60m、70m、80m、90m 和 100m 作为备选宽度，并分析不同宽度下生态廊道的景观结构。

二、景观结构分析结果

岛群尺度上各海岛平台的景观结构见表 7.2。在绝大部分海岛上，适宜景观占据大部分面积比例，其余海岛则主要被中性景观覆盖。不适宜景观在大岛和有居民海岛上拥有较高比例，其中在南长山岛（Is.1）上占比最高（35.7%），在小岛和无居民海岛上占比较低。对于不同等级的海岛平台而言，一级海岛平台中各类景观面积占比由大到小依次为适宜景观、中性景观和不适宜景观，二级和三级海岛平台中各类景观面积占比由大到小依次为适宜景观、不适宜景观和中性景观。

岛内尺度上生态源地和生态廊道的景观结构分别见表 7.3 和表 7.4。对生态源地而言，适宜景观占据各级生态源地的大部分面积，而不适宜景观在各生态源地面积均较小。中性景观面积总体也较小，但在特定生态源地中占比较大，如 So.10 和 So.39。对于生态廊道而言，随着宽度的增大，适宜景观面积占比逐渐减小，中性景观和不适宜景观面积占比逐渐增大；核心生态廊道比重要生态廊道拥有更大比例的适宜景观和中性景观，以及更小比例的不适宜景观。

表 7.2　海岛平台的景观结构

海岛编号	海岛名称	适宜景观占比 /%	中性景观占比 /%	不适宜景观占比 /%	海岛编号	海岛名称	适宜景观占比 /%	中性景观占比 /%	不适宜景观占比 /%
Is.1	南长山岛	58.0	6.3	35.7	Is.19	牛砣子岛	92.0	5.4	2.6
Is.2	北长山岛	76.2	7.5	16.3	Is.20	砣子岛	44.7	37.0	18.3
Is.3	大黑山岛	89.0	2.8	8.2	Is.21	车由岛	60.7	32.4	6.9
Is.4	砣矶岛	74.9	5.8	19.3	Is.22	鳖盖山岛	8.4	91.6	0.0
Is.5	大钦岛	65.7	6.4	27.8	Is.23	烧饼岛	79.9	17.8	2.3
Is.6	北隍城岛	64.7	18.1	17.2	Is.24	鱼鳞岛	52.1	47.9	0.0
Is.7	南隍城岛	65.8	15.6	18.6	Is.25	犁犋把岛	50.7	49.3	0.0
Is.8	大竹山岛	90.6	5.1	4.3	Is.26	蝎岛	22.1	77.9	0.0
Is.9	庙岛	85.5	3.6	11.0	Is.27	马枪石岛	0.0	100.0	0.0
Is.10	小黑山岛	83.7	3.0	13.3	Is.28	山嘴石岛	0.0	100.0	0.0
Is.11	小钦岛	75.9	12.8	11.3	Is.29	东咀石岛	0.0	100.0	0.0
Is.12	高山岛	80.3	18.5	1.2	Is.30	坡礁岛	0.0	100.0	0.0
Is.13	猴矶岛	81.4	14.1	4.5	Is.31	东海红岛	0.0	100.0	0.0
Is.14	小竹山岛	89.1	9.1	1.8	Is.32	官财石岛	0.0	100.0	0.0
Is.15	螳螂岛	65.8	33.9	0.3	一级海岛平台		63.9	35.8	0.3
Is.16	南砣子岛	86.2	12.2	1.7	二级海岛平台		80.4	6.1	13.5
Is.17	挡浪岛	68.0	31.7	0.3	三级海岛平台		66.6	7.9	25.4
Is.18	羊砣子岛	97.4	0.0	2.6	全部海岛平台		72.0	7.3	20.8

表 7.3　生态源地的景观结构

生态源地	适宜景观占比 /%	中性景观占比 /%	不适宜景观占比 /%	生态源地	适宜景观占比 /%	中性景观占比 /%	不适宜景观占比 /%
So.1	99.9	0.1	0.0	So.24	91.9	8.0	0.1
So.2	98.4	1.6	0.0	So.25	99.3	0.7	0.0
So.3	98.0	2.0	0.0	So.26	100.0	0.0	0.0
So.4	99.3	0.6	0.2	So.27	100.0	0.0	0.0
So.5	99.9	0.1	0.0	So.28	98.1	1.9	0.0
So.6	95.4	4.6	0.0	So.29	99.6	0.4	0.0
So.7	89.8	10.2	0.0	So.30	99.1	0.9	0.0
So.8	98.0	2.0	0.0	So.31	99.1	0.9	0.0
So.9	100.0	0.0	0.0	So.32	100.0	0.0	0.0
So.10	20.0	80.0	0.0	So.33	100.0	0.0	0.0
So.11	97.3	2.7	0.1	So.34	99.3	0.7	0.0
So.12	97.4	2.5	0.0	So.35	89.9	9.8	0.3
So.13	92.6	7.4	0.0	So.36	99.6	0.4	0.0
So.14	100.0	0.0	0.0	So.37	97.5	2.5	0.0
So.15	100.0	0.0	0.0	So.38	97.1	2.9	0.0
So.16	100.0	0.0	0.0	So.39	72.5	27.5	0.0
So.17	96.7	3.3	0.0	So.40	99.7	0.1	0.1
So.18	90.2	9.8	0.0	So.41	99.9	0.0	0.1
So.19	94.2	5.8	0.0	So.42	96.2	3.8	0.0
So.20	98.4	1.6	0.0	一级生态源地	97.0	3.0	0.0
So.21	97.8	2.2	0.0	二级生态源地	95.3	4.7	0.0
So.22	100.0	0.0	0.0	三级生态源地	98.7	1.3	0.0
So.23	98.4	1.6	0.0	全部生态源地	97.0	3.0	0.0

表 7.4　不同宽度下生态廊道的景观结构

宽度 /m	重要生态廊道			核心生态廊道			全部生态廊道		
	适宜景观占比 /%	中性景观占比 /%	不适宜景观占比 /%	适宜景观占比 /%	中性景观占比 /%	不适宜景观占比 /%	适宜景观占比 /%	中性景观占比 /%	不适宜景观占比 /%
10	90.8	1.6	7.6	95.3	2.7	2.0	91.7	1.9	6.4
20	90.7	1.7	7.6	95.3	2.7	1.9	91.7	1.9	6.4
30	90.7	1.7	7.6	95.4	2.7	1.9	91.6	1.9	6.4
40	90.5	1.8	7.7	95.3	2.7	2.0	91.5	2.0	6.5
50	90.4	1.9	7.7	95.2	2.7	2.1	91.4	2.1	6.5
60	90.2	2.0	7.8	95.1	2.7	2.2	91.3	2.1	6.6
70	90.0	2.0	7.9	94.9	2.8	2.3	91.1	2.2	6.7
80	89.8	2.1	8.1	94.7	2.8	2.4	90.9	2.3	6.8
90	89.6	2.2	8.2	94.6	2.9	2.5	90.7	2.3	7.0
100	89.4	2.2	8.3	94.4	3.0	2.6	90.5	2.4	7.1

三、基于景观结构的岛群生态网络优化策略

基于景观结构分析结果，提出岛群生态网络的优化策略以提升生境质量和生态连通度。在岛群生态网络中，岛群尺度上海岛平台的 LRV 和位置决定了该尺度生态网络的生态效率，岛内尺度上生态源地的数量和空间分布以及生态廊道的景观结构对该尺度生态网络的生态效率影响最大。上述因子中除了海岛位置外均可由人为因子通过优化景观结构进行改善（Shen et al.，2017；Chi et al.，2018a），这也说明景观结构的优化是提升生境质量和生态连通度的主要手段。

在岛群尺度上，海岛面积和位置是自然形成的且基本上很难被改变，但其 LRV 可通过减少海岛的不适宜景观来降低。对于拥有相对较大不适宜景观比例的有居民海岛而言，其 LRV 可通过土地整理和生态修复将部分不适宜景观转换为中性景观和适宜景观（Crecente et al.，2002；陈荣清等，2009；王雯等，2017）。对于无居民海岛而言，可将生态建设的重点放在中性景观向适宜景观的转变。飞行路线是不落地的，故不做景观结构分析，但飞行路线的生态效率可通过改善其连接海岛的生境质量来提升。本研究区不可或缺的飞行路线包括 $R_{5\text{-}28}$、$R_{4\text{-}12}$、$R_{12\text{-}13}$ 和 $R_{21\text{-}29}$，这些飞行路线是连接庙岛群岛内部不同区域（南部、中部和北部）之间的关键飞行路线，其连接的海岛包括砣矶岛（Is.4）、大钦岛（Is.5）、高山岛（Is.12）、猴矶岛（Is.13）、车由岛（Is.21）、山嘴石岛（Is.28）和东咀石岛（Is.29），应当被格外关注。

岛内尺度上的优化策略与岛群尺度不同，更加关注海岛内部不同景观的优化配置。根据岛内尺度上影响生态网络效率的主要影响因子，增设新的生态源地是完善生态网络

的重要措施，且新增生态源地的空间位置应当与现有生态源地互相补充和呼应。景观结构分析结果显示了适宜景观对于生态源地的重要性，因此应当适时适地地开展中性景观和不适应景观向适宜景观的转化，以增加新的生态源地产生的可能性。对于面积较大（$> 5km^2$）的海岛，包括南长山岛（Is.1）、北长山岛（Is.2）、大黑山岛（Is.3）、砣矶岛（Is.4）和大钦岛（Is.5），其岛内尺度的生态网络已在本研究进行了构建。然而，目前这些海岛内部的生态源地数量是远远不够的，特别是在大黑山岛（Is.3）和大钦岛（Is.5）。此外，生态廊道之间的交汇处对于生态网络的效率和稳定性具有重要作用（尹海伟等，2011；傅强等，2012），可考虑将这些交汇处发展为新的生态源地。对于面积中等（$> 1km^2$ 且 $\leqslant 5km^2$）的海岛，包括北隍城岛（Is.6）、南隍城岛（Is.7）、大竹山岛（Is.8）、庙岛（Is.9）、小黑山岛（Is.10）和小钦岛（Is.11），应当在合适的区域设置两个及以上的生态源地，并开展岛内尺度生态网络的构建工作。不同宽度下生态廊道的景观结构分析结果表明不适宜景观面积占比随着宽度的增大而增大，也代表着景观结构优化难度的增大。考虑到生境适宜性的最小宽度需求和生态网络景观结构的优化难度，50m 的宽度可作为岛内生态网络构建的实践宽度。与此同时，不适宜景观中的“不适宜”是指作为目标物种生境的不适宜，但其代表着对海岛人类活动的承载力，对海岛的居住、生活、交通等社会功能具有至关重要的意义（Martín-Cejas and Sánchez，2010；Chi et al.，2020a）。因此，在科学规划的前提下，一定比例的不适宜景观是必要的，且海岛的开发和保护应当被综合考虑和合理平衡。

在下一步研究中，岛群生态网络应当被融合进更大的空间尺度进行统筹考虑，包括与邻近大陆和其他岛群的生态连接，以期在更大的空间尺度下提升生境质量和生态连通度。

参考文献

蔡雪娇，程炯，吴志峰，等．2012. 珠江三角洲地区高速公路沿线景观格局变化研究．生态环境学报，21(1): 21-26.

长岛综合试验区经济发展局．2020. 2019 年长岛综合试验区国民经济和社会发展统计公报．http://www.changdao.gov.cn/.

陈春娣，Colin M D, Maria I E, 等．2015. 城市生态网络功能性连接辨识方法．生态学报，35(19): 6414-6424.

陈利顶，李秀珍，傅伯杰，等．2014. 中国景观生态学发展历程与未来研究重点．生态学报，34(12): 3129-3141.

陈利顶，刘洋，吕一河，等．2008. 景观生态学中的格局分析：现状、困境与未来．生态学报，28(11): 5521-5531.

陈荣清，张凤荣，孟媛，等．2009. 农村居民点整理的现实潜力估算．农业工程学报，25(4): 216-221.

陈水华，范忠勇，陆祎玮，等．2014. 极危鸟类中华凤头燕鸥浙江种群的保护和恢复．浙江林业，(S1): 20-21.

陈水华，颜重威，诸葛阳，等．2005. 中国沿海岛屿繁殖海鸥与燕鸥的分布、资源及其受胁因素．第六届海峡两岸鸟类学研讨会论文集．

陈小勇，焦静，童鑫．2011. 一个通用岛屿生物地理学模型．中国科学：生命科学，41(12): 1196-1202.

陈中原．2001. 长江三角洲之沉降．华东地质，22(2): 95-101.

池源，石洪华，郭振，等．2015a. 海岛生态脆弱性的内涵、特征及成因探析．海洋学报，37(12): 93-105.

池源，石洪华，丰爱平．2015b. 典型海岛景观生态网络构建——以崇明岛为例．海洋环境科学，34(3): 433-440.

池源，石洪华，王晓丽，等．2015c. 庙岛群岛南五岛生态系统净初级生产力空间分布及其影响因子．生态学报，35(24): 8094-8106.

池源，郭振，石洪华，等．2016. 基于森林健康视角的北长山岛人工林生物量．中国环境科学，36(8): 2522-2535.

池源，石洪华，孙景宽，等．2017a. 城镇化背景下海岛资源环境承载力评估．自然资源学报，32(8): 1374-1384.

池源，石洪华，王媛媛，等．2017b. 海岛生态系统承载力空间分异性评估——以庙岛群岛南部岛群为例．中国环境科学，37(3): 1188-1200.

池源，石洪华，王恩康，等．2017c. 庙岛群岛北五岛景观格局特征及其生态效应．生态学报，37(4): 1270-1285.

春风，银山．2012. 基于 RS 与 GIS 的鄂托克旗景观格局动态变化分析．水土保持研究，19(5): 100-104.

崔毅，陈碧鹃，陈聚法．2005. 黄渤海海水养殖自身污染的评估．应用生态学报，16(1): 180-185.

丁程锋，张绘芳，李霞，等．2017. 天山中部云杉天然林水源涵养功能定量评估——以乌鲁木齐河流域为例．生态学报，37(11): 3733-3743.

丁德文，石洪华，张学雷，等 . 2009. 近岸海域水质变化机理及生态环境效应研究 . 北京：海洋出版社 .
杜军，李培英 . 2010. 海岛地质灾害风险评价指标体系初建 . 海洋开发与管理，27: 80-82.
符生辉 . 2015. 2007—2012 年浙南洞头沿海赤潮与气象关系研究 . 兰州：兰州大学硕士学位论文 .
傅强，宋军，毛锋，等 . 2012. 青岛市湿地生态网络评价与构建 . 生态学报，32 (12): 3670-3680.
高伟，李萍，傅命佐，等 . 2014. 海南省典型海岛地质灾害特征及发展趋势 . 海洋开发与管理，(2): 59-65.
高洋 . 2013. 中外海岛管理制度比较研究 . 青岛：中国海洋大学硕士学位论文 .
高增祥，陈尚，李典谟，等 . 2007. 岛屿生物地理学与集合种群理论的本质与渊源 . 生态学报，27(1): 304-313.
郭淳彬，徐闻闻 . 2012. 上海市基本生态网络规划及实施研究 . 上海城市规划，(6): 55-59.
郭恒亮，刘如意，赫晓慧，等 . 2018. 郑州市景观多样性的空间自相关格局分析 . 生态科学，37(5): 157-164.
韩文权，常禹，胡远满，等 . 2005. 景观格局优化研究进展 . 生态学杂志，24(12): 1487-1492.
何东进，游巍斌，洪伟，等 . 2012. 近 10 年景观生态学模型研究进展 . 西南林业大学学报，32(1): 96-104.
胡炳旭，汪东川，王志恒，等 . 2018. 京津冀城市群生态网络构建与优化 . 生态学报，38(12): 4383-4392.
孔繁花，尹海伟 . 2008. 济南城市绿地生态网络构建 . 生态学报，28(4): 1711-1719.
李健，王文 . 2010. 不同栖息地类型对东北大兴安岭红花尔基地区鸟类群落结构与组成的影响 . 野生动物学报，31(1): 26-29.
李军玲，张金屯，邹春辉，等 . 2012. 旅游开发下普陀山植物群落类型及其排序 . 林业科学，48(7): 174-181.
李书娟，曾辉，夏洁，等 . 2004. 景观空间动态模型研究现状和应重点解决的问题 . 应用生态学报，15(4): 701-706.
李拴虎，刘乐军，高伟 . 2013. 福建东山岛地质灾害区划 . 海洋地质前沿，29(8): 45-52.
李晓敏，张杰，曹金芳，等 . 2015. 广东省川山群岛开发利用生态风险评价 . 生态学报，35(7): 2265-2276.
李艳丽 . 2004. 全球气候变化研究初探 . 灾害学，19(2): 87-91.
李义明，李典谟 . 1994. 舟山群岛自然栖息地的变化及其对兽类物种绝灭影响的初步研究 . 应用生态学报，5(3): 269-275.
梁斌，陈水华，王忠德 . 2007. 浙江五峙山列岛黄嘴白鹭的巢位选择研究 . 生物多样性，15(1): 92-96.
梁军，孙志强，朱彦鹏，等 . 2011. 昆嵛山天然林 13 年演替动态——生物多样性变化、物种周转与食叶害虫的短期干扰 . 中南林业科技大学学报，(1): 15-23.
梁艳艳，赵银娣 . 2020. 基于景观分析的西安市生态网络构建与优化 . 应用生态学报，31(11): 3767-3776.
刘澈，郑成洋，张腾，等 . 2014. 中国鸟类物种丰富度的地理格局及其与环境因子的关系 . 北京大学学报（自然科学版），50(3): 429-438.
刘杜鹃 . 2004. 中国沿海地区海水入侵现状与分析 . 地质灾害与环境保护，15(1): 31-36.
刘乐军，高珊，李培英，等 . 2015. 福建东山岛地质灾害特征与成因初探 . 海洋学报，37(1): 137-146.
龙慧灵，李晓兵，王宏，等 . 2010. 内蒙古草原区植被净初级生产力及其与气候的关系 . 生态学报，30(5): 1367-1378.
卢占晖，苗振清，林楠 . 2009. 浙江中部近海及其邻近海域春季鱼类群落结构及其多样性 . 浙江海洋学院

学报 (自然科学版) , 28(1): 51-56.

马成亮 . 2007. 山东长岛列岛植物区系及群落结构研究 . 南京 : 南京林业大学博士学位论文 .

马金玉 , 梁宏 , 罗勇 , 等 . 2011. 中国近 50 年太阳直接辐射和散射辐射变化趋势特征 . 物理学报 , 60(6): 069601.

马克平 , 刘玉明 . 1994. 生物群落多样性的测度方法 I: α 多样性的测度方法 (下) . 生物多样性 , 2(4): 231-239.

马燕飞 , 沙占江 , 郭丽红 , 等 . 2010. 基于 NDVI 及 DEM 的青海湖北岸景观格局空间自相关分析 . 遥感应用 , (6): 95-100, 119.

穆少杰 , 李建龙 , 周伟 , 等 . 2013. 2001—2010 年内蒙古植被净初级生产力的时空格局及其与气候的关系 . 生态学报 , 33(12): 3752-3764.

朴世龙 , 方精云 , 郭庆华 . 2001. 利用 CASA 模型估算我国植被净第一性生产力 . 植物生态学报 , 25(5): 603-608.

任璘婧 , 李秀珍 , 李希之 , 等 . 2014. 长江口滩涂湿地景观变化对典型水鸟生境适宜性的影响 . 长江流域资源与环境 , 23(10): 1367-1374.

石洪华 , 丁德文 , 郑伟 . 2012. 海岸带复合生态系统评价、模拟与调控关键技术及其应用 . 北京 : 海洋出版社 .

石洪华 , 郑伟 , 丁德文 , 等 . 2009. 典型海岛生态系统服务及价值评估 . 海洋环境科学 , 28(6): 743-748.

宋玉双 , 臧秀强 . 1989. 松材线虫在我国的适生性分析及检疫对策初探 . 中国森林病虫 (4): 38-41.

苏常红 , 傅伯杰 . 2012. 景观格局与生态过程的关系及其对生态系统服务的影响 . 自然杂志 , 34(5): 277-283.

隋士凤 , 蔡德万 . 2000. 长岛自然保护区鸟类资源现状及保护 . 四川动物 , 19(4): 247-248.

隋玉正 , 李淑娟 , 张绪良 , 等 . 2013. 围填海造陆引起的海岛周围海域海洋生态系统服务价值损失——以浙江省洞头县为例 . 海洋科学 , 37(9): 90-96.

孙超 , 陈振楼 , 毕春娟 , 等 . 2009. 上海市崇明岛农田土壤重金属的环境质量评价 . 地理学报 , 64(5): 619-628.

孙元敏 , 汤坤贤 , 陈慧英 , 等 . 2017. 无居民海岛植被恢复过程中物种多样性及土壤特征初步研究 . 36(1): 1-5.

索安宁 , 孙永光 , 李滨勇 , 等 . 2015. 长山群岛植被景观健康评价 . 应用生态学报 , 26(4): 1034-1040.

汤峰 , 王力 , 张蓬涛 , 等 . 2020. 基于生态保护红线和生态网络的县域生态安全格局构建 . 农业工程学报 , 36(9): 263-272.

田波 , 周云轩 , 张利权 , 等 . 2008. 遥感与 GIS 支持下的崇明东滩迁徙鸟类生境适宜性分析 . 生态学报 , 28(7): 3049-3059.

汪来发 , 李占鹏 , 秦绪兵 , 等 . 2004. 流胶法在长岛县防治松材线虫病中的应用 . 林业科学 , (3): 175-178.

王初 , 陈振楼 , 王京 , 等 . 2008. 上海市崇明岛公路两侧土壤重金属污染研究 . 长江流域资源与环境 , 17(1): 105-108.

王海珍 , 张利权 . 2005. 基于 GIS、景观格局和网络分析法的厦门本岛生态网络规划 . 植物生态学报 , 29(1): 144-152.

王虹扬，盛连喜 . 2004. 物种保护中几个重要理论探析 . 东北师范大学学报 (自然科学版), 36(4): 116-121.

王明哲，刘钊 . 2011. 风力发电场对鸟类的影响 . 西北师范大学学报 (自然科学版), 47(3): 87-91.

王琦 . 2015. 南京市绿地系统规划 (2013—2020) 简介 . 江苏城市规划，(9): 31-34.

王雯，王静，祁元，等 . 2017. 基于空间回归分析的滨海湿地演变驱动机制研究——以江苏省滨海三市为例 . 中国土地科学，(10): 32-41.

王小波 . 2010. 谁来保卫中国海岛 . 北京：海洋出版社 .

王小龙 . 2006. 海岛生态系统风险评价方法及应用研究 . 青岛：中国科学院海洋研究所博士学位论文 .

王新越 . 2014. 我国旅游化与城镇化互动协调发展研究 . 青岛：中国海洋大学博士学位论文 .

王宗灵，傅明珠，周健，等 . 2020. 黄海浒苔绿潮防灾减灾现状与早期防控展望 . 海洋学报，42(8): 1-11.

韦荣华，顾晓军 (摄影). 2011. 长岛：候鸟圣地 . 森林与人类 (11): 70-79.

魏伟，赵军，王旭峰 . 2009. GIS、RS 支持下的石羊河流域景观利用优化研究 . 地理科学，29(5): 750-754.

邬建国 . 2007. 景观生态学：格局、过程、尺度与等级 (第二版). 北京：高等教育出版社 .

吴健生，张理卿，彭建，等 . 2013. 深圳市景观生态安全格局源地综合识别 . 生态学报，33(13): 4125-4133.

吴未，张敏，许丽萍，等 . 2016. 基于不同网络构建方法的生境网络优化研究——以苏锡常地区白鹭为例 . 生态学报，36(3): 844-853.

肖笃宁，李秀珍，高峻，等 . 2010. 景观生态学 . 北京：科学出版社 .

谢聪，曾庆文，邢福武 . 2012. 香港吐露港附近岛屿植被与植物多样性研究 . 广西植物，32(4): 468-474.

熊高明，谢宗强，赖江山 . 2007. 三峡水库岛屿成岛前的植被特征与物种丰富度 . 生物多样性，15(5): 533-541.

许峰，尹海伟，孔繁花，等 . 2015. 基于 MSPA 与最小路径方法的巴中西部新城生态网络构建 . 生态学报，35(19): 6425-6434.

羊天柱，应仁方 . 1997. 浙江海岛风暴潮研究 . 海洋预报，14(2): 28-43.

尹海伟，孔繁花，祈毅，等 . 2011. 湖南省城市群生态网络构建与优化 . 生态学报，31(10): 2863-2874.

尹祚华，雷富民，丁文宁，等 . 1999. 中国首次发现黑脸琵鹭的繁殖地 . 动物学杂志，34(6): 30-31.

于亚平，尹海伟，孔繁花，等 . 2016. 南京市绿色基础设施网络格局与连通性分析的尺度效应 . 应用生态学报，27(7): 2119-2127.

俞凯耀，席东民，胡玲静 . 2014. 舟山群岛风力发电产业发展的现状与问题分析 . 浙江电力，(3): 25-27.

喻本德，叶有华，吴国昭，等 . 2013. 绿道网规划建设与管理进展分析 . 生态环境学报，(8): 1444-1450.

袁淑杰，缪启龙，谷晓平，等 . 2009. 贵州高原起伏地形下太阳直接辐射的精细分布 . 自然资源学报，24(8): 1432-1439.

袁玉洁，梁婕，黄璐，等 . 2013. 环境因子对东洞庭湖优势冬季水鸟分布的影响 . 应用生态学报，24(2): 527-534.

岳德鹏，王计平，刘永兵，等 . 2007. GIS 与 RS 技术支持下的北京西北地区景观格局优化 . 地理学报，62(11): 1223-1231.

张爱静，董哲仁，赵进勇，等 . 2012. 流域景观格局分析研究进展 . 水利水电技术，43(7): 17-20.

张金屯 . 2004. 数量生态学 . 北京：科学出版社 .

张启斌 . 2019. 乌兰布和沙漠东北缘生态网络构建与优化研究 . 北京：北京林业大学博士学位论文 .

张显峰，崔宏伟. 2001. 基于 GIS 与空间统计分析的可持续发展度量方法研究：以缅甸 Myingyan District 为例. 遥感学报，5(1): 34-40.

张镱锂，祁威，周才平，等. 2013. 青藏高原高寒草地净初级生产力 (NPP) 时空分异. 地理学报，68(9): 1197-1211.

张远景，俞滨洋. 2016. 城市生态网络空间评价及其格局优化. 生态学报，36(21): 6969-6984.

赵博光，王石发，张志超，等. 2012. 防治松萎蔫病的新策略及林间防效初报. 林业科技开发，(2): 13-15.

赵淑清，方精云，雷光春. 2001. 物种保护的理论基础——从岛屿生物地理学理论到集合种群理论. 生态学报，21(7): 1171-1179.

曾辉，江子瀛，孔宁宁，等. 2000. 快速城市化景观格局的空间自相关特征分析——以深圳市龙华地区为例. 北京大学学报 (自然科学版)，36(6): 824-831.

中华人民共和国自然资源部. 2018. 2017 年海岛统计调查公报. http://www.mnr.gov.cn/gk/tzgg/201807/t20180727_2187022.html.

周广胜，张新时. 1995. 自然植被净第一性生产力模型初探. 植物生态学报，19(3): 193-200.

朱强，俞孔坚，李迪华. 2005. 景观规划中的生态廊道宽度. 生态学报，25(9): 2406-2412.

朱文泉，潘耀忠，张锦水. 2007. 中国陆地植被净初级生产力遥感估算. 植物生态学报，31(3): 413-424.

朱尧洲. 1989. 喷灌工程设计手册. 北京：水利电力出版社.

邹业爱，牛俊英，汤臣栋，等. 2014. 东亚—澳大利亚迁徙路线上鸻形目水鸟适宜生境变化：以崇明东滩迁徙停歇地为例. 生态学杂志，33(12): 3300-3307.

左大康，弓冉. 1962. 中国太阳直接辐射、散射辐射和太阳总辐射间的关系. 地理学报，28(3): 175-186.

《中国海岛志》编纂委员会. 2013a. 中国海岛志 (辽宁卷第一册). 北京：海洋出版社.

《中国海岛志》编纂委员会. 2013b. 中国海岛志 (山东卷第一册). 北京：海洋出版社.

《中国海岛志》编纂委员会. 2013c. 中国海岛志 (江苏、上海卷). 北京：海洋出版社.

《中国海岛志》编纂委员会. 2013d. 中国海岛志 (广东卷第一册). 北京：海洋出版社.

《中国海岛志》编纂委员会. 2014a. 中国海岛志 (浙江卷第一册). 北京：海洋出版社.

《中国海岛志》编纂委员会. 2014b. 中国海岛志 (福建卷第三册). 北京：海洋出版社.

《中国海岛志》编纂委员会. 2014c. 中国海岛志 (广西卷). 北京：海洋出版社.

《中华人民共和国海岛保护法释义》主编组. 2010. 中华人民共和国海岛保护法释义. 北京：法律出版社.

Akpa S I C, Odeh I O A, Bishop T F A, et al. 2016. Total soil organic carbon and carbon sequestration potential in Nigeria. Geoderma, 271: 202-215.

Al-Jeneid S, Bahnassy M, Nasr S, et al. 2008. Vulnerability assessment and adaptation to the impacts of sea level rise on the Kingdom of Bahrain. Mitigation and Adaptation Strategies for Global Change, 13, 87-104.

Allen R B, Platt K H, Coker R E J. 1995. Understory species composition patterns in a Pinus radiata D. Don plantation on the central North Island Volcanic Plateau, New Zealand. New Zealand Journal of Forestry Science, 25: 301-317.

Asner G P, Hughes R F, Mascaro J, et al. 2011. High-resolution carbon mapping on the million-hectare Island of Hawaii. Frontiers in Ecology and the Environment, 9: 434-439.

Atwell M A, Wuddivira M N, Wilson M. 2018. Sustainable management of tropical small island ecosystems for the optimization of soil natural capital and ecosystem services: a case of a Caribbean soil ecosystem—Aripo savannas Trinidad. Journal of Soils and Sediments 18: 1654-1667.

Avelar D, Garrett P, Ulm F, et al. 2020. Ecological complexity effects on thermal signature of different Madeira island ecosystems. Ecological Complexity, 43: 100837.

Baguette M, Blanchet S, Legrand D, et al. 2013. Individual dispersal, landscape connectivity and ecological networks. Biological Reviews, 88(2): 310-326.

Borges P A V, Cardoso P, Kreft H, et al. 2018. Global Island Monitoring Scheme (GIMS): A proposal for the long-term coordinated survey and monitoring of native island forest biota. Biodiversity and Conservation, 27: 2567-2586.

Buffa G, Vecchio S D, Fantinato E, et al. 2018. Local versus landscape-scale effects of anthropogenic land-use on forest species richness. Acta Oecologica 86: 49-56.

Cardador L, De Cáceres M, Giralt D, et al. 2015. Tools for exploring habitat suitability for steppe birds under land use change scenarios. Agriculture, Ecosystems and Environment, 200: 119-125.

Cardador L, De Cáceres M, Bota G, et al. 2014. A resource-based modelling framework to assess habitat suitability for steppe birds in semiarid mediterranean agricultural systems. Plos One, 9(3): e104319.

Chen X, Wang D, Chen J, et al. 2018. The mixed pixel effect in land surface phenology: A simulation study. Remote Sensing of Environment, 211: 338-344.

Chi Y, Shi H, Wang X, et al. 2016. Impact factors identification of spatial heterogeneity of herbaceous plant diversity on five southern islands of Miaodao Archipelago in North China. Chinese Journal of Oceanology and Limnology, 34(5): 937-951.

Chi Y, Shi H, Wang Y, et al. 2017a. Evaluation on island ecological vulnerability and its spatial heterogeneity. Marine Pollution Bulletin, 125: 216-241.

Chi Y, Shi H, Zheng W, et al. 2017b. Archipelago bird habitat suitability evaluation based on a model of form-structure-function-disturbance. Journal of Coastal Conservation, 2017, 21: 473-488.

Chi Y, Shi H, Zheng W, et al. 2018a. Archipelagic landscape patterns and their ecological effects in multiple scales. Ocean and Coastal Management, 152: 120-134.

Chi Y, Shi H, Zheng W, et al. 2018b. Spatiotemporal characteristics and ecological effects of the human interference index of the Yellow River Delta in the last 30 years. Ecological Indicators, 89: 880-892.

Chi Y, Zhang Z, Gao J, et al. 2019a. Evaluating landscape ecological sensitivity of an estuarine island based on landscape pattern across temporal and spatial scales. Ecological Indicators 101: 221-237.

Chi Y, Sun J, Fu Z, et al. 2019b. Spatial pattern of plant diversity in a group of uninhabited islands from the perspectives of island and site scales. Science of the Total Environment, 664: 334-346.

Chi Y, Sun J, Liu W, et al. 2019c. Mapping coastal wetland soil salinity in different seasons using an improved comprehensive land surface factor system. Ecological Indicators, 107: 105517.

Chi Y, Xie Z, Wang J. 2019d. Establishing archipelagic landscape ecological network with full connectivity at dual spatial scales. Ecological Modelling, 399: 54-65.

Chi Y, Zhao M, Sun J, et al. 2019e. Mapping soil total nitrogen in an estuarine area with high landscape fragmentation using a multiple-scale approach. Geoderma, 339: 70-84.

Chi Y, Zhang Z, Xie Z, et al. 2020a. How human activities influence the island ecosystem through damaging the natural ecosystem and supporting the social ecosystem? Journal of Cleaner Production, 248: 119203.

Chi Y, Liu D, Wang J, et al. 2020b. Human negative, positive, and net influences on an estuarine area with intensive human activity based on land covers and ecological indices: an empirical study in Chongming Island, China. Land Use Policy, 99: 104846.

Chi Y, Zhang Z, Wang J, et al. 2020c. Island protected area zoning based on ecological importance and tenacity. Ecological Indicators, 112: 106139.

Chi Y, Wang E, Wang J. 2020d. Identifying the anthropogenic influence on the spatial distribution of plant diversity in an estuarine island through multiple gradients. Global Ecology and Conservation, 21: e00833.

Chi Y, Sun J Fu Z, et al. 2020e. Which factor determines the spatial variance of soil fertility on uninhabited islands? Geoderma, 374: 114445.

Chi Y, Liu D, Xing W, et al. 2021. Island ecosystem health in the context of human activities with different types and intensities. Journal of Cleaner Production, 281: 125334.

Congalton R G. 1991. A review of assessing the accuracy of classifications of remotely sensed data. Remote Sensing of Environment, 37: 35-46.

Cook E A. 2002. Landscape structure indices for assessing urban ecological networks. Landscape and Urban Planning, 58(2-4): 269-280.

Craven D, Knight T M, Barton K E, et al. 2019. Dissecting macroecological and macroevolutionary patterns of forest biodiversity across the Hawaiian archipelago. Proceedings of the National Academy of Sciences of the United States of America, 116: 16436-16441.

Crecente R, Alvarez C, Fra U. 2002. Economic, social and environmental impact of land consolidation in Galicia. Land Use Policy, 19: 135-147.

Croft H, Kuhn N J, Anderson K. 2012. On the use of remote sensing techniques for monitoring spatio-temporal soil organic carbon dynamics in agricultural systems. Catena, 94 (9): 64-74.

Cui L, Wang J, Sun L, et al. 2020. Construction and optimization of green space ecological networks in urban fringe areas: A case study with the urban fringe area of Tongzhou district in Beijing. Journal of Cleaner Production, 276: 124266.

Dauber J, Hirsch M, Simmering D, et al. 2003. Landscape structure as an indicator of biodiversity: matrix effects on species richness. Agriculture, Ecosystems and Environment, 98(1-3): 321-329.

De Montis A, Ganciu A, Cabras M, et al. 2019. Resilient ecological networks: A comparative approach. Land Use Policy, 89: 104207.

Donato D C, Kauffman J B, Mackenzie R A, et al. 2012. Whole-island carbon stocks in the tropical Pacific: Implications for mangrove conservation and upland restoration. Journal of Environmental Management, 97: 89-96.

Dong H, Li P, Feng Z, et al. 2019. Natural capital utilization on an international tourism island based on a three-dimensional ecological footprint model: A case study of Hainan Province, China. Ecological Indicators, 104: 479-488.

Douaoui A E K, Nicolas, H, Walter C. 2006. Detecting salinity hazards within a semiarid context by means of combining soil and remote-sensing data. Geoderma, 134: 217-230.

Dupras J, Marull J, Parcerisas L, et al. 2016. The impacts of urban sprawl on ecological connectivity in the Montreal Metropolitan Region. Environmental Science and Policy, 58: 61-73.

Duvat V K E, Magnan A K, Wise R M, et al. 2017. Trajectories of exposure and vulnerability of small islands to climate change. WIREs Climate Change 8, e478.

Dvarskas A. 2018. Mapping ecosystem services supply chains for coastal Long Island communities: Implications for resilience planning. Ecosystem Services, 30: 14-26.

Emerson B C, Kolm N. 2005. Species diversity can drive speciation. Nature, 434: 1015-1017.

Farhan A R, Lim S. 2012. Vulnerability assessment of ecological conditions in Seribu Islands, Indonesia. Ocean and Coastal Management, 65: 1-14.

Fattal P, Maanan M, Tillier I, et al. 2010. Coastal vulnerability to oil spill pollution: the case of Noirmoutier Island (France). Journal of Coastal Research, 26(5): 879-887.

Field C B, Behrenfeld M J, Randerson J T, et al. 1998. Primary production of the biosphere: integrating terrestrial and oceanic components. Science, 281(5374): 237-240.

Field C B, Randerson J T, Malmström C M. 1995. Global net primary production: combining ecology and remote sensing. Remote Sensing of Environment, 51: 74-88.

Filho W L, Havea P H, Balogun A L, et al. 2019. Plastic debris on Pacific Islands: Ecological and health implications. Science of the Total Environment, 670: 181-187.

Gil A, Fonseca C, Benedicto-Royuela J. 2018. Land cover trade-offs in small oceanic islands: a temporal analysis of Pico Island, Azores. Land Degradation and Development, 29: 349-360.

Gonzalezabraham C E, Radeloff V C, Hammer R B, et al. 2007. Building patterns and landscape fragmentation in northern Wisconsin, USA. Landscape Ecology, 22 (2): 217-230.

Hafezi M, Sahin O, Stewart R A, et al. 2020. Adaptation strategies for coral reef ecosystems in Small Island Developing States: Integrated modelling of local pressures and long-term climate changes. Journal of Cleaner Production, 253: 119864.

Haggett P, Chorley R J. 1972. Network Analysis in Geography. London: Edward Arnold.

Halpern B S, Walbridge S, Selkoe K A, et al. 2008. A global map of human impact on marine ecosystem. Science, 319 (5865): 948-952.

Hanski I, Simberloff D. 1997. The metapopulation approach, its history, concept domain and application to conservation. In: Hanski I and Gilpin M E(eds). Metapopulation Biology: Ecology, Genetics and Evolution. San Dego: Academic Press.

Helmus M R, Mahler D L, Losos J B. 2014. Island biogeography of the Anthropocene. Nature, 513: 543-546.

Heaney L R. 2007. Is a new paradigm emerging for oceanic island biogeography? Journal of Biogeography, 34(5): 753-757.

Hepcan Ş, Hepcan Ç C, Bouwma I M, et al. 2009. Ecological networks as a new approach for nature conservation in Turkey: A case study of Izmir Province. Landscape and Urban Planning, 90(3-4): 143-154.

Hoctor T S, Carr M H, Zwick P D. 2000. Identifying a linked reserve system using a regional landscape approach: the Florida ecological network. Conservation Biology, 14(4): 984-1000.

Holding S, Allen D M, Foster S, et al. 2016. Groundwater vulnerability on small islands. Nature Climate Change, 6: 1100-1103.

Huang B, Ouyang Z, Zheng H, et al. 2008. Construction of an eco-island: a case study of Chongming Island, China. Ocean and Coastal Management, 51 (8-9): 575-588.

Hüse B, Szabó S, Deák B, et al. 2016. Mapping an ecological network of green habitat patches and their role in maintaining urban biodiversity in and around Debrecen city (Eastern Hungary). Land Use Policy, 57: 574-581.

Jackson G, Mcnamara K, Witt B. 2017. A framework for disaster vulnerability in a small island in the Southwest Pacific: A case study of Emae Island, Vanuatu. International Journal of Disaster Risk Science, 8: 1-16.

Jacquelinel F, Evelynh M, Hawthornel B, Juanmanual M. 2008. Thresholds in landscape connectivity and mortality risks in response to growing road networks. Journal of Applied Ecology, 45 (5): 1504-1513.

Jiang M, Pang X, Wang J, et al. 2018. Islands ecological integrity evaluation using multi sources data. Ocean and Coastal Management, 158: 134-143.

Jonathan B L, Robert E R. 2010. The Theory of Island Biogeography Revisited. Princeton: Princeton University Press.

Jongman R H G, Bouwma I M, Griffioen A, et al. 2011. The pan European ecological network: PEEN. Landscape Ecology, 26(3): 311-326.

Jongman R H G. 1995. Nature conservation planning in Europe: developing ecological networks. Landscape and Urban Planning, 32(3): 169-183.

Jønsson K A, Holt B G. 2015. Islands contribute disproportionately high amounts of evolutionary diversity in passerine birds. Nature Communication, 6: 8538.

Karels T J, Dobson F S, Trevino H S, et al. 2008. The biogeography of avian extinctions on oceanic islands. Journal of Biogeography, 35(6): 1106-1111.

Karlson M, Mörtberg U. 2015. A spatial ecological assessment of fragmentation and disturbance effects of the Swedish road network. Landscape and Urban Planning, 134: 53-65.

Kašanin-Grubin M, Štrbac S, Antonijević S, et al. 2019. Future environmental challenges of the urban protected area Great War Island (Belgrade, Serbia) based on valuation of the pollution status and ecosystem services. Journal of Environment Management, 251: 109574.

Kefalas G, Kalogirou S, Poirazidis K, et al. 2019. Landscape transition in Mediterranean islands: The case of Ionian islands, Greece 1985-2015. Landscape and Urban Planning, 191: 103641.

Kier G, Kreft H, Lee T M, et al. 2009. A global assessment of endemism and species richness across island and mainland regions. Proceedings of the National Academy of Sciences of the United States of America, 106: 9322-9327.

Kong F, Yin H, Nakagoshi N, et al. 2010. Urban green space network development for biodiversity conservation: Identification based on graph theory and gravity modeling. Landscape and Urban Planning, 95: 16-27.

Kura N U, Ramli M F, Ibrahim S, et al. 2015. Assessment of groundwater vulnerability to anthropogenic pollution and seawater intrusion in a small tropical island using index-based methods. Environmental Science and Pollution Research, 22: 1512-1533.

Kurniawan F, Adrianto L, Bengen D G, et al. 2016. Vulnerability assessment of small islands to tourism: The case of the Marine Tourism Park of the Gili Matra Islands, Indonesia. Global Ecology and Conservation, 6: 308-326.

Lagerström A, Nilsson M C, Wardle D A. 2013. Decoupled responses of tree and shrub leaf and litter trait values to ecosystem retrogression across an island area gradient. Plant and Soil, 367: 183-197.

Lal R. 2002. Soil carbon dynamics in cropland and rangeland. Environmental Pollution, 116(3): 353-362.

Lam S N, Cheng W, Zou L, et al. 2018. Effects of landscape fragmentation on land loss. Remote Sensing of Environment, 209: 253-262.

Lapointe M, Gurney G G, Cumming G S. 2020. Urbanization alters ecosystem service preferences in a Small Island Developing State. Ecosystem Services, 43: 101109.

Larue M A, Nielsen C K. 2008. Modelling potential dispersal corridors for cougars in midwestern North America using least-cost path methods. Ecological Modelling, 212(3-4): 372-381.

Lee H J, Ryu S O. 2008. Changes in topography and surface sediments by the Saemangeum dyke in an estuarine complex, west coast of Korea. Continental Shelf Research, 28(9): 1177-1189.

Levin S A. 1992. The problem of pattern and scale in ecology: the Robert H. MacArthur award lecture. Ecology, 73 (6): 1943-1967.

Levins R. 1969a. Some demographic and genetic consequences of environmental heterogeneity for biological control. Bulletin of the Entomological Society of America, 15(3): 237-240.

Levins R. 1969b. The effect of random variations of different types on population growth. Proceedings of the National Academy of Sciences of the United States of America, 62(4):1061-1065.

Linehan J, Gross M, Finn J. 1995. Greenway planning: developing a landscape ecological network approach. Landscape and Urban Planning, 33(1): 179-193.

Liu G, Yang Z, Chen B, et al. 2015. An Ecological network perspective in improving reserve design and connectivity: A case study of Wuyishan Nature Reserve in China. Ecological Modelling, 306: 185-194.

Liu S, Dong Y, Deng L, et al. 2014. Forest fragmentation and landscape connectivity change associated with road network extension and city expansion: a case study in the Lancang River Valley. Ecological Indicators, 36 (36): 160-168.

Lomolino M V. 2000. A call for a new paradigm of island biogeography. Global Ecology and Biogeography, 9: 1-6.

Losos J B, Schluter D. 2000. Analysis of an evolutionary species-area relationship. Nature, 408: 847-850.

Ma X, de Jong M, Sun B, et al. 2020. Nouveauté or Cliché? Assessment on island ecological vulnerability to Tourism: Application to Zhoushan, China. Ecological Indicators, 113: 106247.

Ma Y, Minasny B, Wu C. 2017. Mapping key soil properties to support agricultural production in Eastern China. Geoderma Regional, 10: 144-153.

MacArchur R H , Wilson E O. 1963. An equilibrium theory of insular zoogeography. Evolution, 37: 373-387.

MacArchur R H, Wilson E O. 1967. The Theory of Island Biogeography. Princeton: Princeton University Press.

Maio C V, Gontz A M, Berkland T E P. 2012. Coastal hazard vulnerability assessment of sensitive historical sites on Rainsford Island, Boston Harbor, Massachusetts. Journal of Coastal Research, 28: 20-33.

Martín J A R, Álvaro-Fuentes J, Gabriel J L, et al. 2019. Soil organic carbon stock on the Majorca Island: Temporal change in agricultural soil over the last 10 years. Catena, 181: 104087.

Martín-Cejas R R, Sánchez P P R. 2010. Ecological footprint analysis of road transport related to tourism activity: The case for Lanzarote Island. Tourism Management, 31(1): 98-103.

Marulli J, Mallarach J M. 2005. A GIS methodology for assessing ecological connectivity: application to the Barcelona Metropolitan Area. Landscape and Urban Planning, 71(2-4): 243-262.

Michel P, Dickinson K J M, Barratt B I P, et al. 2010. Habitat selection in reintroduced bird populations: a case study of Stewart Island robins and South Island saddlebacks on Ulva Island. New Zealand Journal of Ecology, 34(2): 237-246.

Michelsen O, McDevitt J E, Coelho C R V. 2014. A comparison of three methods to assess land use impacts on biodiversity in a case study of forestry plantations in New Zealand. International Journal of Life Cycle Assessment, 19 (6): 1214-1225.

Miller R A, Onrubia A, Martín B, et al. 2016. Local and regional weather patterns influencing post-breeding migration counts of soaring birds at the Strait of Gibraltar, Spain. Ibis, 158(1): 106-115.

Minasny B, Finke P, Stockmann U, et al. 2015. Resolving the integral connection between pedogenesis and landscape evolution. Earth-Science Review, 150: 102-120.

Minasny B, Malone B P, McBratney A B, et al. 2017. Soil carbon 4 per mille. Geoderma, 292, 59-86.

Mittermeier R A, Robles G, Hoffman M, et al. 2005. Hotspots revisited: earth's biologically richest and most endangered terrestrial ecoregions. Boston: University of Chicago Press.

Moraes A M, Ruiz-Miranda C R, Galetti Jr P M, et al. 2018. Landscape resistance influences effective dispersal of endangered golden lion tamarins within the Atlantic Forest. Biological Conservation, 224: 178-187.

Morgan L K, Werner A D. 2014. Seawater intrusion vulnerability indicators for freshwater lenses in strip islands. Journal of Hydrology, 508: 322-327.

Morris D W. 1995. Earth’s peeling veneer of life. Nature, 373: 25.

Nam J, Chang W, Kang D, 2010. Carrying capacity of an uninhabited island off the southwestern coast of Korea. Ecological Modelling, 221(17): 2102-2107.

Ng K, Borges P, Phillips M R, et al. 2019. An integrated coastal vulnerability approach to small islands: The Azores case. Science of the Total Environment, 690: 1218-1227.

Nogué S, Nascimento D L, Fernández-Palacios J M, et al. 2013. The ancient forests of La Gomera, Canary Islands, and their sensitivity to environmental change. Journal of Ecology, 10: 368-377.

Nott M P, Rogers E, Pimm S. 1995. Modern extinction rates in the kilo-death range. Current Biology, 5: 14-17.

Opdam P, Wascher D. 2004. Climate change meets habitat fragmentation: linking landscape and biogeographical scale levels in research and conservation. Biological Conservation, 117(3): 285-297.

Páez-Osuna F. 2001. The environmental impact of shrimp aquaculture: A global perspective. Environmental Pollution, 112(2): 229-231.

Patiño J, Whittaker R J, Borges P A V, et al. 2017. A roadmap for island biology: 50 fundamental questions after 50 years of the Theory of Island Biogeography. Journal of Biogeography, 44: 963-983.

Pinto N, Keitt T H. 2009. Beyond the least-cost path: evaluating corridor redundancy using a graph-theoretic approach. Landscape Ecology, 24(2): 253-266.

Porzig E L, Seavy N E, Gardali T, et al. 2014. Habitat suitability through time: using time series and habitat models to understand changes in bird density. Ecosphere, 5(2): 114-121.

Potter C S, Randerson J T, Field C B, et al. 1993. Terrestrial ecosystem production: A process model based on global satellite and surface data. Global Biogeochemical Cycles, 7(4): 811-841.

Qin Z, Huang Y. 2010. Quantification of soil organic carbon sequestration potential in cropland: a model approach. Science China Life Sciences, 53: 868-884.

Rominger A J, Goodman K R, Lim J Y, et al. 2016. Community assembly on isolated islands: macroecology meets evolution. Global Ecology and Biogeography, 25, 769-780.

Ruimy A, Saugier B. 1994. Methodology for the estimation of terrestrial net primary production from remotely sensed data. Journal of Geophysical Research, 97: 18515-18521.

Running S W, Thornton P E, Nemani R, et al. 2000. Global terrestrial gross and net primary productivity from the earth observing System. In: Sala O E, Jackson R B, Mooney H A, et al. Methods in Ecosystem Science. New York: Springer Verlag.

Sahana M, Hong H, Ahmed R, et al. 2019. Assessing coastal island vulnerability in the Sundarban Biosphere Reserve, India, using geospatial technology. Environmental Earth Sciences, 78: 304.

Sarris A, Loupasakis C, Soupios P, et al. 2010. Earthquake vulnerability and seismic risk assessment of urban areas in high seismic regions: application to Chania City, Crete Island, Greece. Natural Hazards, 54: 395-412.

Saura S, Torné J. 2009. Conefor Sensinode 2.2: A software package for quantifying the importance of habitat patches for landscape connectivity. Environmental Modelling and Software, 24(1): 135-139.

Sax D F. 2007. Advancing island biogeography with the study of continental islands. Ecology, 88: 1068-1069.

Scandurra G, Romano A A, Ronghi M, et al. 2018. On the vulnerability of Small Island Developing States: A dynamic analysis. Ecological Indicators, 84: 382-392.

Schouten M A, Verweij P A, Barendregt A. 2007. Biodiversity and the Dutch National Ecological Network. In: de Jong T M, Dekker J N M, Posthoorn R. Landscape Ecology in the Dutch context. Nature, Town and Infastructure: 92-103.

Selwood K E, Mcgeoch M A, Clarke R H, et al. 2018. High-productivity vegetation is important for lessening bird declines during prolonged drought. Journal of Applied Ecology, 55(2): 641-650.

Shealer D A, Alexander M J. 2013. Use of aerial imagery to assess habitat suitability and predict site occupancy for a declining wetland-dependent bird. Wetlands Ecology and Management, 21(4): 289-296.

Shen G, Abdoul N I, Zhu Y, et al. 2017. Remote sensing of urban growth and landscape pattern changes in response to the expansion of Chongming Island in Shanghai, China. Geocarto International, 32(5), 488-502.

Shi F, Liu S, Sun Y, et al. 2020. Ecological network construction of the heterogeneous agro-pastoral areas in the upper Yellow River basin. Agriculture, Ecosystems and Environment, 302: 107069.

Shifaw E, Sha J, Li X, et al. 2019. An insight into land-cover changes and their impacts on ecosystem services before and after the implementation of a comprehensive experimental zone plan in Pingtan island, China. Land Use Policy, 82: 631-642.

Simberloff D. 1988. The contribution of population and community biology to conservation science. Annual Review of Ecology and Systematics, 19: 473-511.

Smith D S, Hellmund P C. 1993. Ecology of Greenways: Design and Function of Linear Conservation Areas. Minneapolis: University of Minnesota Press.

Steinbauer M J, Beierkuhnlein C. 2010. Characteristic pattern of species diversity on the Canary islands. Erdkunde, 64(1): 57-71.

Sun B, Ma X, de Jong M, et al. 2019. Assessment on island ecological vulnerability to urbanization: A tale of Chongming Island, China. Sustainability, 11: 2536.

Sun J, Chi Y, Fu Z, et al. 2020. Spatiotemporal variation of plant diversity under a unique estuarine wetland gradient system. Chinese Geographical Science, 30(2): 217-232.

Swift M J, Anderson J M. 1993. Biodiversity and ecosystem function in agroecosystems. In: Schultze E, Mooney H A(Eds.), Biodiversity and Ecosystem Function. Springer, New York City.

Särkinen T, Pennington R T, Lavin M, et al. 2012. Evolutionary islands in the Andes: persistence and isolation explain high endemism in Andean dry tropical forests. Journal of Biogeography, 39(5): 884-900.

Taramelli A, Valentini E, Sterlacchini S. 2015. A GIS-based approach for hurricane hazard and vulnerability assessment in the Cayman Islands. Ocean and Coastal Management, 108: 116-130.

Tattoni C, Rizzolli F, Pedrini P. 2012. Can LiDAR data improve bird habitat suitability models? Ecological Modelling, 245(3): 103-110.

Teng Y, Su J, Wang J, et al. 2014. Soil microbial community response to seawater intrusion into coastal aquifer of Donghai Island, South China. Environmental Earth Sciences 72(9): 3329-3338.

Teng M, Wu C, Zhou Z, et al. 2011. Multipurpose greenway planning for changing cities: A framework integrating priorities and a least-cost path model. Landscape and Urban Planning, 103: 1-14.

Thies C, Tscharntke T. 1999. Landscape structure and biological control in agroecosystems. Science, 285 (5429): 893-895.

Tovar A, Moreno C, Mánuel-Vez M P, et al. 2000. Environmental impacts of intensive aquaculture in marine waters. Water Research, 34(1): 334-342.

Troia A, Raimondo F-M, Mazzola P. 2012. Mediterranean island biogeography: Analysis of fern species distribution in the system of islets around Sicily. Plant Biosystems, 146(3): 576-586.

Turvey R. 2007. Vulnerability assessment of developing countries: The case of Small-island Developing States. Development Policy Review, 25(2): 243-264.

Van Mantgem P J, Stephenson N L. 2007. Apparent climatically induced increase of tree mortality rates in a temperate forest. Ecology Letters, 10: 909-916.

Vimal R, Geniaux G, Pluvinet P, et al. 2012. Detecting threatened biodiversity by urbanization at regional and local scales using an urban sprawl simulation approach: Application on the French Mediterranean region. Landscape and Urban Planning, 104: 343-355.

Wang S, Adhikari K, Zhuang Q, et al. 2020. Impacts of urbanization on soil organic carbon stocks in the northeast coastal agricultural areas of China. Science of the Total Environment, 721: 137814.

Warren B H, Simberloff D, Ricklefs R E, et al. 2015. Islands as model systems in ecology and evolution: prospects fifty years after MacArthur-Wilson. Ecology Letters, 18: 200-217.

Weigelt P, Steinbauer M J, Cabral J S, et al. 2016. Late Quaternary climate change shapes island biodiversity. Nature, 532: 99-102.

Whittaker R J, Fernández-Palacios J M, Matthews T J, et al. 2017. Island biogeography: taking the long view of nature's laboratories. Science, 357, eaam8326.

Whittaker R J, Fernández-Palacios J M. 2007. Island Biogeography: Ecology, Evolution, and Conservation. 2nd edn. Oxford: Oxford University Press.

Whittaker R J. 2000. Scale, succession and complexity in island biogeography: are we asking the right question? Global Ecology and Biogeography, 9: 75-85.

Wilson B R, Wilson S C, Sindel B, et al. 2019. Soil properties on sub-Antarctic Macquarie Island: Fundamental indicators of ecosystem function and potential change. Catena 177: 167-179.

Wu L, You W, Ji Z, et al. 2018. Ecosystem health assessment of Dongshan Island based on its ability to provide ecological services that regulate heavy rainfall. Ecological Indicators, 84: 393-403.

Wu Y, Zhang T, Zhang H, et al. 2020. Factors influencing the ecological security of island cities: A neighborhood-scale study of Zhoushan Island, China. Sustainable Cities and Society, 55: 102029.

Xie Z, Li X, Jiang D, et al. 2019. Threshold of island anthropogenic disturbance based on ecological vulnerability assessment—a case study of Zhujiajian Island. Ocean and Coastal Management, 167: 127-136.

Xie Z, Li X, Zhang Y, et al. 2018. Accelerated expansion of built-up area after bridge connection with mainland: a case study of Zhujiajian Island. Ocean and Coastal Management, 152: 62-69.

Xu H, Zhang T. 2013. Assessment of consistency in forest-dominated vegetation observations between aster and Landsat ETM+ images in subtropical coastal areas of Southeastern China. Agricultural and Forest Meteorology, 168: 1-9.

Xu Y, Sun X, Tang Q. 2016. Human activity intensity of land surface: concept, method and application in China. Journal of Geographical Sciences, 26 (9): 1349-1361.

Zhan J, Zhang F, Chu X, et al. 2019. Ecosystem services assessment based on emergy accounting in Chongming Island, Eastern China. Ecological Indicators, 105: 464-473.

Zheng Z, Du S, Wang Y, et al. 2018. Mining the regularity of landscape-structure heterogeneity to improve urban land-cover mapping. Remote Sensing of Environment, 214: 14-32.